国之重器出版工程

网络强国建设

物联网在中国

智能传感器技术与应用

Techniques of Smart Sensors and Its Applications

王劲松　刘志远　编著

電子工業出版社
Publishing House of Electronics Industry
北京·BEIJING

内 容 简 介

本书介绍了传感器的分类及智能传感器的特点和发展趋势，详细介绍了微电子机械系统的设计方法、电子材料与加工技术，以及主要的智能传感器算法、原理、公式，阐述了智能传感器所用的主流硬件及信号调理技术、通信技术、信号处理技术等，提供了智能传感器的民用、军用及延伸应用案例，可为设计人员和管理人员提供参考，对促进我国物联网健康有序发展具有重要意义。

本书针对智能传感器的设计、制造、应用层面，全面介绍硬件和软件设计等重要理论知识，并根据实际工程介绍智能传感器在物联网中的应用。本书主要面向物联网行业的技术人员，也可以作为电子信息及相关行业的技术人员或学生的参考书。对于从事相关行业的管理和市场营销等工作的读者来说，本书具有较高的参考价值和指导意义。

图书在版编目（CIP）数据

智能传感器技术与应用 / 王劲松，刘志远编著. —北京：电子工业出版社，2022.1
（物联网在中国）
ISBN 978-7-121-42615-5

Ⅰ. ①智… Ⅱ. ①王… ②刘… Ⅲ. ①智能传感器 Ⅳ. ①TP212.6

中国版本图书馆 CIP 数据核字（2022）第 005092 号

责任编辑：徐蔷薇
文字编辑：冯 琦
印 刷：北京七彩京通数码快印有限公司
装 订：北京七彩京通数码快印有限公司
出版发行：电子工业出版社
北京市海淀区万寿路 173 信箱 邮编：100036
开 本：720×1 000 1/16 印张：17 字数：327 千字
版 次：2022 年 1 月第 1 版
印 次：2024 年 12 月第 4 次印刷
定 价：98.00 元

凡所购买电子工业出版社图书有缺损问题，请向购买书店调换。若书店售缺，请与本社发行部联系，联系及邮购电话：（010）88254888，88258888。

质量投诉请发邮件至 zlts@phei.com.cn，盗版侵权举报请发邮件至 dbqq@phei.com.cn。

本书咨询联系方式：（010）88254434，fengq@phei.com.cn。

《物联网在中国》(二期)
编委会

《国之重器出版工程》
编辑委员会

专家委员会委员（按姓氏笔画排序）：

于　全　中国工程院院士
王　越　中国科学院院士、中国工程院院士
王小谟　中国工程院院士
王少萍　“长江学者奖励计划”特聘教授
王建民　清华大学软件学院院长
王哲荣　中国工程院院士
尤肖虎　“长江学者奖励计划”特聘教授
邓玉林　国际宇航科学院院士
邓宗全　中国工程院院士
甘晓华　中国工程院院士
叶培建　人民科学家、中国科学院院士
朱英富　中国工程院院士
朵英贤　中国工程院院士
邬贺铨　中国工程院院士
刘大响　中国工程院院士
刘辛军　“长江学者奖励计划”特聘教授
刘怡昕　中国工程院院士
刘韵洁　中国工程院院士
孙逢春　中国工程院院士
苏东林　中国工程院院士
苏彦庆　“长江学者奖励计划”特聘教授
苏哲子　中国工程院院士
李寿平　国际宇航科学院院士

前言

传感器被誉为电子信息系统的“五官”，传感器技术与计算机技术、通信技术一同被称为现代信息产业的三大支柱。物联网是继计算机、互联网后的第三次信息产业浪潮。作为物联网应用系统的核心产品，传感器将成为这一新兴产业优先发展的关键。

近年来，随着物联网、边缘计算的发展，传感器从单纯感知信息的设备转化为能够按照一定计算方式处理数据并具有通信能力的智能传感器。20 世纪 90 年代，传感器进入人们的视野，并随着物联网的兴起而广为人知。但是，智能传感器仍然属于高技术领域，智能传感器的制造和使用方式，特别是在物联网中的应用为从事物联网的业内人士所关注。本书主要面向物联网行业的技术人员，也可以作为电子信息及相关行业的技术人员或学生的参考书。对于从事相关行业的管理和市场营销等工作的读者来说，本书具有较高的参考价值和一定的指导意义。

传感器涉及的技术纷繁复杂，许多专著、文章都对其进行了介绍，本书不再赘述，仅以应用较多的 MEMS 为例，介绍其在传感器中应用的原理、工艺等。另外，针对智能传感器的设计、制造、应用等，本书较为全面地介绍了信息处理、硬件设计、软件设计等，并根据实际工程，介绍智能传感器在物联网中的应用，为相关行业的技术人员提供参考。

本书共 10 章，第 1 章由刘志远编写，第 2 章由王晓光编写，第 3 章由乔路编写，第 4 章、第 9 章和第 10 章由张宁编写，第 5 章由李凤玲编写，第 6 章由唐胜武编写，第 7 章由王晔编写，第 8 章由姜晶编写。

本书在编写过程中参考了一些著作和文献，虽然尽量列出，但是难免有遗漏，在此向有关作者和出版单位表示衷心的感谢。

本书内容涉及微电子、机械、计算机、通信等多个学科的知识，由于编者的水平有限，书中难免存在不足之处，敬请广大读者批评指正。

王劲松

2022 年 1 月

目 录

第1章 概述

在物联网和大数据技术的发展过程中，需要先解决信息输入问题。传感器是获取信息的主要途径，工业生产、海洋探测、环境保护、资源调查、健康医疗、文物保护等都离不开传感器。

传感器是电子产业的核心元件之一。20世纪70年代，为了提高工业生产和制造效率，人们尝试通过中央控制室控制各生产节点的参数，包括流量、物位、温度和压力等，这一需求催生了传感器。

目前，传感器向智能化、集成化、微型化、系统化方向发展。随着物联网、智能制造的发展，传感器被赋予“智能”的标签，智能传感器应运而生。

智能传感器（Smart Sensor）是具有信息处理功能的传感器。智能传感器带有微处理器，具有采集、处理、交换信息、现场诊断等功能，智能传感器能将检测到的各种数据储存起来，按照指令处理数据，从而产生新数据。智能传感器之间能进行信息交流，并能自行决定应该传输的数据，舍弃异常数据，完成分析和统计计算等。与一般传感器相比，智能传感器能通过软件实现高精度的信息采集，成本低，且具有一定的自动编程功能。

我国出台了许多促进传感器产业发展的政策。2011年，中国电子元件行业协会发布《中国电子元件“十二五”规划》；2011年，工业和信息化部印发《物联网“十二五”发展规划》，在重点工程中提到微型和智能传感器、无线传感器网络等；2016年，国务院印发《“十三五”国家科技创新规划》，指出要发展微电子和光电子技术，重点加强极低功耗芯片、新型传感器、第三代半导体芯片和硅基光电子、混合光电子、微波光电子等技术与器件的研发；2017年，国家质量监督检验检疫总局、国家标准化管理委员会批准了203项国家标准和10项国家标准外文版；2018年，这些行业新标准开始实施，继续为传感器产业“保

驾护航”，其中涉及多项仪器仪表，包括智能传感器、智能记录仪表、智能流量仪表等。

在新的产业经济环境下，工业领域的结构演变和调整正成为新的经济增长点。在德国提出“工业 4.0”后，“智能工业”与“智能生产”成为产业转型升级的重要推动力，而信息技术与传感技术则是工业智能化的重要支撑。传感技术已成为制约工业领域高新技术发展的重要内容。

新技术的发展将世界带入物联网时代，物联网时代是比信息时代更智能的新时代。在发展物联网的过程中，智能传感器不可或缺，因为在信息交换的过程中，获取准确、可靠的信息十分重要，而传感器是获取各种信息的主要途径。“传感器之父”亚努什·布里泽克提出了一项雄心勃勃的计划——打造一个“万亿传感器社会”，其中提到世界各国的设备及系统相关企业将建立一个每年使用 1 万亿个传感器的社会，这是打造全球物联网时代的基础条件。全球传感器市场多年来保持稳步增长，2017 年，全球传感器市场规模达到 2075 亿美元，增速达到 14.7%；2018 年，中国传感器市场规模达到 2610 亿元，年复合增长率约 29.56%。新思界产业研究中心发布的《2019—2023 年智能传感器行业深度市场调研及投资策略建议报告》显示，2019 年全球智能传感器市场规模接近 350 亿美元，未来几年，随着智能制造、物联网、车联网等相关行业的发展，全球对智能传感器产品的需求将快速增长，预计 2025 年，全球智能传感器市场规模接近 900 亿美元，年均复合增速接近 20%。

1.1　传感器的定义

在《传感器通用术语》（GB/T 7665—2005）中，将传感器定义为能感受被测量并按照一定的规律转换成可用输出信号的器件或装置，通常由敏感元件和转换元件组成。从广义上来说，传感器（Sensor 或 Transducer，近年来主要采用 Sensor）是一种检测装置，能感受被测量信息，并按一定规律将信息转换成电信号或其他形式的信号，以满足信息的传输、处理、存储、显示、记录和控制等要求。

传感技术是关于传感器设计、制造及应用的综合技术，是信息技术三大支柱（传感与控制技术、通信技术、计算机技术）中的重要内容，是实现自动检测和自动控制的首要环节。

通常按基本感知功能将传感器分为力敏元件、热敏元件、气敏元件、湿敏元件、磁敏元件、光敏元件、声敏元件、放射线敏感元件、色敏元件和味敏元件等。

人类通过感觉器官从外界获取信息，而在研究自然现象和规律及生产活动时，这些信息远远不够。为适应这种情况，需要用到传感器，因此传感器是人类五官的延伸，可以将传感器称为“电五官”。

1.2 传感器的分类

传感器的分类方法较多，按被测量可以分为物理量（如压力、加速度、温度、流量等）传感器、化学量（如湿度、气体等）传感器、生物量（如酶等）传感器等；按原理可以分为压阻式传感器、压电式传感器、谐振式传感器等；按工艺平台可以分为 MEMS 传感器、HTCC 传感器等；按材料可以分为硅传感器、陶瓷传感器、高分子传感器、光纤传感器等。这些分类不是对立的，因此有时为了使表征更清晰，会同时使用两种以上分类，如 MEMS 谐振压力传感器、光纤振动传感器等。

1.2.1 物理量传感器

物理量传感器（Physical Parameter Sensor）是能感受规定的物理量并将其转换成可用输出信号的传感器。其利用某些物理效应，将被测物理量转换成便于处理的信号，传感器的输出信号和输入信号有确定的关系。

直接描述物体和物质（包括场）状态的物理量包括力学中描述机械运动状态的速度、加速度、动量、动能、势能等，热学中描述物体状态的压强、体积、温度、熵等，以及电磁学中描述电磁场的电场强度、电势、磁感应强度等；直接描述状态变化过程的物理量包括冲量、功、热量等过程量，过程量只存在过程中，体现为动量、机械能和内能的不断变化，过程结束后将不复存在。在热学中，将与质量成正比的变量（如体积、内能、热容等）称为广延量；将与质量无关的变量（如温度、压强等）称为强度量，广延量与质量的比值（如比容、比内能、比热容等）消去了质量的影响，就成为强度量。

1.2.2 化学量传感器

化学量传感器（Chemical Parameter Sensor）是能感受规定的化学量并将其转换成可用输出信号的传感器。化学量包括反应物和产物的平衡计算、化学反应速率计算、化学反应中的能量计算等，涉及许多物理量、单位和符号。

化学量传感器是专门用于检测、感知化学物质的特殊传感器，通常用于检测气体或液体中的特定化学成分，并将该化学成分的浓度信号转换成可检测的电信号。

化学量传感器种类繁多，按换能器工作原理可将常用的化学量传感器分类如下。

（1）光学式化学传感器。可用于传输被分析物与接收器相互作用后所产生的光学现象变化。

（2）电化学式传感器。可将分析物与电极间的电化学效应转换成有用信号。

（3）电学式化学传感器。测量过程中无电化学反应，其信号源于被分析物作用引起的电学性质变化。

（4）质量敏感式化学传感器。将某特殊修饰表面的质量变化转换成基体材料的性质变化，质量变化由分析得到。

（5）磁学式化学传感器。基于被分析气体顺磁性质变化，如氧监测器。

（6）热学式化学传感器。基于被分析物参与的特异化学反应或吸附过程产生热效应变化。

1.2.3 生物量传感器

生物量传感器（Biological Parameter Sensor）是能感受规定的生物量并将其转换成可用输出信号的传感器。

生物量传感器是近几十年来发展起来的新型传感器，源于在生命科学和信息科学之间发展起来的交叉学科。生物量传感器能够敏感地测量生物活性物质，降低噪声、提高灵敏度是其关键技术目标。当前的生物量传感器是化学量传感器的深化与延伸。

生物量传感器将生物活性物质转换成声、光、电信号并进行检测，由识别元件（识别酶、抗体、抗原、微生物、细胞、组织、核酸等生物活性物质）、换能器（如氧电极、光敏管、场效应管、压电晶体等）及信号放大装置构成。生物量传感器具有接收器与转换器的功能。

生物量传感器的分类方法主要有以下 3 种。

（1）按传感器检测原理可以分为热敏生物传感器、场效应管生物传感器、压电生物传感器、光学生物传感器、声波导生物传感器、酶电极生物传感器、介体生物传感器等。

（2）按生物敏感物质的相互作用可以分为亲和型传感器和代谢型传感器。

（3）按采用的生物活性物质可以分为微生物传感器、免疫传感器、组织传感器、细胞器传感器、酶传感器、DNA 传感器等。

生物量传感器的性能主要取决于识别元件的生物敏感膜和换能器，生物敏感膜是关键。

1.2.4　传感器组件

传感器一般由敏感元件、转换元件、信号调理电路组成，有时还需要由辅助电源提供转换能量。敏感元件指传感器中能直接感受或响应被测量以确定关系、输出相关物理量的元件，转换元件指传感器中能将敏感元件输出的非电量转换成电路参数及电流、电压等电信号的元件，信号调理电路指把模拟信号转换成用于数据采集、控制、执行计算显示读出或其他目的的数字信号的电路。由于传感器输出信号一般很弱，需要对传感器输出信号进行调理与转换、放大、运算与调制后，才能进行显示和控制。

1.3　智能传感器

2017 年，工业和信息化部发布《智能传感器产业三年行动指南（2017—2019 年）》，提出了总体目标，规划“到 2019 年，我国智能传感器产业取得明显突破”及“智能传感器产业规模达到 260 亿元；主营业务收入超十亿元的企业 5 家，超亿元的企业 20 家。”

中国已有多个城市在智能传感器领域开展产业布局。2019 年 8 月，重庆市传感器特色产业基地正式揭牌，产业基地位于北碚区歇马小湾，规划建设面积约 4.24 平方千米，计划打造西南高端智能传感器产业园；2019 年 10 月，“陕西省智能传感器产业园”落户宝鸡市，项目计划总投资为 20 亿元，力争到 2025 年建成国家传感器产业示范基地；2019 年 11 月，中国（郑州）智能传感谷规划正式发布，以高新区为核心，谋划 3～4 平方千米的智能传感器产业小镇，打造智能传感器材料、智能传感器系统、智能传感器终端“三个产业集群”，发展环境传感器、智能终端传感器、汽车传感器，到 2025 年打造千亿级产业集群。

1.3.1　智能传感器的概念

传统的传感器多输出模拟信号，本身不具备信息处理和组网功能，需要连接特定的测量仪表以完成信号的处理和传输。智能传感器能在内部实现对原始数据的加工，可以通过标准接口与外界实现数据交换，并根据实际需要通过软件控制传感器工作，实现了智能化、网络化。由于使用标准总线接口，智能传感器具有良好的开放性、扩展性，为系统的扩充带来了很大空间。

智能传感器的概念最早由美国宇航局在研发宇宙飞船的过程中提出，并于1979年形成产品。宇宙飞船需要大量的传感器不断向地面或飞船中的处理器发送温度、位置、速度和姿态等数据，即使使用大型计算机也很难同时处理如此庞大的数据，何况飞船又有体积和重量限制。因此，他们希望传感器本身具有信息处理功能，于是将传感器与微处理器结合，形成了智能传感器。

智能传感器是一种能够对被测对象的某一信息具有感受、检出功能，能学习、推理判断和处理信号，并具有通信及管理功能的新型传感器。智能传感器有自动校零、标定、补偿、采集数据等功能，这些功能决定了智能传感器还具有较高的精度和分辨率、较高的稳定性及可靠性、较好的适应性，与传统传感器相比，还具有非常高的性价比。

早期的智能传感器将传感器的输出信号进行处理后，通过接口送到微处理器进行运算和处理；20世纪80年代，智能传感器以微处理器为核心，将传感器信号调节电路、微电子计算机存储器及接口电路集成到一块芯片上，使传感器具有一定的智能；20世纪90年代，智能测量技术的提高使传感器实现了微型化、结构一体化、阵列式、数字式，其使用方便、操作简单，具有自诊断功能、记忆与信息处理功能、数据存储功能、多参量测量功能、联网通信功能、逻辑思维及判断功能等。

1.3.2 智能传感器的特点

（1）精度高。智能传感器可通过自动校零去除零点，与标准参考基准实时对比，自动进行整体系统标定、非线性系统误差校正，能够实时采集大量数据并对其进行分析和处理，以消除偶然误差的影响，提高智能传感器的精度。

（2）高可靠性与高稳定性。智能传感器能自动补偿由工作条件与环境参数变化引起的系统特性漂移，如由环境温度变化、系统供电电压波动引起的零点漂移和灵敏度变化等。当被测参数发生变化时，智能传感器能自动变换量程，实时进行自我检验，分析和判断所采集数据的合理性，并自动进行异常情况的应急处理。

（3）高信噪比与高分辨率。由于智能传感器具有数据存储、记忆及信息处理功能，通过数字滤波等可以去除噪声，自动提取有用数据；通过数据融合、神经网络技术，可以消除多参数状态下交叉灵敏度的影响。

（4）强自适应性。智能传感器具有判断、分析与处理功能，它能根据系统的工作情况控制各部分的供电情况及上位机的数据传输速率，使系统工作在最优低功耗状态并优化传输效率。

（5）较高的性价比。智能传感器的高性能不是像传统的传感器那样通过追求传感器本身的完善及对传感器各环节进行精心设计与调试、进行“手工艺品”式的精雕细琢来获得的，而是通过与微处理器结合，采用廉价的集成电路工艺和芯片及强大的软件来实现的，具有较高的性价比。

1.3.3　智能传感器的功能

智能传感器通常可以实现以下功能。

（1）复合功能。我们观察周围的自然现象，常见的信号有声、光、电、热、力和化学信号等。敏感元件的测量一般有直接测量和间接测量两种方式。智能传感器具有复合功能，能够同时测量多种物理量和化学量，能够给出可以全面反映物质运动规律的信息。例如，美国加利福尼亚大学研制的复合液体传感器可以同时测量介质的温度、流速、压力和密度；美国 EG&G IC Sensors 公司研制的复合力学传感器可以同时测量物体某点的三维振动加速度、速度、位移等。

（2）自适应功能。在条件变化的情况下，智能传感器可以在一定范围内使自己的特性自动适应这种变化。通过采用自适应技术，智能传感器能补偿部件老化引起的参数漂移，因此自适应技术可以延长器件或装置的寿命，并拓宽其工作领域。自适应技术提高了传感器的精度，其校正和补偿值不再是一个平均值，而是测量点的真实修正值。

（3）自检、自校、自诊断功能。普通传感器需要定期检验和标定，以保证其在正常使用时具有足够的精度，一般要求将传感器从使用现场拆卸下来并送到实验室或检验部门，以完成上述工作，因此当在线测量传感器出现异常时不能及时诊断。采用智能传感器时，这一情况会发生变化，当电源接通时，自诊断功能发挥作用，通过诊断测试确定组件有无故障，并根据使用时间进行在线校正，微处理器利用存储在 EEPROM 中的计量特性数据进行对比。

（4）信息存储功能。信息往往是成功的关键，智能传感器可以存储大量信息，供用户随时查询。包括装置的历史信息（如传感器工作时长、电源更换次数等）、传感器的全部数据和图表及组态选择说明，以及串行数、生产日期、目录表和最终出厂测试结果等。内容的多少仅受智能传感器本身存储容量的限制。

（5）数据处理功能。智能传感器提供了数据处理功能，其不仅能放大信号，还能使信号数字化，并通过软件实现信号调节。普通的传感器通常不能给出线性信号，而过程控制却将线性度作为重要目标。智能传感器通过查表可以使非线性信号线性化，但每个传感器要单独编制这种数据表。智能传感器还可以通过数字滤波器对数字信号进行滤波，以减弱噪声等干扰，而且用软件研制复杂的滤波器比用分立电子电路实现容易得多。环境因素补偿也是数据处理的一项重要任务，微控制器能提高信号检测精度。例如，可以通过测量基本检测元件的温度来获得正确的温度补偿系数，从而实现对信号的温度补偿。使用软件也可以实现非线性补偿和其他更复杂的补偿。智能传感器的微控制器使用户易于实现多个信号的加、减、乘、除运算。

（6）组态功能。组态功能是智能传感器的主要特性之一。信号应该放大多少倍？温度传感器以摄氏度还是以华氏度输出温度？智能传感器用户可随意选择需要的组态，如检测范围、可编程通/断延时、选组计数器、常开/常闭、分辨率可设定等。灵活的组态功能大大减少了用户需要研制和更换传感器的类型和数目。利用智能传感器的组态功能可以使同类型的传感器工作在最佳状态，并能在不同场合完成不同工作。

（7）数字通信功能。因为智能传感器能产生大量信息和数据，所以用普通传感器的单一连线无法为装置的数据提供必要的输入和输出。但也不能为需要获取的信息各应用一根引线，这样会使系统非常庞杂。因此，我们需要一种灵活的串行通信系统。在过程工业领域，当前的趋势是向串联网络方向发展。因为智能传感器本身带有微控制器，所以它属于数字式，能配置与外部连接的数字串行通信。串行网络抗环境干扰（如电磁干扰）的能力比普通模拟信号强得多，把串行通信配接到装置上可以有效管理信息传输，使其仅在需要时输出数据。

1.3.4 智能传感器的实现途径

智能传感器的实现途径包括：①将计算机技术与传感器技术结合，即智能合成；②利用特殊功能材料，即智能材料；③利用功能化几何结构，即智能结构。

目前，智能合成是智能传感器的主要实现途径，智能合成可分成 3 个层次。

（1）模块组合式。将传统的传感器、信号调理电路、带数字总线接口的微处理器组合为一个整体，构成智能传感器系统，其在现场总线控制系统发展形势的推动下迅速发展起来。传感器生产厂家原有的生产工艺基本不变，在此基础上增加一块带数字总线接口的微处理器插板，并配备能进行通信、控制、自校正、自补偿、自诊断的智能化软件。

（2）混合集成。在单一芯片上实现智能传感器存在许多制造工艺方面的难题，生产良率较低。可以根据需要将系统各集成化环节（如敏感单元、信号调理电路、微处理器单元、数字总线接口）以不同的组合方式集成在两块或三块芯片上，通过混合集成方式封装成智能传感器。

（3）单芯片集成。单芯片集成指采用微机械加工技术和大规模集成电路技术，制作敏感元件、信号调理电路及微处理器单元，并将其集成在一块芯片上。单芯片集成使智能传感器实现了微型化、结构一体化，提高了精度和稳定性。

1.4　智能传感器的发展趋势

最初，将传感器与微处理器的组合作为智能传感器。随着技术的发展，智能传感器的内涵和功能日趋丰富，具有了信息存储和传输功能、自补偿和计算功能、自检自校自诊断功能及边缘计算功能等。

智能传感器通过传输或接收指令来实现增益设置、补偿参数设置、内检参数设置、测试数据输出等功能，通过测试数据补偿传感器的温度漂移和输出非线性，在线诊断传感器的数据异常，通过自检、自校保证精度，这些功能均通过软件实现。对于同一传感器敏感单元来说，通过上述设置可将精度提高 1～2 个数量级。

智能传感器具有以下优点。

（1）高精度。智能传感器具有信息处理功能，通过软件不仅可以修正各种系统误差（如传感器的非线性误差、增益误差、零点误差、迟滞等），还可适当补偿随机误差、降低噪声，使精度大大提高。对传感器的零漂、温漂和零位控制通过自校单元定期自动校准，可以采用适当的反馈方式改善传感器的频响。

（2）高可靠性。集成传感器小型化，消除了传统结构的某些不可靠因素，提高了系统的抗干扰性能。同时，它还有诊断、校准和数据存储功能，具有良好的稳定性。

（3）高性价比。在精度相同的情况下，与具有单一功能的普通传感器相比，多功能智能传感器的性价比更高，在采用成本较低的单片机时，该优势更明显。

（4）使传感器多功能化。智能传感器可以实现多传感器多参数综合测量，通过编程扩大测量与使用范围；有一定的自适应功能，根据检测对象或条件的变化来相应地改变量程及输出数据形式；具有数字通信接口功能，可以直接将数据送入远程计算机进行处理；具有多数据输出形式（如 RS232 串行输出、PIO

并行输出、IEE-488 总线输出及经 D/A 转换后的模拟信号输出等），适配各种应用系统。

在中国智能传感器市场中，本土企业的竞争力不高，跨国公司占据了约87%的市场份额。但中国智能传感器产业生态趋于完备，设计制造、封测等重点环节均有骨干企业布局。

1.4.1 智能传感器的发展历程

第一代智能传感器是数字式传感器，指改造 A/D 转换模块，并采用数字技术进行信号处理，使输出信号为数字信号（或数字编码）的传感器，主要由放大器、A/D 转换模块、微处理器（CPU）、存储器、通信接口等组成。

数字式传感器的主要特点为：①采用 A/D 转换技术和智能滤波算法；②数据存储技术，保证模块参数不会丢失；③采用数字化误差补偿技术，通过软件实现传感器的线性、零点、温漂、蠕变等性能参数的综合补偿，提高传感器的精度和可靠性，具有唯一标记，便于进行故障诊断；④传感器精度可以达到 0.02%以内，传感器的特性参数可完全相同，因而具有良好的互换性；⑤传感器采用标准的数字通信接口，传感器的抗干扰性强，信号传输距离远，可以与标准工业控制总线连接，方便灵活。

第二代智能传感器为网络传感器，网络传感器改变了第一代智能传感器只能一对一连接到上位机的状况，可构成星型、环型网络拓扑结构。无线传感器网络源于战场监测等军事应用，由部署在监测区域的大量廉价微型传感器组成，是通过无线通信形成的多跳自组织网络。

基于 MEMS 的微传感技术易于兼容 CMOS 工艺，其集成了无线通信技术，使无线传感器微型化、集成化，在军事、航空、反恐、防爆、救灾、环境与生态监测、医疗与健康监护、家居、工业、商业等领域具有广阔的应用前景。

第三代智能传感器是智慧型智能传感器，其不仅具有上述优点，还具有边缘计算能力和协同监测能力，能够对监测对象进行一定程度的判断，输出信号不是原始测量数据，而是预判、预测的结果及关键原始数据，既可减轻网络上的数据传输带宽压力，又可为进一步数据挖掘提供必要依据。

1.4.2 智能传感器的发展趋势及方向

半导体技术的发展使传感器技术向智能化方向发展，一些企业和研究机构大力开展集成智能传感器研制工作，使智能传感器迅速发展。

从传统传感器到智能传感器，再到嵌入式 Web 传感器，传感器正逐步实现信息化、智能化、网络化、微型化。

随着微电子机械系统（Micro-Electro-Mechanism System，MEMS）、片上系统（System on a Chip，SoC）及无线通信和低功耗嵌入式技术的发展，无线传感器网络（Wireless Sensor Networks，WSN）应运而生，其具有低功耗、低成本、分布式和自组织等特点，带来了信息感知的一场变革，成为传感器领域的新热点。

智能传感器的发展方向如下。

（1）高精度和高可靠性。随着测量、控制技术的发展，对传感器测量数据的要求不断提高，智能传感器需要具有灵敏度高、精度高、响应速度快、互换性好的特点。例如，全量程精度达到 0.01%FS，可以测量 FT 级别的磁场，气体浓度达到 ppb 级。数据的质量一致性是测量系统的主要要求，传感器的可靠性直接影响系统的稳定运行，对传感器可靠性的要求越来越高。

（2）集成化。在物联网中，监测对象的参数越来越多，且要求原位监测，智能传感器的尺寸、体积越小越好，重量越轻越好，功耗越低越好，因此需要发展新工艺、新技术，将多参数传感器、智能处理电路及电源管理单元集成到芯片上。随着后摩尔定律的发展，集成度会大幅提高。

（3）网络化。物联网是智能传感器的重要应用领域，网络化是其主要特征。目前，通信协议的速率、功耗等指标仍有提高的空间，网络协议的自主沟通能力、协调处理能力、通信速率、实时性、压缩率及智能传感器的边缘计算能力将进一步提高。

1.4.3 物联网用智能传感器技术的发展重点

1. 边缘计算算法优化

边缘计算是指在靠近物或数据源头的一侧（传感器侧），采用集检测、计算、存储、通信功能于一体的平台，为终端用户提供实时、动态和智能的计算服务。

智能传感器能够在单点上准确感知物理量或化学量，但在多维状态下相对困难。例如，在进行环境测量时，特征参数广泛分布且具有时空相关性，仅靠一两个参数难以实现对目标特性的识别，多参数智能传感器在数据处理中，利用边缘计算数据融合技术对目标进行识别和判断，对广域物联网的海量数据来说

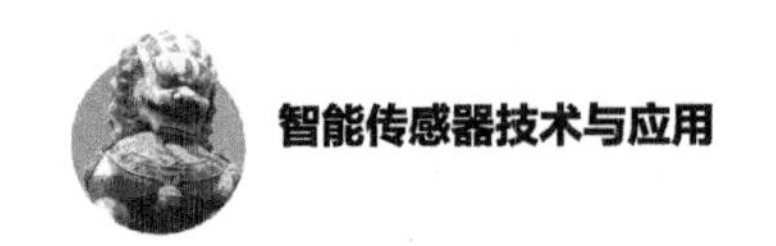

具有重要意义，既减少了网络开销，又提高了系统的实时性。因此，需要重点提高边缘计算算法的实时性、识别率。

边缘计算是在传感器端进行智能计算，而云计算是在云端进行计算，两者的差异体现在多源异构数据处理、资源浪费、资源限制、安全和隐私保护等方面。边缘计算在具有低时延、高带宽、高可靠性、海量连接、异构汇聚和本地安全隐私保护等特点的应用场景（如智能交通、智慧城市和智能家居等）中，存在突出优势。

边缘计算可以实时进行数据处理和分析，使数据处理更靠近源头，可以缩短延时，使应用程序的运行更高效、快速；边缘计算可以减少网络流量，随着物联网传感器数量的增加，数据生成速度成倍提高，导致网络带宽受限，成为数据传输瓶颈；边缘计算可以保障数据安全，保护用户隐私。物联网的原始数据涉及个人隐私，传统的云计算模式需要将原始数据上传至云计算中心，用户隐私泄露的风险较高。

2. 身份认证算法优化

物联网多采用无线通信技术，数据容易被其他系统接收，必须通过特定的身份认证协议来确保数据传输的可靠性。身份认证需要密钥，可以通过优化来确定密钥，使其既简单又难以破解。

椭圆曲线密码学（Elliptic Curve Cryptography，ECC）是一种建立公开密钥加密的演算法。1985 年，Neal Koblitz 和 Victor Miller 独立提出了椭圆曲线在密码学中的应用，ECC 的主要优势是能在某些情况下使用更小的密钥（如 RSA 加密算法）和提供相同或更高等级的安全性。ECC 可以定义群与群的双线性映射，基于 Weil 对或 Tate 对，双线性映射在密码学中已有大量应用，如基于身份的加密，其缺点是加密和解密花费的时间长。

3. 能量采集技术

大多数物联网应用无法为传感器提供能量，通常由电池供电，但在很多需要长期值守的场合难以实现。因此，需要减少智能传感器的功耗并充分利用空间中的能量。

可以将环境中的能量（如振动能、太阳能、热能、射频能等）转化为电能，供传感器使用，实现传感器能量自给。

振动能采集将周围环境中的振动能转化为电能，主要包括压电式、电磁式

和静电式等。

太阳能采集将太阳能或光能转化为电能，可以解决不可再生资源枯竭、能源紧缺、环境污染等问题。

热能来源广，包括物体发出的热量、机械工作散发的热量和空气中的热量等。热能采集将环境温差转化为电势，从而将热源中的废热转化为电能。

射频能采集通过天线接收周围环境中的射频能，并将其转化为电源能量。

第2章

微电子机械系统

2.1 概述

微电子机械系统（Micro-Electro-Mechanical System，MEMS）是包含动能、弹性形变能、静电能、静磁能等能量的复杂系统，它将微电子系统与其他微型信息系统（各种能进行信息与能量传输和转换的系统）结合，广泛应用于高新技术产业。

MEMS 实现了电子系统和外部世界的有机联系，不仅可以感受运动、光、声、热、磁等信号并将其转换成电子系统可以识别的电信号，还可以通过电子系统控制这些信号。

MEMS 逐渐应用于微电子学、机械学、材料学、力学、声学、光学、热学、生物学、电子信息等学科，并集成了许多尖端科技成果，在信息、通信、航空、航天、生物、医疗、环保、工业控制等领域有广阔的应用前景。

研究表明，MEMS 具有以下非约束性特征。

（1）体积小、精度高、重量轻。尺寸为微米级或毫米级，与一般的宏（Macro）相区别（传统的、大于 1 厘米的机械），但目前尚未进入物理上的微观层次。

（2）基于（但不限于）微机械加工技术，性能稳定，可靠性强，具有较强的抗干扰性，可在恶劣环境下稳定工作。

（3）能耗低、灵敏度高、工作效率高。在工作量相同的情况下，微电子机械消耗的能量仅为传统机械的十几分之一或几十分之一，而速度可以达到传统机械的 10 倍以上。与微电子芯片类似，微电子机械可大批量、低成本生产，性价比高。

（4）MEMS 中的“机械”不限于狭义的机械力学中的机械，它包括一切能量转化和传输效应。

（5）MEMS 的目标是形成智能微系统。

由以上特征可知，用微电子技术制造的微小机构、器件、部件和系统都属于 MEMS，微结构和微系统只是 MEMS 发展的不同层次。从材料和工艺的角度来看，可将 MEMS 简单理解为在半导体衬底上，利用微机械加工技术制作的三维微结构或微系统；从组成结构来看，MEMS 系统是由电子部件和机械部件组成的器件或系统，主要包括传感器、执行器和相应的信号处理电路 3 部分，典型的 MEMS 与外部世界的相互作用如图 2-1 所示。

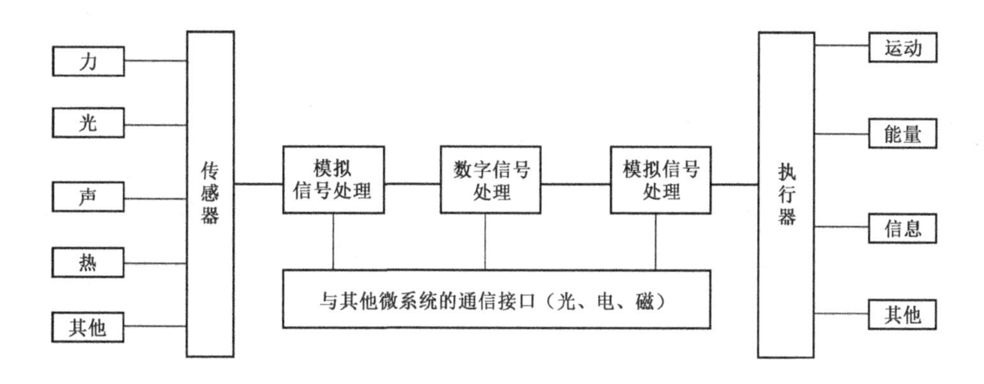

图 2-1　典型的 MEMS 与外部世界的相互作用

MEMS 具有体积小、重量轻、功耗低、成本低、可靠性高、机电一体化、可批量生产等优点，因此在航天、航空、汽车、生物等领域有广阔的应用前景。20 世纪 60 年代以来，MEMS 迅速发展，尤其是进入 20 世纪 90 年代后，由于工艺的进步，其发展更为迅速。MEMS 器件种类繁多，由目前的研究情况可知，除了进行信号处理的集成电路部件，MEMS 主要有以下几类。

（1）微传感器：主要包括机械、磁、热、化学、生物类传感器，每类又可以进一步细分。

（2）微执行器：包括微马达、微齿轮、微泵、微阀门等。

（3）微型构件：包括微梁、微探针、微腔、微管道等。

（4）微机械光学器件：包括微镜阵列、微光扫描器、微光斩波器、微光开关等。

（5）微机械射频器件（RF MEMS）：包括用微机械加工工艺制作的微型电感、可调电容、谐振器、滤波器、波导、传输线、天线阵列与移相器等。

（6）真空微电子器件：该器件将真空电子技术与微电子技术结合，利用微细加工工艺制造集成化的微型真空电子器件，包括场发射显示器、照明器件、微电子传感器等。

MEMS 具有广阔的应用前景和巨大的市场潜力，将对社会和经济产生重大影响。

2.2 MEMS 的设计方法

MEMS 包含多种能量的耦合，如微传感器将非电信号（机械、热、磁等）转换成电信号、微执行器将电能或热能转换成机械动作等。因为能量的耦合及复杂的运动过程很难用解析式表示，所以在分析器件性能时，一般会使用数值分析方法（FEM、BEM 或有限差分法）。

数值分析方法主要完成器件的设计与优化，不能从整体出发对系统性能进行模拟分析。为了优化系统性能、缩短设计周期，MEMS 的设计方法研究尤为重要。

近年来，集成设计（Integrated Design）为 MEMS 的设计提供了有效手段。但是，传统的 MEMS 设计方法采用源于集成电路的技术设计器件的二维版图（Layout），结合器件的三维实体进行验证，再进行有限元分析和系统性能仿真。这种设计方法是以分析为主的自下而上的“Bottom-up”设计方法，不符合人们从概念设计到制造的思维方式，而且仿真、版图设计和器件分析 3 个过程相互脱节，没有形成有机集成的设计环境，必然导致设计效率低、设计质量难如人意，难以满足 MEMS 快速发展的需要。

当前，国际上流行的 MEMS 设计方法是以集成为主的自上而下的“Top-down”设计方法，其设计流程主要有两种。

2.2.1 设计流程

MEMS 的设计流程主要包括系统设计、器件设计、工艺设计和版图设计。第一种“Top-down”设计流程和第二种“Top-down”设计流程分别如图 2-2 和图 2-3 所示。

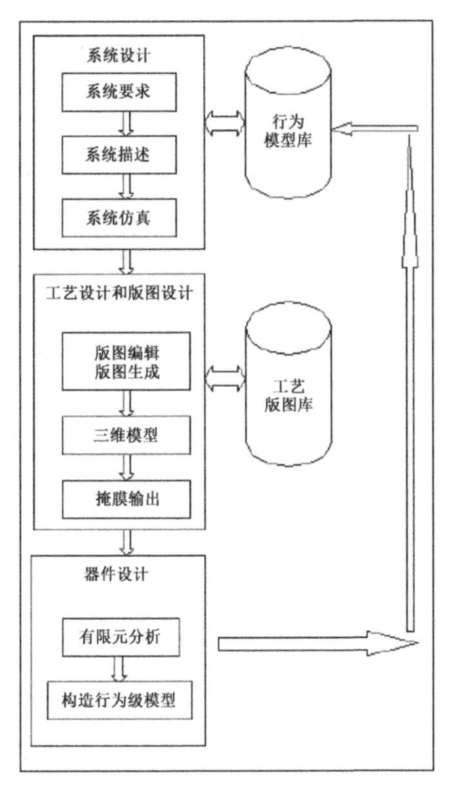

图 2-2　第一种“Top-down”设计流程

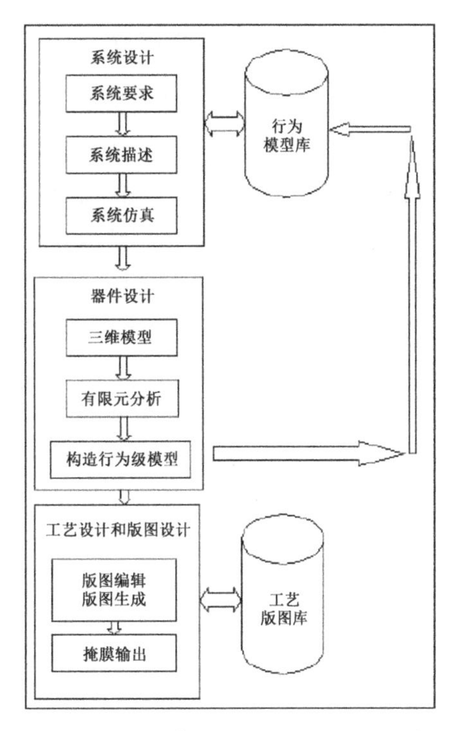

图 2-3　第二种“Top-down”设计流程

2.2.2　MEMS 工艺集成化设计

工艺设计是 MEMS 设计中的重要组成部分，工艺集成化设计的目标是根据现有设计思想，综合利用材料属性信息、工艺数据库信息、工艺设备信息、加工流程信息和版图信息等，得到完整的工艺设计方案，并依照其进行加工，得到符合要求的器件。传统的工艺设计分散进行，分别制定各模块的设计方案，再依据经验进行统一，得到整体工艺设计方案。其具有以下缺点：整个过程没有统一的格式，数据无法在各设计模块之间共享，因而难以保证一致性；没有集成化设计环境，设计过程不直观、不流畅，设计效率低；仅关注设计的一部分，设计方案针对特定工艺设备，因此极有可能与整体设计产生冲突；加工与设计严重脱节，许多研究者没有足够的基础，导致大量设计无法进行加工，即使能进行加工也常常由实验设计不合理和器件结构设计不完善等造成结果不理想，从而导致人力及物力的巨大浪费。工艺集成化设计对整个设计过程进行考虑，其设计方案不仅具有局部可行性，还符合整体设计和加工要求，因而可行性更高。为了改进

传统设计方案、降低设计的分散度、提高设计效率，必须采用工艺集成化设计。

1. 工艺集成化设计内容

MEMS 工艺集成化设计充分考虑了工艺的特点，以提高设计能力和设计效率。MEMS 工艺集成化设计以材料属性、工艺参数、工艺设备和环境限制等数据为基础，在设计过程中，结合器件版图和具体的工艺参数，对工艺进行几何仿真和物理模拟，并根据仿真结果判断工艺流程的合理性，同时将相应的材料属性信息代入器件的结构分析中，根据分析结果优化设计方案，实现工艺集成化设计。工艺集成化设计与传统机械加工的最大区别在于，其过程是并行加工过程，每个步骤之间的相关性很强，在时间上基本不可逆，在空间结构上也不可分离，每项工艺都会对后续工艺产生一定的影响，一些差错可能造成不可挽回的后果。因此，在工艺集成化设计中，要充分考虑工艺前后顺序的合理性和工艺之间的兼容性。工艺集成化设计内容如图 2-4 所示。

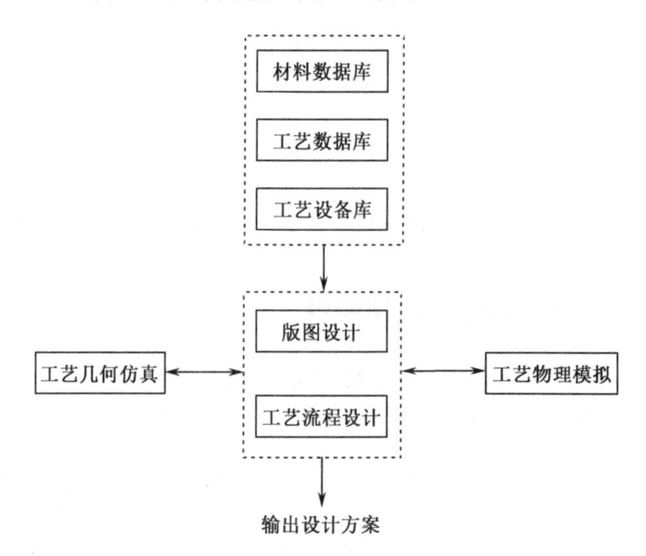

图 2-4 工艺集成化设计内容

工艺集成化设计内容如下。

（1）数据库支持。将材料数据库、工艺数据库、工艺设备库等作为底层支持，不仅可以提供设计中需要用到的设备、工艺和材料数据，还可从中提取工艺设计规则，并将其作为设计合理工艺流程的依据。

（2）版图设计和工艺流程设计。结合设计目标进行版图设计和工艺流程设计。

（3）工艺几何仿真和工艺物理模拟。对版图和工艺流程进行仿真，并分析器件的三维模型，对具体工艺进行物理模拟，分析可行性，对版图和工艺流程设计进行优化，得到合理可行的设计方案。

（4）输出设计方案，以进行器件加工。

2. 工艺集成化设计体系

工艺集成化设计体系如图 2-5 所示。数据库是工艺集成化设计的底层支持，可以认为是输入，包括材料数据库、工艺数据库、工艺设备库等；最终工艺设计方案是工艺集成化设计的目标，可以认为是输出，包括版图和工艺流程；集成化设计环境是工艺集成化设计的核心，可以认为是处理，包括几何仿真、物理模拟和构成各模块的数据交换接口。

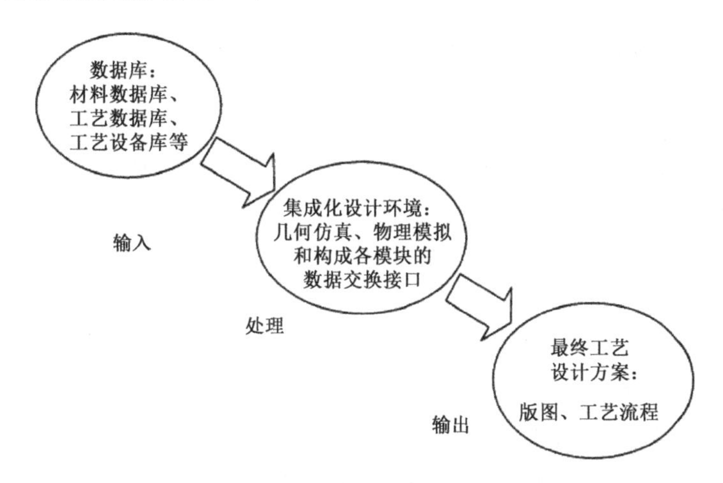

图 2-5　工艺集成化设计体系

3. 数据库支持

在设计和制作过程中，工艺会影响器件加工的结果。因此，需要对典型加工工艺建立工艺数据库，为工艺设计方案的确定提供参考和指导，并提高工艺的可重用性。工艺数据库是针对特定工艺设备，在进行大量实验的基础上总结得到的，一个完整的工艺数据库至少应包含淀积、刻蚀、氧化、掺杂、扩散、溅射、封装等工艺信息。大部分微机械加工技术对工艺条件和工艺参数十分敏感。例如，刻蚀效果除了与刻蚀速率、刻蚀钝化时间比、腔室压力和温度等有关，一般还与工艺设备有关。因此，为了保证工艺的可重用性与所加工器件性能的稳定性，必须针对工艺设备建立典型工艺条件和工艺参数下的工艺数据库。工艺数据库一般建立在大量实验的基础上，通过大量实验数据总结得到各工艺条件和工艺参数对加工过程与结果的影响，从而根据器件的实际加工要求确定最优的工艺设计方案，并将其添加到工艺数据库中。同时，对所建立的工艺数据库进行分析，深入研究工艺条件和工艺参数对加工过程与结果的影响，可以建立特定工艺的加工过程数学模型，并开发各种加工过程模拟软件，工艺数据库和加工过程模拟软件反过来又能指导实际加工过程，使工艺设计方案得到优化。与一般数据库相同，工艺数据库也必须支持添加、修改、查询等功能。此外，实际的器件加工一般不能从工艺数据库中查到完全符合要求的工艺设计方案，因此工艺数据库还应给出典型条件下各工艺参数在一定范围内对加工过程的大概影响，便于工艺设计师根据实际要求适当修改工艺条件和工艺参数，获得理想的加工效果。

2.2.3 材料和工艺选择

MEMS 随机械加工技术的进步而不断发展，在 MEMS 设计过程中需要解决工艺问题。MEMS 应用的工艺技术常被称为微米—纳米技术，实际上，目前 MEMS 涉及的一般是从几微米到几百微米尺寸的加工。

MEMS 应用的工艺技术包括硅基微机械加工技术、LIGA 技术、超精密加工技术和集成组装技术等。硅基微机械加工技术源于微电子技术，并以微电子技术为基础和主体。除了薄膜技术、光刻技术、刻蚀技术等，硅基微机械加工技术还发展了体微机械加工技术和表面微机械加工技术。下面对部分技术进行介绍。

1）体微机械加工技术

体微机械加工技术通过对衬底体硅进行加工，形成立体结构。其以单晶硅衬底为加工对象，通过去掉单晶硅衬底上的选定区域，形成较深的坑、槽和孔，其深度可达几十甚至几百微米，所形成结构的深度与硅片平面上的尺寸相当。因此，体微机械加工技术是一种三维技术，用于制作立体结构和器件，缺点是与集成工艺的兼容性较差。

2）表面微机械加工技术

表面微机械加工技术是在衬底硅片的表面进行加工，形成各种表面微结构。表面微结构一般由多层薄膜组合而成，采用“牺牲层”技术制作悬空的梁、膜等结构，制作的微结构的纵向尺寸一般为微米级。表面微机械加工技术与集成工艺的兼容性较好。

3）LIGA 技术

LIGA 技术主要包括光刻、电镀和去除过程，是一种通过 X 射线深层光刻电铸成型的注模复制技术。这种技术可制造出深宽比非常高的金属结构，是一种基于模板引导电镀的微制造工艺。

2.3 电子材料与加工技术

2.3.1 电子材料及其淀积

在半导体工艺中，通常采用 PVD（物理气相淀积）和 CVD（化学气相淀积）。化学气相淀积可用于淀积多晶硅、氮化硅、硅化钨等薄膜材料，常用的化学气相淀积有 APCVD（常压化学气相淀积）、LPCVD（低压化学气相淀积）及 PECVD（等离子体增强型化学气相淀积）等。LPCVD 在压力为 33～266Pa、温度为 300～900℃的环境下完成，可以避免发生无用的气相反应，提高了薄膜淀积的均匀性，降低了生产成本，提高了淀积速率。LPCVD 的反应装置为热壁 LPCVD 反应炉，如图 2-6 所示，参与淀积的晶圆置于有沟槽的石英管中，靠三温区管炉加热中间的石英管，工艺较为简单，含有薄膜所需的原子或分子的化学物质在反应腔内混合并在气态下发生反应，其原子或分子淀积在晶圆表面，形成薄膜。反应气体从一端流入，从另一端流出，应用射频加热的水平式外延反应器为冷壁。如果淀积反应放热，淀积速率随温度升高而降低，则需要选择热壁反应炉；如果淀积反应吸热，淀积速率随温度升高而提高，则需要选择冷壁反应炉。

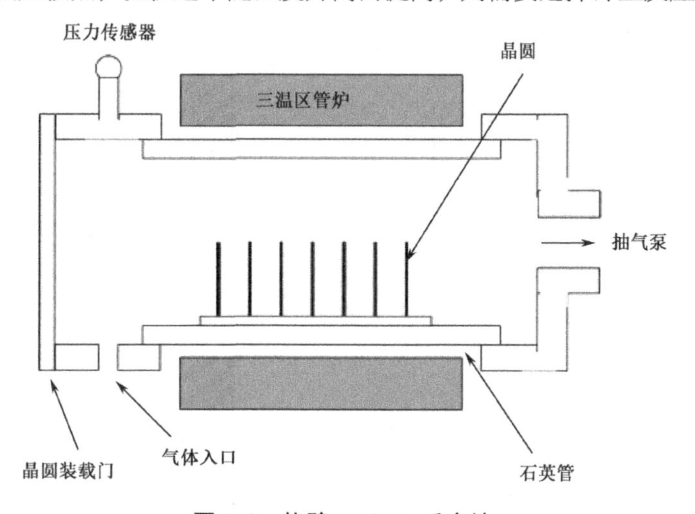

图 2-6 热壁 LPCVD 反应炉

发生的化学反应包括高温分解反应、还原反应、氧化反应和氮化反应。高温分解反应是仅受热量驱动的化学反应；还原反应是分子与氢气的化学反应；氧化反应是原子或分子与氧气的化学反应；氮化反应是形成氮化硅的化学反应。

氮化硅取代二氧化硅作为钝化层，促进了 PECVD 的发展。二氧化硅的淀积温度过高会导致铝合金与硅表面连接，可以采用增强的等离子体来解决该问题。从物理上讲，增强的等离子体与等离子体刻蚀类似，它们都具有在低压下工作的平行板反应腔，由射频引起辉光放电，或利用其他等离子源在淀积气体内产生等离子体。低压与低温的结合提供了良好的薄膜均匀性和生产力。PECVD 在压力为 6.6～665Pa、温度为 200～350℃的环境下完成淀积，等离子能量得到提高，PECVD 具有较低的反应温度，且易得到均匀性好的薄膜。淀积反应的装置为平行板射频等离子体 CVD 反应器，如图 2-7 所示。反应腔内有两块铝电极，上电极接射频电压，下电极接地，两电极间的射频电压降产生等离子体放电，两端由铝板密封。晶圆置于下极板，加热至 100～400℃时，气体从下电极周围的气孔流入反应炉并流经放电区域。该反应装置的淀积温度较低，但腔内壁疏松的淀积物会污染晶圆。

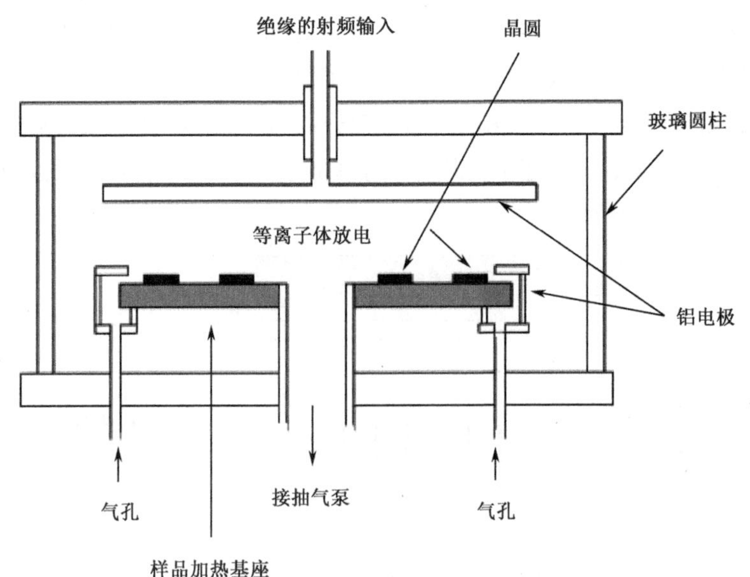

图 2-7　平行板射频等离子体 CVD 反应器

2.3.2　图形转移

图形转移是在晶圆内和晶圆表面形成图形的一系列工艺，包括光刻（Photolithography）、光掩膜（Photomasking）、掩膜（Masking）、去除氧化膜（Oxide Removal，OR）、去除金属膜（Metal Pemoval，MR）和微光刻（Microlithography）等。

图形转移的目标有两个：一是产生图形，在集成电路或器件设计阶段确定图形尺寸；二是将电路图正确定位于晶圆表面，其与晶圆衬底的相对镜像及各部分的相对位置也必须是正确的。

图形转移通过两个步骤完成。

第一，将图形转移到光刻胶层。光刻胶是一种与正常胶卷上所涂的物质相似的感光物质，曝光后其性质和结构会发生变化。光刻胶被曝光的部分由可溶性物质变成不可溶性物质则为负胶，反之则为正胶。将这种化学变化称为聚合（Polymerization），通过化学溶剂（显影液）把可溶性物质去掉，就会在光刻胶层留下一个图形，其与掩膜版不透光的部分相对应。

第二，图形从光刻胶层转移到晶圆层。当刻蚀剂把晶圆表面没有被光刻胶覆盖的部分去掉的时候，图形转移就发生了。光刻胶是抗刻蚀的，在刻蚀过程中不会被轻易去掉。

光刻机是微电子机械系统（MEMS）与微光学器件（MOD）的完美结合，其引发了一场微型化革命，使半导体芯片、电子器件和集成电路向集成度更高的方向发展，光刻技术是芯片制造的关键，决定了芯片的最小尺寸。图形转移技术是发展纳米电子器件、纳米芯片的关键技术，其将图形技术与图形刻蚀工艺结合，是影响器件稳定性、可靠性的关键因素之一。曝光方式包括接触式、接近式、投影式，光源为 436 nm、365 nm、248 nm、193 nm，数值孔径为 0.35、0.45、0.55、0.60，0.70。当特征尺寸小于 100 nm 时，现有的工艺和光源必须更新，目前各研究者正在研究和应用可以提高光刻分辨率的新技术，如离轴照明技术、相移掩膜技术、浸没透镜技术等，但其作用有限。为了进一步提高光刻分辨率，延长光刻寿命，各研究者开始提出和研究下一代光刻技术，如 X 射线、离子束投影、无掩膜、电子束投影和电子束直写等。这些技术的共同特点是：寻求波长更短的光源；依旧采用光学光刻机理；影响光刻分辨率的半波长效应仍然存在；使用这些光源不仅具有相当大的技术难度，面临许多基础理论问题，还在光学透镜系统的研制、掩膜制造工艺、光刻工艺等方面存在困难。因此，提高光刻工艺和探索更优良的工艺方法成为当前提高光刻分辨率的重要方向。在图形转移

的过程中，参数选取稍有不同，就会引起图形质量的严重变化，因此必须通过科学合理地设计实验，来获得最佳光刻参数。

2.3.3 电子材料的刻蚀

完成显影后，需要固定掩膜版的图形并准备刻蚀。刻蚀后，图形将永久转移到晶圆表面，在 MEMS 器件制造中，刻蚀指用化学或物理方法，在光刻的基础上利用光刻胶暴露区域去掉晶圆表层的工艺。刻蚀主要分为湿法刻蚀和干法刻蚀两类。

湿法刻蚀主要利用化学试剂与被刻蚀材料的化学反应进行刻蚀。湿法刻蚀应用于图形尺寸大于 3μm 的产品，当尺寸小于 3μm 时，由于控制和精度需要，应使用干法刻蚀。湿法刻蚀的对象包括二氧化硅、Si_3N_4、金属、光刻胶等，需要在湿法槽中进行，湿法刻蚀设备如图 2-8 所示。

湿法刻蚀的一致性控制和工艺控制通过刻蚀槽附加的加热器和搅动装置实现，选择的刻蚀液应能均匀地去掉晶圆表层且不伤及下层材料。图形转移精度通过不完全刻蚀、过刻蚀、钻蚀、选择比、侧边的各向异性和各向同性刻蚀等满足。

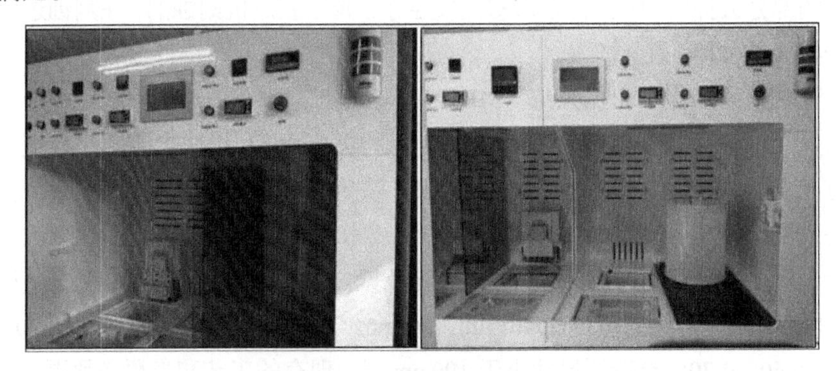

图 2-8　湿法刻蚀设备

不完全刻蚀指光刻胶薄膜层仍留在图形孔中或表面上的情况，如图 2-9 所示。出现不完全刻蚀的原因是刻蚀时间太短或厚度不均匀。如果使用化学湿法刻蚀，则温度过低也会导致出现不完全刻蚀。

过刻蚀与不完全刻蚀相对应，在刻蚀工艺中，总会有一定程度的、有计划的过刻蚀。理想的刻蚀是各向异性刻蚀，即只有垂直刻蚀，没有横向钻蚀。这样才能保证在被刻蚀的薄膜上精确复制出所需图形。刻蚀需要将钻蚀水平控制在可接受范围内，以避免影响器件的物理尺寸和性能。选择比指的是在同一刻蚀条件下一种材料的刻蚀速率与另一种材料的刻蚀速率的比。

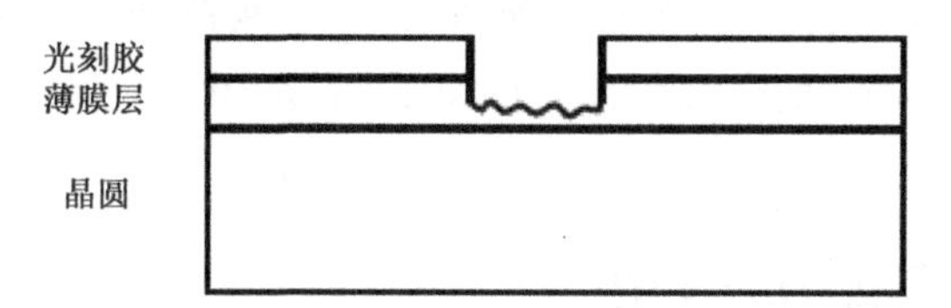

图 2-9 不完全刻蚀

干法刻蚀是用气体进行刻蚀的技术，晶圆在干燥的状态下进出系统。干法刻蚀技术包括等离子体刻蚀、离子束刻蚀和反应离子刻蚀（RIE）。

等离子体刻蚀利用气体和等离子体能量进行化学反应，刻蚀的发生需要化学刻蚀剂和能量源，等离子体刻蚀设备由反应腔、真空系统、气体供应系统、终点检测系统和电源组成，桶形等离子体刻蚀如图 2-10 所示。晶圆被送入反应腔，真空系统建立后，充入反应气体。二氧化硅刻蚀一般使用CF_4或 CHF_3与氧的混合剂。电源通过射频线圈形成射频电场，将混合气体激发成等离子体，氟基刻蚀二氧化硅，并将其转化为可挥发成分，由真空系统排出。

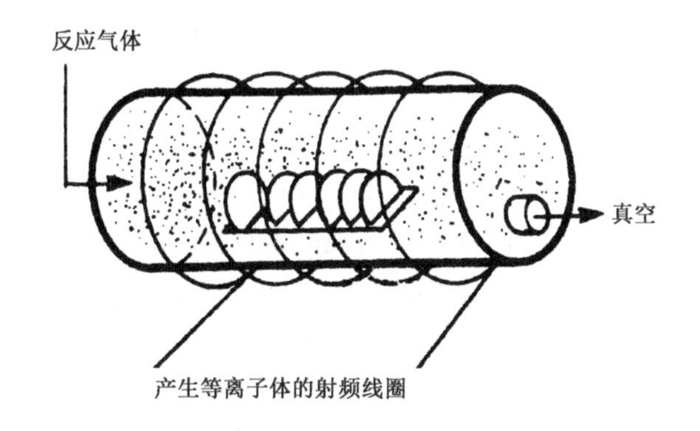

图 2-10 桶形等离子体刻蚀

离子束刻蚀是物理过程。晶圆置于真空反应腔中的固定器上，并向反应腔导入氩气，氩气进入反应腔时，会受到高能电子束的影响，氩原子被离子化，成为带正电荷的高能粒子。由于晶圆位于接负极的固定器上，氩原子被吸向固定器，当氩原子向固定器移动时，它们会加速，能量增加，它们轰击暴露的晶圆层，氩原子与晶圆材料不发生化学反应。离子束刻蚀又称溅射刻蚀（Sputter Etching）或离子铣（Ion Milling），具有较强的各向异性，小开口区域的刻蚀精度很高，由于是物理过程，其选择性很差，特别是对于光刻胶层。

反应离子刻蚀（RIE）将等离子体刻蚀和离子束刻蚀结合。系统结构与等离子体刻蚀相似，但具有离子束刻蚀的能力，结合了两者的优点，对光刻胶层的选择比能够提高到35:1，而在只有等离子体刻蚀时为10:1。目前，RIE 系统已在最先进的生产线中应用。

2.3.4 半导体中的掺杂

半导体材料的独特性质之一是它们的导电性和导电类型（N 型或 P 型）都能被控制，结（Junction）是富含电子的区域（N 型区）与富含空穴的区域（P 型区）的分界处，结的具体位置是电子浓度和空穴浓度相同的地方。在半导体晶圆表面形成结的方法通常是热扩散（Diffusion）或离子注入（Ion Implantation）。通过热扩散，掺杂材料被引入晶圆顶层暴露的表面，并散布在晶圆内；在离子注入中，掺杂材料被射入晶圆表面，其中大部分掺杂原子静止于表面层下。

扩散工艺：扩散是一种材料通过另一种材料的运动，是自然的化学过程。扩散的发生需要两个条件，一是一种材料的浓度必须高于另一种材料的浓度；二是系统内部必须有足够的能量使高浓度材料进入或通过其他材料。在半导体晶圆中应用固态热扩散工艺（Solid-State Thermal Diffusion）形成结需要两步，第一步为淀积（Deposition），第二步为推进氧化（Drive-in-Oxidation），两步都在卧式或立式炉管中进行。

由于一般施主或受主杂质原子的半径都比较大，它们要直接进入半导体晶格的间隙中较为困难，只有当晶圆中出现晶格空位时，杂质原子才有可能占据这些空位，并进入晶圆。为了使晶圆中产生大量晶格空位，必须对其进行加热，令原子的热运动加剧，使某些原子获得足够高的能量而离开并留下空位（同时产生等量的间隙原子，将空位和间隙原子统称为热缺陷）。因此，原子的扩散系数随温度的升高而增加。对于硅来说，在其中形成大量空位所需要的温度为1000℃左右，该温度为热扩散温度。MEMS 生产中的扩散指所需要的杂质在一定条件下对硅（或其他衬底）的掺杂，如在硅中掺磷、硼等。从广义上讲，氧化与退火也属于扩散，前者指氧气在二氧化硅中的扩散，后者指杂质在硅（或其他衬底）中的扩散，其目的是改变原材料的电学特性或化学特性。

离子注入工艺：离子注入消除了扩散的限制，也提供了额外优势。在离子注入过程中没有侧向扩散，在室温下进行，杂质原子被置于晶圆下表面，使大范围的掺杂成为可能，可以加强对掺杂的位置和数量的控制。

离子注入是物理过程，其采用与扩散相同的杂质，在扩散中，杂质为液态、

气态或固态材料；在离子注入中，只采用气态或固态材料。为了方便使用和控制，离子注入倾向于使用气态材料，包括砷烷（AsH_3）、磷烷（PH_3）和三氟硼烷（BF_3）。离子注入机如图 2-11 所示。离子源发射离子后，根据离子的电荷—质量比，将磁场调节到适当值，使离子偏转，形成准直射束。这些离子在加速管中被电场加速至具有所需能量，利用 X 扫描板和 Y 扫描板对其进行扫描后，撞击放置在法拉第杯中的晶圆。

离子注入的几个关键概念如下。

（1）离子种类：指注入晶圆的离子类别，如 $1B^+$、$11B^{++}$、$14N^+$、$31P^+$、$31P^{++}$、$121Sb^+$、$115In^+$、$75As^+$、$28Si^+$等，这些离子不是原来就以这种形式存在并直接注入晶圆的，而是将不同的化学物质（如 BF_3、N^2、PH_3、Sb_2O_3、InF_3、AsH_3、SiF_4 等）电离后通过质量分析磁场及能量分析磁场筛选得到的。

（2）能量：指离子注入晶圆时的能量，该能量通过萃取电场将离子加速获得。常用单位是 keV 和 MeV。对于一种确定的离子来说，能量决定了杂质注入的位置，能量越高，注入越深。但是对于不同的离子来说，原子质量不同、注入能量相同时会得到不同的杂质分布。有时为了获得更高的能量，会采用双价或更高价态的离子；但在能量较低的情况下，只能用单价离子或离子团，以减小注入深度。

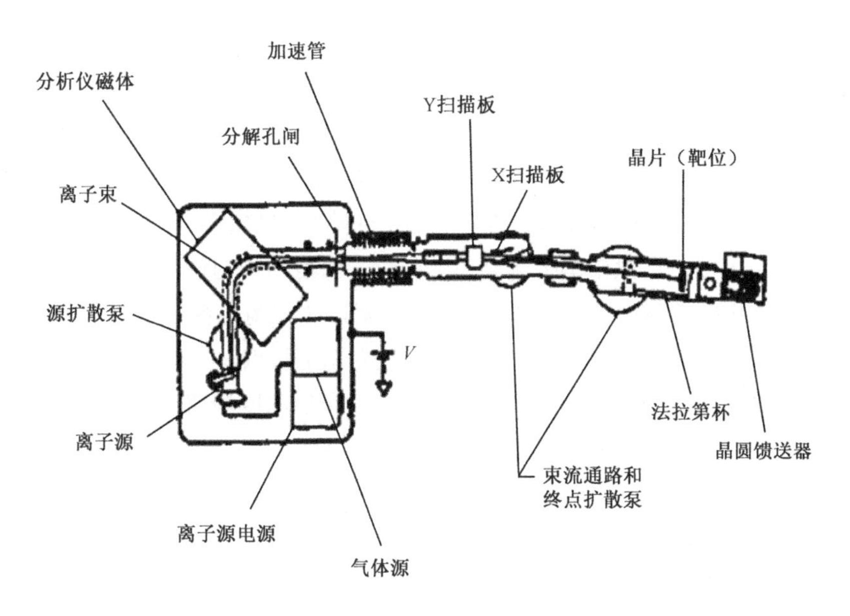

图 2-11　离子注入机

（3）注入剂量：离子注入机在整个注入过程中会一直测算注入剂量，一旦注入剂量达到预设值，离子注入机就会自动终止注入。需要注意，注入剂量和最终晶圆中离子的浓度不同，注入计量是晶圆中离子浓度沿晶圆深度的无限积分。

（4）注入角度：指经过加速的离子注入晶圆的角度，常用的有倾斜角和扭转角。倾斜角是电流束与晶圆表面法线的夹角，扭转角是电流束在晶圆表面的投影与晶圆表面参考线的夹角。

（5）电流束：指在单位时间和单位面积内通过的离子数量，该值直接决定了离子注入的时间。当注入剂量恒定时，电流束越大，离子注入越快，但对机台状态和性能的要求越高。

MEMS 中涉及的离子注入工艺是在高真空的复杂系统中，将带电的且具有能量的粒子注入衬底硅的过程，注入能量为 1keV～1MeV，注入深度平均可达 10nm～10μm，粒子在硅片中的浓度即为杂质离子浓度，符合高斯分布，则有

$$N(x)=\frac{\phi}{\sqrt{2\pi}\Delta R_p}\exp\left[-\frac{1}{2}\left(\frac{x-R_p}{\Delta R_p}\right)^2\right] \tag{2-1}$$

式中：ϕ 为注入剂量，x 为注入深度，R_p 为平均投影射程，ΔR_p 为投影射程的平均标准偏差。离子注入浓度分布的最大浓度 $N_{\max}$ 为

$$N_{\max}=\frac{\phi}{\sqrt{2\pi}\Delta R_p}\approx\frac{0.4\phi}{\Delta R_p} \tag{2-2}$$

为了使施主或受主杂质原子进入晶圆，需要将杂质原子电离成离子，并通过强电场加速使其获得较大动能，然后直接轰击晶圆并注入。采用离子注入工艺进行掺杂时，必然会产生许多晶格缺陷，也会有一些原子处在间隙中。因此，还需要对半导体进行退火处理，以消除晶格缺陷并“激活”杂质。

离子注入工艺可以精确控制杂质的剂量、深度和均匀程度，由于采用低温工艺（可防止杂质再扩散），还可以实现自对准（减弱电容效应）。

与传统的扩散工艺相比，离子注入工艺有以下特点。

（1）杂质浓度分布不同，离子注入工艺的杂质浓度峰值出现在晶圆内部，扩散工艺的杂质浓度峰值出现在晶圆表面。

（2）离子注入工艺在常温甚至低温下进行，时间较短，而扩散工艺需要进行较长时间的高温处理。

（3）离子注入工艺能更灵活地选择注入元素。

（4）由于杂质会被热扩散影响，离子注入工艺形成的波形比扩散工艺的波形好。

（5）离子注入工艺通常只采用光刻胶作为掩膜，而扩散工艺需要淀积一定厚度的薄膜作为掩膜。

（6）离子注入工艺在集成电路制造和 MEMS 工艺中已经基本取代了扩散工艺，成为最主要的掺杂工艺。

2.3.5 晶圆键合

随着超大规模集成电路、抛光研磨技术的发展，直接键合技术广泛应用于微电子机械系统和压电、声光器件中，为大批量生产器件提供了低成本的制造方案，成为一种重要的器件制备技术。直接键合技术不需要任何外加电场和黏合剂，键合过程主要包含表面处理、预键合和热处理过程。表面处理过程通过化学机械抛光降低了键合晶圆表面的粗糙度，为了提高晶圆的表面活性和亲水性，使用化学溶液（或等离子体）清洗；预键合过程对处理过的晶圆（清除表面灰尘或颗粒）施加压力，使晶圆表面的分子膜形成氢键并完成键合；热处理过程使预键合的晶圆在一定温度下退火，使键合界面形成共价键，减少气泡及空洞，提高键合强度。直接键合机理取决于晶圆表面悬挂键终端原子，与材料的结构、晶向、点阵参数无关。针对不同的产品和制作需求，出现了不同的键合方法，键合方法比较如表 2-1 所示。

表 2-1 键合方法比较

	黏着键合	共晶键合	玻璃介质键合	阳极键合	熔融键合
预键合温度	200℃	400℃	400℃	450℃	1000℃
密封性	低	高	高	高	高
表面粗糙度	小于 1μm	小于 1μm	小于 1μm	小于 2nm	小于 0.5～2nm
光学对准精度	小于 5μm	小于 1μm	小于 10μm	0.5～1μm	0.5～1μm
洁净室级数	1000 级	100 级	1000 级	100 级	1 级
颗粒敏感度	低	中	低	中	高

大多数键合方法的预键合温度较高，如阳极键合、熔融键合等。如果待键合晶圆含有对温度敏感的器件，则高温退火会使金属引线熔化变形、掺杂源扩散，导致性能下降或失效；如果晶圆采用热失配较大的异质材料，则不同材料间会产生很大的热应力，从而产生缺陷，使晶圆破裂，影响键合，因此需要降低退火温度。低温硅片直接键合（Low-temperature Silicon Wafer Direct Bonding，

LSDB）技术结合了低温键合与晶圆级集成制造的优点，已成功应用于硅之间及硅与石英之间的直接键合，成为制备复合材料及实现微机械加工的最优技术，其优点如下。

（1）可以通过将低掺杂晶圆与高掺杂晶圆键合来实现深度掺杂扩散，缩短时间。

（2）可以得到高纯度、低缺陷的单晶层，使其代替厚晶圆外延生长。

（3）可以将被氧化的晶圆与晶圆直接键合，以制作绝缘体上硅（SOI）晶圆。

（4）通过键合孔洞或带沟槽的表面对晶圆衬底进行加工。

低温键合主要包括表面活化低温键合、中间介质键合及真空键合。表面活化低温键合通过使离子撞击晶圆表面产生悬浮键，增大晶圆表面的自由能，从而快速达到所需的键合强度；中间介质键合将一层熔点较低的介质置于晶圆表面，只需要较低的退火温度就可以达到所需的键合强度，主要包括共晶键合、黏着键合及玻璃介质键合；真空键合在真空中对晶圆进行预键合，200℃就能达到退火至 1100℃（在空气中）的键合能，因此目前键合设备大多在真空中进行预键合。

晶圆键合广泛应用于 MEMS 器件，其必须满足一些具体要求。例如，将温度限制在 450℃，以防止出现与温度相关的晶圆损伤；防止出现过于激烈的情况，以避免金属腐蚀；由于晶圆加工到这一阶段时花费的成本很高，因此要求有较高的良率；保证键合的机械强度、气密性和可靠性。

第 3 章

智能传感器标准

3.1 概述

作为物联网感知的载体，传感器在物联网产业链中具有重要地位。为了推进智能传感器技术和重点产品的研发与产业化，促进物联网应用的推广，为物联网的发展奠定基础，需要制定物联网基础通用标准及智能传感器、物联网变送器、智能仪表标准和物联网生产应用标准，重点解决物联网部件的互联、互通与即插即用；保证物联网部件在应用中的稳定性与可靠性。目前，国际通用的智能传感器标准为 IEEE 1451，国内智能传感器标准建立较晚，2017 年发布了《智能传感器》(GB/T 33905—2017)。

3.1.1 智能传感器标准及专利进展

信息革命的第三次浪潮正悄然来临，将改变社会、企业、社区及每个人的生活。其中，无线传感器网络（WSN）备受关注。

无线传感器网络一般由在空间分布的网络节点和独立的网络节点组成，节点包含物理或环境条件，如温度、声音、压力、运动或污染物等，节点通常带有无线电收发器或其他无线通信设备，可以通过网络把数据传输至数据库和其他用户。无线传感器网络可以用于数据收集、目标跟踪及报警监控等。

近年来，国内外无线传感器网络的发展和应用取得了很大进展。同时，无线传感器网络的标准制定工作进展迅速，大大降低了智能传感器和无线传感器网络的复杂度。例如，电气与电子工程师协会（IEEE）建立了可以使智能传感器即插即用的标准，符合标准的传感器可以与其他仪器和系统一起工作。

IEEE 1451 约定了不同接口连接传感器和微处理器、仪表系统及控制异地网络的不同标准。IEEE 制定了 IEEE 802.11 标准和 IEEE 802.15 标准，IEEE 802.15.4 标准规定了低速率无线个域网（LR-WPAN）的物理层和介质访问控制层。ZigBee 和 WirelessHART 基于 IEEE 802.15.4 标准。ZigBee 是一项新型无线通信技术，是为解决低成本、低功耗无线传感器网络的特殊需求而开发的，其充分利用 IEEE 802.15.4 标准的物理层规范，采用在全球均可经营（无须特殊许可）的频率范围：2.400GHz～2.484GHz、902MHz～928MHz 和 868.0MHz～868.6MHz；WirelessHART 是由 HART 通信基金会开发的开放式可互操作无线通信标准，其采用时间同步、自我组织和自我修复的网状网络结构，使用兼容运行在 2.4GHz 工业、科学和医药（ISM）频段上的 IEEE 802.15.4 标准。

为了适应无线传感器网络，一些现有的标准逐渐被修改。例如，在基于 IEEE 802.11 标准的无线局域网（WLAN）标准中加入低功率 Wi-Fi，以实现无线传感器网络。

此外，其他行业标准和专有系统也可以应用于无线传感器网络。例如，EnOcean 是在楼宇自动化领域广泛应用的无线通信系统，可在无线传感器网络中应用，但它没有由任何公认的标准化机构进行标准化；Z-Wave 是为家庭自动化设计的无线通信专有标准，针对家庭和轻型商业环境中的遥控应用，将低功耗无线收发器嵌入家庭电子设备和系统中，如照明系统、家庭访问控制系统、娱乐系统和家用电器等，该技术已被 Z-Wave 联盟标准化（Z-Wave 联盟是一个国际智能家居厂商联盟，负责实现 Z-Wave 产品和设备的兼容）。

美国专利局的数据显示，在无线传感器网络方面，美国拥有的已授权专利最多，日本位居第二，其后是加拿大、韩国和法国；美国拥有的已公开专利申请最多，韩国位居第二，其后是日本和瑞典。

在无线传感器网络技术领域，处于领先地位的 15 个公司为思科（Cisco）、爱立信（Ericsson）、费希尔罗斯蒙特（Fisher-Rosemount）、通用电气（GE）、霍尼韦尔（Honeywell）、IBM、英特尔（Intel）、微软（Mircosoft）、摩托罗拉（Motorola）、NEC、诺基亚（Nokia）、飞利浦（Philips）、三星（Samsung）、西门子（Siemens）和索尼（Sony）。其中，诺基亚在美国拥有的已授权专利数量最多，摩托罗拉、英特尔和微软紧随其后；三星在美国拥有的已公开专利申请数量最多，霍尼韦尔、微软、摩托罗拉和 NEC 紧随其后。另外，值得注意的是，IBM 是目前在物联网方面领先的公司之一。

3.1.2　无线传感器网络标准化协议分析

近年来，无线传感器网络飞速发展。在关键技术的研发方面，学术界针对网络协议、数据融合、测试测量、操作系统、服务质量、节点定位、时间同步等开展了大量研究，取得丰硕的成果；工业界也在环境监测、军事目标跟踪、智能家居、自动抄表、灯光控制、建筑物健康监测等领域进行了探索。随着应用的推广，无线传感器网络暴露了越来越多的问题。不同厂商的设备需要实现互联互通，且要避免与现行系统相互干扰，因此要求厂商、方案供应商、产品供应商及关联设备供应商具有一定的默契，齐心协力地实现目标，这就是无线传感器网络标准化工作的背景。实际上，由于标准化工作关系到多方的经济利益与社会利益，往往受到相关行业的普遍重视，协调好各方利益并使其达成共识，需要各方有足够的理解和耐心。

无线传感器网络的标准化工作受到许多国家及国际标准化组织的普遍关注，已经完成了一系列规范和标准的制定。其中，最著名的是基于 IEEE 802.15.4 标准的 ZigBee，IEEE 802.15.4 标准定义了短距离无线通信的物理层及数据链路层规范，ZigBee 则定义了网络互联、传输和应用规范。随着应用的推广和产业的发展，ZigBee 的基本内容已不能完全适应需求，且其仅定义了联网通信的内容，没有对传感器部件定义标准的协议接口，因此其难以承载无线传感器网络。另外，ZigBee 在不同国家落地时，必然受到该国现行标准的约束。因此，人们开始以 ZigBee 为基础推出更多版本，以适用于不同应用、不同国家。

尽管存在不完善的地方，ZigBee 仍然是目前产业界应用的主要，本章主要介绍 IEEE 802.15.4 标准和 ZigBee，并适当涉及其他相关标准。无线传感器网络的标准化工作任重道远，无线传感器网络是新兴领域，需求还不明朗，且 IEEE 802.15.4 标准和 ZigBee 并非针对无线传感器网络设计，在应用中需要进一步解决衍生问题。

1. PHY/MAC 层标准

无线传感器网络的底层标准一般沿用无线个域网的相关标准（IEEE 802.15 标准）。无线个域网（Wireless Personal Area Network，WPAN）通常定义为提供个人及消费类电子设备之间进行互联的无线短距离专用网络。无线个域网专注于解决便携式移动设备（如外围设备、PDA、数码产品等消费类电子设备）之间的双向通信问题，其覆盖范围一般在 10 米以内。IEEE 802.15 工作组已完成了一系列相关标准的制定工作，其中包括广泛应用于无线传感器网络的 IEEE

802.15.4 标准。

1）IEEE 802.15.4 标准

IEEE 802.15.4 标准以实现低能耗、低传输速率、低成本为目标（与无线传感器网络一致），旨在为个人或家庭范围内的不同设备的低速互联提供统一接口。因为 IEEE 802.15.4 标准定义的 LR-WPAN 的特性与无线传感器网络的簇内通信有许多相似之处，所以很多研究机构将其作为无线传感器网络的物理层及数据链路层通信标准。

IEEE 802.15.4 标准定义了物理层和介质访问控制（MAC）层，符合 OSI 模型。物理层包括射频收发器和底层控制模块，介质访问控制层为高层提供了访问物理信道的服务接口。IEEE 802.15.4 标准与 ZigBee 协议架构如图 3-1 所示。

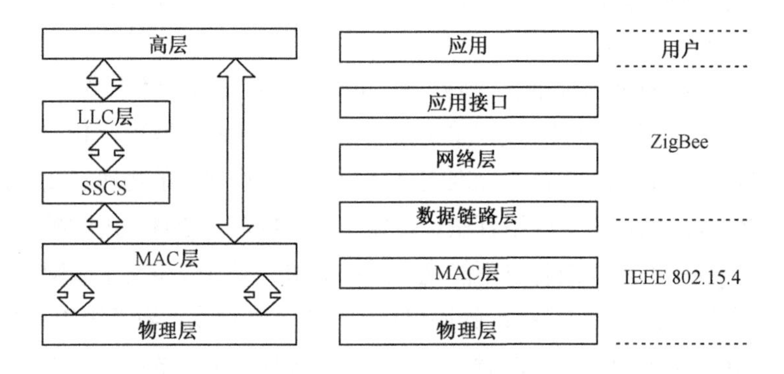

图 3-1　IEEE 802.15.4 标准与 ZigBee 协议架构

IEEE 802.15.4 标准在物理层设计中面向低成本和高层次集成需求，采用 868MHz、915MHz 和 2.4GHz 共 3 种工作频率，可使用的信道分别为 1 个、10 个和 16 个，提供的传输速率分别为 20kbps、40kbps 和 250kbps，传输范围为 10～100 米。由于规范使用的频段是国际电信联盟电信标准局（Telecommunication Standardization Sector of the International Telecommunications Union，ITU-T）定义的 ISM 频段，所以可以被各种无线通信系统广泛使用。为减少系统间的干扰，在各频段采用直接序列扩频（Direct Sequence Spread Spectrum，DSSS）编码技术。与其他数字编码技术相比，直接序列扩频编码技术可使物理层的模拟电路设计更简单，且具有更高的容错能力，易于实现低端系统。

IEEE 802.15.4 标准在介质访问控制层定义了两种访问模式。

第一种是带有冲突避免的载波侦听多路访问（Carrier Sense Multiple Access with Collision Avoidance，CSMA/CA）模式，该模式参考了无线局域网（WLAN）

的 IEEE 802.11 标准定义的 DCF 模式，易于实现与无线局域网的信道级共存。其在传输前侦听介质中是否存在同信道载波，如果不存在载波，则表明信道空闲，直接进入数据传输状态；如果存在载波，则在随机退避一段时间后重新检测信道。这种模式简化了实现自组织（Ad Hoc）网络应用的过程，但由于没有进行功耗管理，要实现基于睡眠机制的低功耗网络应用需要完成更多工作。

第二种是 PCF 模式，该模式通过使用同步的超帧机制提高信道利用率，并在超帧内定义休眠时段，易于实现低功耗控制。PCF 模式定义了两种器件：全功能设备（Full-Function Device，FFD）和精简功能设备（Reduced-function Device，RFD）。FFD 支持 49 个基本参数，而 RFD 在最小配置时只需要支持 38 个基本参数。在 PCF 模式下，FFD 控制所有关联的 RFD 的同步、数据收发过程，可以和网络中的任何设备通信，而 RFD 只能和与其关联的 FFD 设备通信。在 PCF 模式下，一个网络中至少存在一个 FFD（作为网络协调器），起网络主控制器的作用，完成簇间和簇内同步、分组转发、网络建立、成员管理等任务。

IEEE 802.15.4 标准支持星型网络和点对点网络拓扑结构，有 64 位和 16 位两种地址格式，64 位地址是全球唯一的扩展地址，16 位地址用于构建小型网络或作为簇内设备的识别地址。

2）蓝牙技术

1998 年 5 月，爱立信、IBM、英特尔、诺基亚和东芝等公司联合开展了“蓝牙”研究，并于 1999 年 7 月推出了蓝牙协议 1.0 版，2001 年更新为 1.1 版，该协议旨在设计通用的无线空中接口（Radio Air Interface）及其软件的国际标准，使不同厂家生产的便携式设备在无线情况下实现近距离互联，该标准得到了摩托罗拉、朗讯、康柏、西门子、3Com、TDK、微软等近 2000 家厂商的支持。

蓝牙工作在 2.4GHz 的 ISM 频段，通过采用快速跳频和短包技术减少同频干扰，保证物理层传输的可靠性和安全性，具有一定的组网能力，支持 64kbps 的实时语音。蓝牙的普及使市场上的相关产品不断增多，但随着超宽带技术、无线局域网及 ZigBee 的出现，其在安全性、价格、功耗等方面的问题日益显现，蓝牙的竞争优势开始下降。2004 年，蓝牙工作组推出蓝牙协议 2.0 版，将带宽提高三倍、功耗降低一半。

2. 无线个域网标准

无线传感器网络要构建从物理层到应用层的完整网络，而无线个域网标准制定了物理层及介质访问控制层规范。除了前面提到的蓝牙技术，无线个域网还包括超宽带技术、红外技术、家用射频技术等，其共同特点是距离短、功耗低、成本低、个人专用等，简单介绍如下。

1）超宽带技术

超宽带（Ultra Wide-Band，UWB）技术可以发射极短暂的脉冲并接收和分析反射回来的信号，以得到检测信息。超宽带技术的功率谱密度曲线非常平坦，表现为在任何频点的输出功率都非常小，因此其具有很强的抗干扰性和安全性。早期的超宽带技术主要作为军事技术，在雷达探测和定位等领域中使用，美国联邦通信委员会（FCC）于 2002 年 2 月准许该技术进入民用领域。超宽带技术的传输速率可达 100Mbps 以上，其第二代产品的传输速率可达 500Mbps 以上，仅这一项指标就让众多技术望尘莫及。超宽带技术的标准之争非常激烈，Freescale 的 DS-UWB 和 TI 的 MBOA 逐步脱颖而出，近年来中国在这方面的研究也非常热门。超宽带技术具有巨大的发展前景，但超宽带芯片产品却迟迟未能面市，近年来开始出现相关产品的报道。

2）红外技术

红外技术是一种利用红外线进行点对点通信的技术。因为红外技术仅用于点对点通信且具有一定的方向性，所以数据传输所受的干扰较小。红外技术具有体积小、成本低、功耗低、不需要进行频率申请等优势，得到了广泛应用。经过多年的发展，其硬件与配套软件相当成熟，目前全球至少有 5000 万台设备采用红外技术，并以每年增加 50%的速度增长。目前，约 95%的手提电脑都安装了红外接口，而遥控设备（如电视机、空调、数字产品等）更是普遍采用红外技术。

然而，红外技术是一种视距传输技术，其核心部件不是十分耐用，也无法构建长时间运行的稳定网络，因此红外技术没能成为无线个域网的物理层标准技术，仅在少数无线传感器网络应用中进行过尝试（如定位跟踪等），并且是与其他无线技术配合使用的。

3）家用射频技术

家用射频（Home Radio Frequency，HomeRF）工作组成立于 1998 年 3 月，由美国家用射频委员会领导，首批成员包括英特尔、IBM、康柏、3Com、飞利浦、微软、摩托罗拉等公司。家用射频工作组于 1998 年制定了共享无线接入协议（Shared Wireless Access Protocol，SWAP），该协议主要针对家庭无线局域网，其数据通信采用简化的 IEEE 802.11 标准，沿用了带有冲突检测的载波侦听多路访问（Carrier Sense Multiple Access with Collision Detection，CSMA/CD）技术；

语音通信采用DECT（Digital Enhanced Cordless Telephony）标准，使用时分多址（TDMA）技术。家用射频技术工作在2.4GHz，支持数据和音频最大数据的传输速率为2Mbps，在新的家用射频2.x标准中采用了宽带跳频（Wide Band Frequency Hopping，WBFH）技术，增加了跳频调制功能，数据带宽峰值可达10Mbps，能够满足大部分应用。

21世纪初，家用射频技术的普及率曾达到45%，但由于技术标准被控制在数十家公司手中，其并没有像红外技术一样开放，特别是IEEE 802.11b标准的出现，使家用射频技术的普及率在2001年骤降至30%；2003年，家用射频工作组更是宣布停止研发和推广，曾经风光无限的家用射频技术退出了无线个域网的历史舞台。

3. 路由及高层标准

在底层标准的基础上，出现了一些路由及高层标准，如ZigBee、6LowPAN标准、IEEE 1451.5等，Z-Wave联盟、Cypress等也推出了类似的标准，但是在专门为无线传感器网络设计的标准推出之前，ZigBee的应用最广泛。

1）ZigBee

ZigBee联盟成立于2001年8月，初始成员包括霍尼韦尔、Invensys、三菱、摩托罗拉和飞利浦等，目前拥有超过200个会员。ZigBee 1.0（Revision 7）于2004年12月正式推出，2006年12月推出了ZigBee 2006（Revision 13），即1.1版，2007年又推出了ZigBee 2007 Pro。ZigBee具有功耗低、成本低、网络容量大、延时短、安全可靠、工作频段灵活等优点，是目前被普遍看好的无线个域网解决方案，也被很多人视为无线传感器网络的实际标准。

ZigBee联盟对网络层协议和应用程序接口（Application Programming Interfaces，API）进行了标准化。ZigBee协议栈架构基于OSI模型，包含IEEE 802.15.4标准及由该联盟独立定义的网络层和应用层协议。ZigBee的网络层主要负责网络拓扑的搭建和维护，以及设备寻址、路由等，属于通用的网络层功能，应用层包括应用支持子层（Application Support Sub-layer，APS）、ZigBee设备对象（ZigBee Device Object，ZDO）及设备商自定义的应用组件，负责业务数据流的汇聚、设备发现、服务发现、安全与鉴权等。

ZigBee联盟共定义了3级认证：第1级是物理层与介质访问控制层认证；第2级是ZigBee协议栈（Stack）认证，又称ZigBee兼容平台认证（Compliant Platform Certification）；第3级是ZigBee产品认证，只有通过第三级认证的产品能贴上 ZigBee 的标志，因此第 3 级认证又称 ZigBee 标志认证（Logo Certification）。

2）IEEE 1451.5 标准

IEEE 1451 标准通过定义一套通用的通信接口，使工业变送器（传感器+执行器）能够独立于通信网络，并与现有的微处理器系统和现场总线网络相连，以解决不同网络的兼容问题，并实现变送器与网络的互换性和互操作性。IEEE 1451 标准定义了变送器的软硬件接口，并将传感器分成两层结构，第一层为网络适配器（Network Capable Application Processor，NCAP），用于运行网络协议和硬件；第二层为智能变送器接口模块（Smart Transducer Interface Module，STIM），包括变送器和变送器电子数据表（Transducer Electronic Data Sheet，TEDS）。IEEE 1451 工作组先后提出了五项标准，分别针对不同的工业应用现场需求，其中 IEEE 1451.5 标准为无线传感器接口标准。

IEEE 1451.5 标准可以满足工业自动化等应用的需求。IEEE 1451.5 标准尽量使用无线传输，描述了智能传感器与网络适配器模块之间（而不是网络适配器模块与网络之间）的无线连接规范。IEEE 1451.5 标准的重点在于制定无线数据通信过程中的通信数据模型和通信控制模型，其提出必须对模型进行一般性扩展，以允许使用多种无线通信技术，主要包括两方面：一方面为变送器通信定义一个通用的服务质量（QoS）机制，能够对无线电技术进行映射；另一方面对于每种无线射频技术来说，都有用于将无线发送的具体配置参数映射到服务质量机制的映射层。

3）6LowPAN 标准

无线传感器网络从诞生起就与下一代互联网关联，6LowPAN（IPv6 over Low Power Wireless Personal Area Network）标准将其结合，目标是在 LowPAN（低功率个域网）上传输 IPv6 报文。当前，LowPAN 采用的开放协议主要是 MAC 协议，在上层并没有一个真正开放的支持路由等功能的标准。IPv6 在技术上趋于成熟，在 LowPAN 上采用 IPv6 协议可以与 IPv6 网络实现无缝连接，因此互联网工程任务组（Internet Engineering Task Force，IETF）成立了专门的工作组，以制定在 MAC 协议上发送和接收 IPv6 报文的相关技术标准。

成熟的 IPv6 技术可以很好地满足 LowPAN 互联层的一些要求。在 LowPAN 中，很多设备需要使用无状态自动配置技术，IPv6 Neighbor Discovery 协议基于主机的多样性提供了两种自动配置技术：有状态自动配置技术与无状态自动配置技术。另外，在 LowPAN 网络中可能存在大量设备，需要较大的 IP 地址空

间，具有 128 位 IP 地址的 IPv6 协议可以很好地解决这一问题。在包长受限的情况下，可以使 IPv6 的地址包含介质访问控制层地址。

IPv6 协议与 MAC 协议被设计应用于两个完全不同的网络，因此直接在介质访问控制层上传输 IPv6 报文会存在很多问题。首先，两者的报文长度不兼容，IPv6 的报文长度不超过 1280B，介质访问控制层的报文长度不超过 127B，由于其本身的地址域信息占用了 25B，最多留给上层的负载域 102B，显然无法直接承载来自 IPv6 的数据包；其次，两者采用的地址机制不同，IPv6 采用分层的聚类地址，由多段具有特定含义的地址段前缀与主机号构成，而介质访问控制层直接采用 64 位或 16 位扁平地址；再次，两者的协议设计要求不同，IPv6 没有考虑能耗问题，而介质访问控制层的很多设备都由电池供电，能量有限，需要尽量减小数据通信量、缩短通信距离，以延长网络寿命；最后，两者的优化目标不同，IPv6 一般关心如何快速实现报文转发，而介质访问控制层则关心如何在节省设备能量的情况下实现可靠的通信。

总之，由于两个协议的设计出发点不同，要使介质访问控制层支持 IPv6 数据包的传输还存在很多技术问题，如报文分片与重组、报头压缩、地址配置、映射与管理、网状路由转发等，这里不再一一讨论。

4. 国内和国际的标准化工作

近年来，国内无线传感器网络的标准化工作在全国信息技术标准化技术委员会（以下简称信标委）的推动下，取得了较大进展。2005 年 11 月 29 日，信标委组织国内及海外华人专家，在中国电子技术标准化研究所召开了第一次无线个域网技术标准研讨会，讨论了无线个域网标准进展状况、市场分析及标准制定等事宜，建议将无线传感器网络纳入无线个域网范畴，并成立了专门的小组，中国无线传感器网络标准化工作迈出了第一步。

在国内 30 多个科研及产业实体的共同努力下，工作组组织了多次技术研讨会，提出了低速无线个域网使用的 780MHz（779MHz～787MHz）专用频段及相关技术标准（日本使用 950MHz、美国使用 915MHz）。针对该频段，工作组提出了拥有自主产权的 MPSK 调制编码技术，摆脱了国外同类技术的专利束缚。2008 年 3 月，工作组通过了 780MHz 工作频段采用 MPSK 和 O-QPSK 调制编码技术的提案（MPSK 和 O-QPSK 分别由中国和美国相关团体提出，并各自拥有知识产权），LR-WPAN 可以单独或同时使用 MPSK 和 OQPSK，最终将形成 IEEE 802.15.4c 标准。另外，由中国主要负责起草的包括 MAC 和 PHY 协议的 IEEE

802.15.4e 标准也在顺利推进中。这是国内标准化工作的重要进展，也是我国参与国际标准制定的重要一步。

最近，国内及国际无线传感器网络的标准化工作取得了新进展，中国国家标准化管理委员会正式批复无线传感器网络从无线个域网工作组中分离出来，成立了直属于全国信息技术标准化技术委员会的无线传感器网络标准工作组。国际标准化组织成立了 ISO/IEC JTC1/SGSN 研究组，开始制定与传感器网络相关的国际标准，中国、美国、韩国、日本等国家作为重要成员参与其中。

标准是连接科研和产业的纽带，芯片是标准最直接的体现。参与标准化工作，特别是国际标准的制定工作，对于提高我国产品的竞争力和技术水平、占领行业制高点有举足轻重的作用。制定标准的最终目的是提高产业水平、满足产品国际化需求、保护自主知识产权、为兼容同类或配套产品等提供便利。如果我们能参与无线传感器网络的国际标准制定工作，就能在芯片设计、方案提供及产品制造等方面获得有力保障。芯片是无线传感器网络应用系统的关键部件，不仅是成本的主要决定因素，还是知识产权的主要体现形式。缺少产业标准显得苍白无力，缺少芯片显得有名无实，目前国内在芯片设计及产业化（特别是射频芯片）方面亟须取得突破。

3.2 IEEE 1451 标准

3.2.1 概述

1. IEEE 1451.1 标准

IEEE 1451.1 标准定义了独立的信息模型，使传感器接口与 NCAP 相连。IEEE 1451.1 标准的实现模型如图 3-2 所示，该模型由一组对象类组成，这些对象类具有特定的属性、动作和行为，它们为传感器提供清晰、完整的描述。IEEE 1451.1 标准采用 API 实现从模型到网络协议的映射，并以可选的方式支持所有接口的通信。

IEEE 1451.1 标准支持的现场设备和应用具有很多优点，如具有丰富的通信模型、支持发布/订阅模型、简化了分布式测控系统软件的开发过程并降低了复杂度，以及模块化结构易于定制具有任意大小的系统、总线和现场设备对应用来说是透明的等。

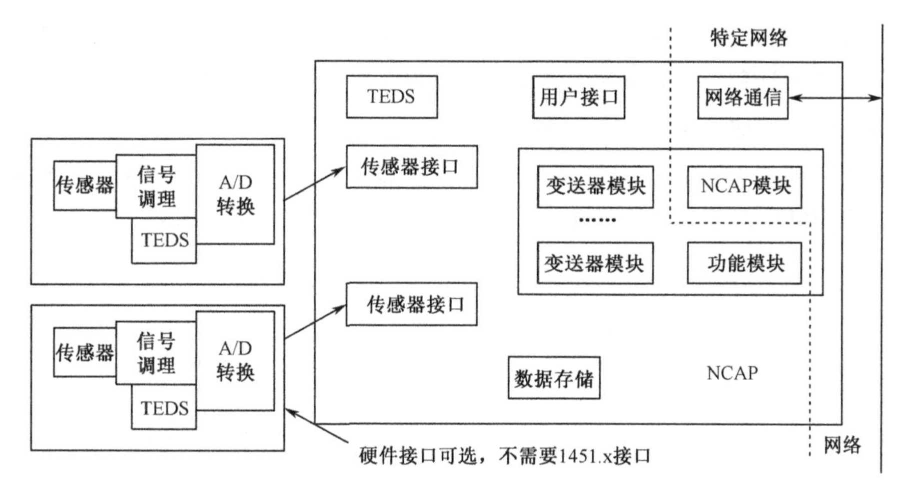

图 3-2 IEEE 1451.1 标准的实现模型

IEEE 1451.1 标准围绕面向对象的系统建立，这些系统的核心概念是类。类可以描述功能模块的共有特征，这些功能模块被称为实例或对象。类的概念被附加的规范扩展并应用于 IEEE 1451.1 标准，这些规范包括发布集合（类产生的事件）、订阅集合（类对应的时间）、状态机（大规模状态转换规则标准集）及一组数据类型的定义。

2. IEEE 1451.2 标准

IEEE 1451.2 标准规定了连接传感器和微处理器的数字接口，描述了变送器电子数据表（TEDS）及其数据格式，提供了连接 STIM 和 NCAP 的标准接口 TII，使制造商可以将传感器应用于多种网络，使传感器具有兼容性。该标准没有指定信号调理、信号转换和 TEDS 的应用方式，由各传感器制造商自主实现，以保持其在性能、质量、特性与价格等方面的竞争力。

3. IEEE P1451.3 标准

IEEE P1451.3 标准定义了标准的物理接口，以多点设置的方式连接多个在物理上分散的传感器。其具有一定的必要性，因为在某些情况下，受恶劣环境的影响，不可能在物理上将 TEDS 嵌入传感器。IEEE P1451.3 标准提出以“小总线”方式实现变送器总线接口模型（TBIM），这种小总线足够小且价格便宜，可以轻易嵌入传感器，允许通过简单的控制逻辑接口进行大量数据转换。

IEEE P1451.3 标准使变送器的制造商能够以较高的性价比生产变送器，且其具备系统内部的可操作性。该标准既允许以相对较低的采样速率和合适的时序要求来设计和生产简单的设备，又可以兼容具有纳秒级时序要求的设备。也就是说，这两种不同频谱的设备能够处于同一条总线上。IEEE P1451.3 标准的物理连接如图 3-3 所示。在图 3-3 中，总线连接变送器的电源，并实现总线控制器与 TBIM 的通信，这条总线可以有一个总线控制器和多个 TBIM。

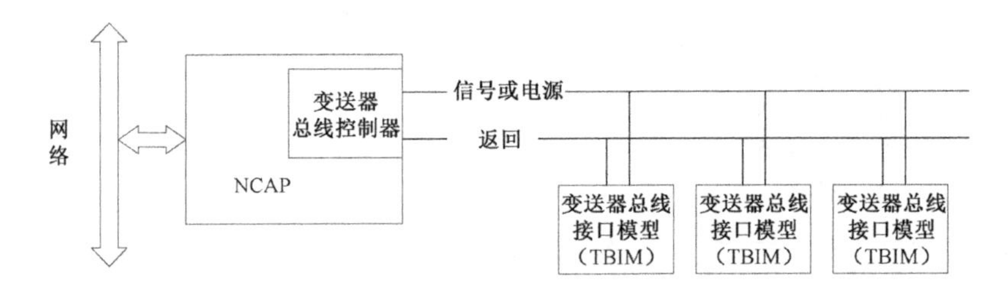

图 3-3　IEEE P1451.3 标准的物理连接

TBIM 包含 5 个通信函数，如表 3-1 所示。这些通信函数在一个物理传输媒介上至少利用两个通信通道，通信通道与启动变送器的电源共享物理传输媒介。功耗较高的变送器可以由外电源驱动。

表 3-1　TBIM 包含 5 个通信函数

函数	功能描述
总线管理通信函数	具有系统所需的基本能力，以识别 TBIM 并决定他们的通信能力
TBIM 通信函数	提供 TBIM 通信能力，允许总线控制器控制 TBIM 或以更快的速度读取控制内容
数据传输函数	可以实现 TBIM 与总线控制器之间的数据传输
同步函数	可以同步多个 TBIM 的信息，也可以作为一些系统的简单时钟
触发函数	触发来自总线控制器的特殊命令，使 TBIM 做出某些行动，触发函数提供了通信通道

最简单的系统只含有总线管理通信通道，总线管理通信通道的频率不变或变化不大，以保证每个总线控制器都能使用。对于最简单的系统来说，TBIM 通信函数、同步函数、触发函数和数据传输函数共用通信通道。

IEEE P1451.3 标准定义了几种 TEDS。通信 TEDS、模型总体 TEDS 和变送器特定的 TEDS 是必需的，其他 TEDS 都是可选的。当存储容量特别小或特殊环境不允许将 TEDS 存储在 TBIM 中时，可以将 TEDS 置于远程服务器上，将其称为虚拟 TEDS。

通信 TEDS 定义了 TBIM 的通信能力，每个 TBIM 中有一个通信 TEDS；模型总体 TEDS 定义了 TBIM 的总体特征，每个 TBIM 中有一个模型总体 TEDS；变送器特定的 TEDS 描述了每个变送器的特点，每个变送器中有一个变送器特定的 TEDS。在一般情况下，这些 TEDS 的容量很小，只有几百个字节，但 TBIM 的大小与 TBIM 中变送器的数量有关。此外，IEEE P1451.3 工作组常常使用标定 TEDS，标定 TEDS 提供了必要的常数，可以将原始的传感器数据格式转换成工程单位格式或将工程单位格式转换成执行器需要的格式。另外，传输函数 TEDS 可用于描述不同输入频率下的变送器的特点；数字滤波 TEDS 可用于设置内部数据滤波，以得到理想的频率响应。

4. IEEE P1451.4 标准

IEEE 1451.1 标准、IEEE 1451.2 标准和 IEEE P1451.3 标准主要针对可以通过数字方式读取的具有网络处理能力的传感器和执行器，IEEE P1451.4 标准主要基于已存在的模拟量变送器连接方法提出混合模式变送器通信协议，并为智能化模拟量变送器接口指定了 TEDS 格式，该接口标准与 IEEE 1451.X 网络化变送器接口标准兼容。

IEEE P1451.4 标准允许模拟量传感器（如压电传感器、变形测量仪）以数字信息模式（或混合模式）通信，目的是使传感器能进行自识别和自设置。此标准同时建议数字 TEDS 数据的通信与使用线量最少的传感器的模拟信号（远远少于 IEEE 1451.2 标准所需的 10 根线）共享。混合模式变送器包括 TEDS 和混合模式接口，混合模式变送器与混合模式接口的关系如图 3-4 所示。

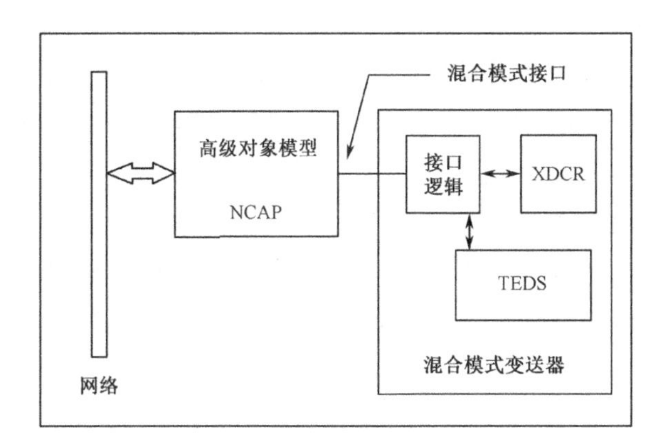

图 3-4　混合模式变送器与混合模式接口的关系

IEEE P1451.4 定义了混合模式变送器接口标准，其允许混合模式变送器与兼容的对象进行数字通信。

IEEE P1451.4 标准下的混合模式变送器至少由变送器、TEDS 及控制和传输数据进入不同接口的接口逻辑组成，TEDS 很小，但其定义的信息充足，且可以通过高级对象模型进行补充。

为了进行自我识别、自我描述和设置，有必要制定允许模拟量变送器以数字方式通信的标准。由于缺乏统一标准，不同的变送器厂家有不同的实现方案，但都存在限制，未能得到广泛认可。一个独立的、开放的标准将减少用户、变送器、系统生产厂家和系统集成商之间的冲突与矛盾，使产品兼容。

IEEE P1451.4 标准定义的 TEDS 是 IEEE 1451.2 标准定义的 TEDS 的子集，其目的是使 TEDS 更小。IEEE P1451.4 标准定义的 TEDS 的要素包括帮助信息、即插即用功能、支持所有变送器类型、具有开放性、与 IEEE 1451.2 标准兼容等。具体参数如下。

（1）识别参数，如生产厂家、模块代码、序列号、版本号和数据代码。

（2）设备参数，如传感器类型、灵敏度、传输带宽、单位和精度。

（3）标定参数，如标定日期、校正引擎系数。

（4）应用参数，如通道识别、通道分组、传感器位置和方向。

3.2.2 IEEE 1451 的特点

1）标准接口和软硬件定义

IEEE 1451 标准定义了传感器的软件和硬件接口规范。为传感器提供了标准化的通信接口和软硬件定义，通过这些标准接口可以增强网络的互操作性。

2）即插即用

IEEE 1451 标准根据传感器连接方式定义了不同的接口和不同的 TEDS，IEEE 1451 标准还定义了智能传感器系统构架及信息模型，使传感器不依赖具体的网络并具有即插即用功能。

3）自我表述和在线标定

IEEE 1451 标准为不同的传感器定义了不同的 TEDS，并提供了相应的解析模板。TEDS 中包含传感器描述信息，如量程、精度等，用户可以读取相关信息并获取 TEDS 的参数。此外，TEDS 中还包含校准信息，用户可以随时完成在线标定。

3.2.3　国内外应用情况

国外的一些大型企业积极参与 IEEE 1451 标准的制定，多次在国际传感器博览会上进行演示和实验，并推出了网络化智能传感器系统开发工具。基于 IEEE 1451 标准的产品不多。2000 年初，惠普推出了支持 IEEE 1451 标准的 BFOOT11501、66501 和 66502 系列芯片，但 2000 年底宣布不再生产，也就是说，市场还没有完全接受并使用这个新的网络化智能传感器标准。在中国，可以在期刊中见到一些关于 IEEE 1451 标准的综述文章，但少有基于 IEEE 1451 标准的网络化智能传感器应用成果。

网络化智能传感器代表了下一代传感器的发展方向，IEEE 1451 标准的提出有助于解决目前市场上多种网络并存的问题。随着 IEEE P1451.3 标准、IEEE P1451.4 标准的陆续制定、颁布和执行，基于 IEEE 1451 标准的网络化智能传感器技术不再停留于论证阶段或实验阶段，越来越多成本低廉且具备网络化功能的智能传感器涌向市场，将在更大范围内影响人类生活。网络化智能传感器将对工业测控、智能建筑、远程医疗、环境及水文监测、农业信息化、国防军事等领域带来革命性影响，其广阔的应用前景和巨大的社会效益、经济效益和环境效益将不断显现。

3.2.4　基于 IEEE 1451 标准的智能传感器

IEEE 1451 标准定义了一系列使智能传感器连接到微处理器、仪表系统和现场控制网络的开放、通用、独立于网络的标准，提供了一系列基于监测和控制应用的有线或无线协议。

1. 智能传感器的实现

考虑到远程环境检测设备主要在野外应用，地形比较复杂，因此 IEEE 1451.5 标准基于无线传输，NCAP 和 WTIM（Wireless Transducer Interface Module）之间的通信可以通过无线传输技术实现，有利于节约成本，便于对系统进行改造升级。本系统的 TIM 部分和 WTIM 部分采用 IEEE 1451.4 标准的 MMI 接口，因为 MMI 允许 TEDS 的数字信号与传感器的模拟信号隔离传输，可以方便地将传统传感器改造为符合标准的智能传感器。

本系统选用 ZigBee 来构建无线传感器网络，采用 TI 生产的 CC2530 射频模块，该模块能满足以 ZigBee 为基础的 2.4GHz IAM 波段应用的低成本、低功耗要求。

当系统的各部分任务较多时，需要使用嵌入式操作系统。应用比较广泛的有以 VXWORK 为代表的国外操作系统，也有以 RT-Thread 为代表的国内操作系统。国外操作系统的成本高，而国内开发的 RT-Thread 是开源的实时操作系统，其商业许可证宽松，面向对象设计，但 RT-Thread 与 eCOS 不同，eCOS 完全通过 C++实现，而 RT-Thread 采用了面向对象编程，更符合人类思考问题的特点（如继承），可以使具备相同父类的子类共享使用父类的方法，能够方便地创造更多函数。对象的好处是封装，当一个对象封装并测试完成后，基本上表示这个类是健全的，从这个类派生的子类不需要过多考虑父类的不稳定性。

IEEE 1451.4 标准的核心是 TEDS，TEDS 包含传感器的相关信息，如厂商信息、模块编号、版本信息、产品序列号、灵敏度、测量范围、物理单位、传输功能、输出范围、校准信息、用户数据等。TEDS 存储在 EEPROM 中，系统上电或接受请求后，TEDS 上载到系统。TEDS 简化了传感器的安装过程，可以直接替换被损坏的传感器而不需要更改任何设置。TEDS 包含一个 64bit 的信息，被称为 BasicTEDS，每个传感器必须包含一个 BasicTEDS。受 TEDS 存储器大小的限制，应压缩 BasicTEDS 的信息。典型的系统存储器存储信息的单位为 8bit 或 16bit，但 TEDS 可以做到按 1bit 来存储有效信息，因此要小心地解析数据，向编程提出了更高要求。此外，可以根据传感器类型选择不同模板来设计标准模板 TEDS，还可以根据用户需要添加一些自定义信息。

WTIM 可以通过 MMI 接口读取 TEDS，并通过无线设备发送给 NCAP，通过 IEEE 1451.0 标准定义的通用 API 函数来控制可读取传感器和执行器的运行状态。

WTIM 上电时即进入初始化状态，随后进入 PREREG 状态。在 PREREG 状态下，TIM 要完成通向 NCAPREG 的任务，然后进入 NCAPREG 状态。进入 NCAPREG 状态意味着 WTIM 已经与 NCAP 进行了连接，但是 NCAP 没有设置 WTIM 与 TIM 进行数据交互。当 NCAP 设置 WTIM 与 TIM 进行数据交互时，会发送一个开放命令和一个或多个写命令，然后 WTIM 进入 OPEN 状态，在 OPEN 状态下，WTIM 可以和 NCAP、TIM 进行数据交互。OPEN 状态可以被关闭命令结束，如果多次通信失败，则表明 TIM 当前没有通道可用，WTIM 将由 OPEN 状态转为 NCAPREG 状态。

符合 IEEE 1451.5 标准的 NCAP 支持接入多个具有相同技术标准的 WTIM。首次上电时 NCAP 进入初始化状态，随后进入 UNREGDOT5 状态。根据设计要求，NCAP 应该包含一个符合 ZigBee 的协调器，在 UNREGDOT5 状态下意味着

协调器未建立有效的 ZigBee 网络，NCAP 将完成网络的注册和建立，这时 NCAP 会进入 DOT5REG 状态。在 DOT5REG 状态下表明 NCAP 已经建立了网络，但没有与 WTIM 建立连接，因此不能与 TIM 进行数据交互。

当 NCAP 建立的网络有一个或多个 WTIM 注册时，其会进入 TIMREG 状态。在 TIMREG 状态下，NCAP 会完成所有 TIM 的注册。为了完成与 TIM 的数据交互，NCAP 会发送一条开放命令和一条或多条写命令，随后 NCAP 进入 OPEN 状态，可以进行数据交互，OPEN 状态可以被关闭命令结束。因为 NCAP 使各 WTIM 相互独立，所以 NCAP 可以在任何时刻发现和连接节点。

2. 智能变送器模块设计

1）STIM 主程序设计

STIM 需要实现多通道数据采集、模数转换、NCAP 命令响应、TEDS 数据存储及通过 TII 接口与 NCAP 通信等，具体如下。

（1）解析 NCAP 命令。该命令包括功能命令和地址命令两类，功能命令用于采集和读取 TEDS 数据；地址命令用于设置传感器输入通道及 TEDS 读写地址等。

（2）采集多通道传感器数据。通道的选择由 NCAP 决定，STIM 通过解析 NCAP 的命令，选择通道并调用 A/D 转换模块，采集对应的传感器数据，并将其存入外部扩展 RAM。

（3）基于 IEEE 1451.2 标准，研究 TEDS 的配置方法，实现即插即用。在对 TEDS 进行读写时，STIM 需要先解析命令中 TEDS 的地址及实现的功能，读取对应的存储信息，并通过 TII 接口传输至 NCAP。

需要先进行初始化，配置好中断、时钟、I/O 接口、A/D 转换模块等，并完成 TEDS 信息加载。采用循环查询的方式，判断是否有中断发生，即判断是否接收到 NCAP 发送的命令，如果未接收到，则继续执行循环；如果接收到，则需要判断命令的类型（寻址命令或查询数据的命令）。如果命令要实现寻址，则需要调用地址管理模块，确定 A/D 转换通道或 TEDS 数据存储的地址；如果命令要实现数据查询，则需要进行 A/D 转换，并从数据缓存区读取需要的数据，将采集到的数据存入外部扩展 RAM。STIM 通过 TII 接口将所需数据传输至 NCAP。

对于 NCAP 来说，STIM 是一个数据存储和功能执行设备，STIM 需要被动地接收 NCAP 的命令，这种工作方式需要有可靠的通信机制，以确保命令接收

的准确性和命令的执行效率。STIM 需要为接收命令做好准备，并在接收到命令后做出响应，当 NCAP 向 STIM 发送指令时，STIM 先调用地址命令解析函数来分析该命令的功能，然后执行相应操作，如选择传感器通道、采集数据、存储数据、发送数据等。

2）A/D 转换模块设计

A/D 转换模块通过配置寄存器产生不同的时钟，由于该模块的价格较高，为使其能够得到充分利用，可以采用分时复用的方法，通过 2 个采样保持器将其转换并得到 2 路 8 通道 A/D 转换接口，这样就可以接入 16 路传感器了，但这种方法会大大增加 A/D 转换的时间。

A/D 转换模块的排序器有单排序器和双排序器两种，两者独立工作。单排序器级联，有唯一的响应触发源，操作简单；双排序器的 2 个 9 状态排序器有相应的触发源，操作相对复杂。两者都可以通过顺序和同步的工作方式采集数据。

本设计采用单排序器级联、顺序的工作方式。将 A/D 转换模块初始化，并进行使能，等待 NCAP 发送启动命令，接收到命令后进行传感器数据采集，A/D 转换模块通过中断触发，当定时中断未出现时，需要等待；当定时中断出现时，进入中断服务处理子程序，禁止中断并读取寄存器中的结果，接着将数据存入外部扩展 RAM，使能中断，等待下次中断的到来。退出子程序后，A/D 转换模块是否执行数据采集完全取决于 NCAP 的命令，该命令包含地址，可以通过该命令来决定 A/D 转换模块的一路或多路通道，以及定时中断执行时间，通过设定该时间可以决定 A/D 转换模块采集的数据量。

3）即插即用功能实现

实现 TEDS 的即插即用功能需要配置符合 IEEE 1415 标准的接口和结构。STIM 上电后，自动向 NCAP 发送识别请求，直到 NCAP 应答，应答后 NCAP 会读取 STIM 存放在 TEDS 中的信息，并根据这些信息进行初始化和资源分配。当需要读取前端传感器采集的数据时，NCAP 会将相关命令发送到 STIM，STIM 根据命令选择传感器通道，通过 A/D 转换模块采集并存储数据。当收到停止读取的命令后，NCAP 发送命令使 STIM 中断执行相应通道的数据采集命令，并释放分配的资源。

NCAP 需要对 STIM 进行 TEDS 配置，可采用嵌入式 TEDS、虚拟 TEDS、混合 TEDS 配置方法。嵌入式 TEDS 配置方法适用于 STIM 数量与种类较少，TEDS 定义简单的情况；虚拟 TEDS 配置方法适用于 STIM 数量与种类较多，

TEDS 定义复杂的情况；在禁止使用电子存储设备的情况下，也可以采用虚拟 TEDS 配置方法；混合 TEDS 配置方法适用于 STIM 存储空间有限的情况。本设计采用嵌入式 TEDS 配置方法，二进制 TEDS 信息写入 STEM 内置存储芯片固定单元，正常通信后，STIM 以位流形式向 NCAP 传输。STIM 定义了不同的 TEDS 模板，TEDS 配置程序模块接收位流后，NCAP 选择合适的 TEDS 模板进行加载，可获取模块的通道数量、传输速率及存储格式等信息。

3.3　国家标准

1. 概述

《智能传感器》(GB/T 33905—2017) 是根据我国的实际情况，结合国家传感器网络标准体系的总体架构，充分考虑各类传感器的应用现状，综合产、学、研、用等方面的意见制定完成的。智能传感器、物联网变送器和智能仪表是物联网的核心感知部件。智能传感器国家标准包括 5 部分，下面对其进行介绍。

2. 总则

第 1 部分为总则，本部分规定了智能传感器的体系结构、对智能传感器进行功能和性能特性试验的通用方法和程序。本部分适用于智能传感器，也适用于其他类型的传感器 (前提是预先对其差异进行考虑)。对于某些使用微机电系统部件构成的智能传感器 (如化学分析仪、流量计等) 及预期在特殊环境 (如爆炸气体环境) 使用的智能传感器，还需参照其他相关国家标准。

本部分详细介绍了智能传感器的体系结构、接口规范、特性与分类、可靠性设计方法与评审、一般准则、试验和样品的一般条件及通用试验程序和注意事项。智能传感器的模型如图 3-5 所示。

3. 物联网应用行规

第 2 部分为物联网应用行规，本部分规定了物联网应用使用的智能传感器、执行器、二进制设备及其他装置用于操作、调试、维护和诊断的基本设备参数集。本部分还规定了抽象语法规范、应用程序传输语法和数据类型报告。

1）物联网应用规范

本部分主要面向由测量、激励及与控制器互连的传感器组成的物联网系统，也可直接用于中小规模的物联网系统。本部分规定了一套形式化描述方法，以便于智能传感器在物联网中进行信息交换，描述方法涉及语法结构、公共数据结构、状态信息、组态方式等。本部分以典型智能传感器的功能描述为基础，可标准化同一系统中不同制造商设备的行为。本部分除定义了各种与智能传感器相关的信息外，还对传感接口功能进行了扩展和进一步解释，但同时保持了标准的兼容性。

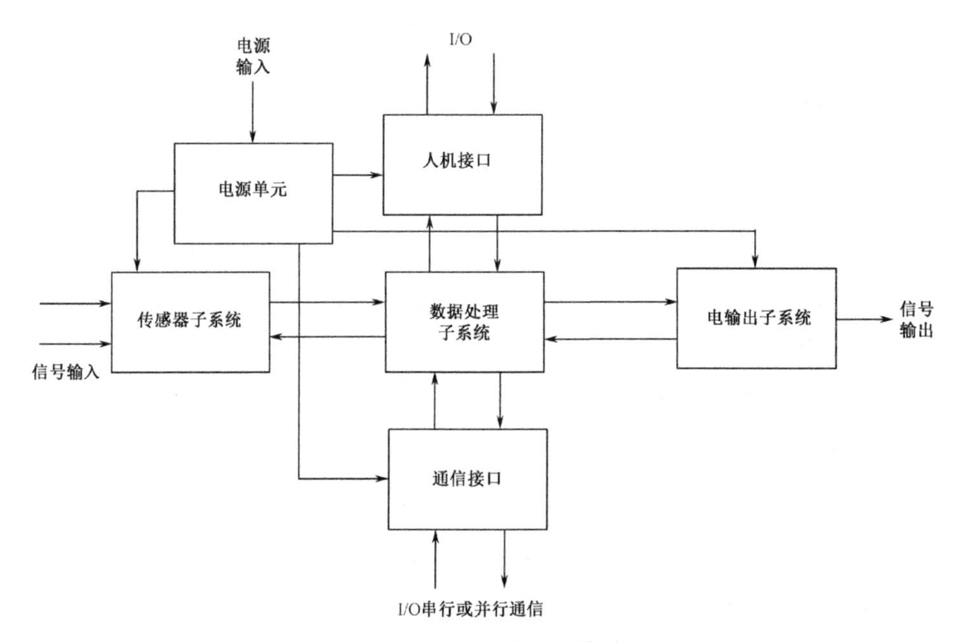

图 3-5 智能传感器的模型

2）抽象语法规范

开放系统架构中位于底部的各层，与分散的各功能单元之间用户数据的传输密切相关。在这些层中，用户数据被简单地看作八位字节的序列。然而，应用层实体要求操作的是具有相当复杂程度的数据类型的值。为了实现应用层和底部各层之间相互独立，数据类型需要以抽象语法符号的形式加以规范。

运用一个或更多算法（被称为编码规则）对抽象语法的补充，可以决定承载应用层数据值的底层八位字节的值。抽象语法与一组传输规则的结合将产生一个具体的传输语法。

3）应用程序传输语法：紧凑型编码

传输语法由抽象的语法定义和一组特定的编码规则组成。对于应用程序用户数据，应单独定义一组编码规则（紧凑型编码），这就是紧凑型传输语法。

紧凑型编码规则应遵从 ASN.18825 中定义的编码规则，它可以采用最优化

规则，从最外部的服务数据单元（SDU）开始对每个连续打包服务数据单元进行处理。紧凑型编码规则应定义一个更高效的编码机制，以减少在设备间传输的信息量。

紧凑型编码值与 ASN.1 编码值产生的差异在于删除了描述信息类型和长度的域。ASN.1 编码值中的标签（TAG）和长度（LENGTH）元素不应在控制网络上被传送。而且，紧凑型编码规则指出其八位字节排序规则和 ASN.1 中所见是相反的。

4. 术语

第 3 部分为术语，本部分界定了智能传感器通用术语、分类术语、制造技术术语、功能术语、材料术语和性能特性及相关术语。

5. 性能评定方法

第 4 部分为性能评定方法，本部分规定了智能传感器的功能和智能程度的评价方法，包括智能传感器的基本信息、技术要求和评定方法及评定报告的要求。本部分适用于把一个或多个物理、化学或电量转换成通信网络用或再转换成模拟电信号用数字信号的智能传感器，也适用于智能传感器早起开发阶段的设计评审。

1）性能参数

确定智能传感器性能试验的指导原则是用户的应用，它是确定智能传感器测量功能、特性和工作环境等相关要求的基础。通过对这些要求和选出接受评定样机的研究，确定性能试验所需的试验程序和设备。根据被测样机的数量、运行原理和所述要求，智能传感器的全性能试验可能既困难又昂贵，因此还需要从技术和成本上判断试验的合理性。通过功能评定了解被评智能传感器能力的全貌，包括测量功能和支撑功能，如组态、本地控制、自测试和自诊断等方面。当智能传感器的功能较多时，受成本和时间的限制，可能会不提交所列的全部功能做性能试验，可能会同意在影响条件下做部分试验时考查一项或一些功能。在某些情况下，当采用标准化的或能准确描述的传感器（如热电偶和 RTD）时，有关各方可以同意用合适的仿真器来代替实际的被测物理量。评定所涉及测量功能是基于数据流通路概念确定的。有关各方需要确定被评定智能传感器的相关数据流通路和测量范围。

2）技术要求和评定方法

（1）功能评定

功能评定指采取结构化方式将被评定智能传感器的功能和能力鲜明地展示出来。智能传感器的功能表现出多样性，通过功能评定来揭示功能结构的细节。本部分指导评定者通过划分硬件模块和到操作域、环境域的输入与输出来描述智能传感器物理结构和信息流路径。然后通过检查表描述功能结构，检查表给出相关主题的一个框架，需要由评定者通过适当定性和定量的试验来表述。

（2）性能试验

性能评定应测量被评仪表的全部特性，即应执行多区间段的测量以充分证明仪表符合自身的规范。然而如果用户与制造商协商同意，也可评定包括参比条件下的全性能测量和各种简化的影响量性能测量组合。

对于线性特性的智能传感器，输入信号最好以不超过 20%步长无过冲地从 0%缓慢增大到 100%，然后回到 0%。每变化一步后，应使变送器达到稳态，然后记录每步输入输出信号的相应值，测量循环至少执行 3 次。上行和下行方向的测量应分别求平均，并应绘制成图。此外，应从测量值计算出最大回差和最大重复性误差，还应说明重复性计算的依据。

当零点或 100%点是不能超越的同定值时，零点和量程迁移可在如 2%和 98%处测量。

对非线性函数，应选择输入间隔使其充分覆盖规定的特性曲线。除非另有约定，一致性误差应由规定特性曲线分别与上行、下行测量平均值之间的差确定，应将其绘制成图。此外，应从测量值计算出最大回差和最大重复性误差，还应说明重复性计算的依据。简化测量组合应经有关各方同意。

3）评定报告

智能传感器可以按前面的要求进行试验，也可以按照产品的实际情况增减评定项目。有关增减项目应在试验开始前递交的智能传感器基本信息中给予描述。试验完成后，应按 GB/T 18271.4—2017 编写评定报告。评定者通过对照检查表，检查被检样机是否具备表列功能。应根据智能传感器的具体情况设计汇总表，简洁明了地反映性能试验结果。

评定报告还应包含下列辅助信息。

（1）日期、试验设备的状况（如编号、是否受控等）、试验人和报告撰写人的姓名及资质。

（2）被试智能传感器的描述，包括型号、系列号及是单机还是作为通信网络的部件进行试验。在后一种情况下，通信网络的类型和配置（主机、智能传感器的类型和数量）也应写入报告。

（3）试验项目的动机，其他影响试验结果的条件（如偏离推荐环境条件）也应写入报告。

（4）试验配置的描述和所用试验装置的清单。

（5）输入数据：范围（%量程）和输入测量设备的状况。

（6）输出数据：范围（%量程）和输出转换器连接的位置。

（7）制造商对试验程序和试验结果的意见。

评定报告发出后，测试实验室应将所有与测试期间所做测量相关的原始文档保存至少两年。

6. 检查和例行试验方法

第 5 部分为检查和例行试验方法，本部分规定了智能传感器的检查和例行试验方法，包括智能传感器试验的抽样、通用检查、功能检查、性能试验、试验报告和文件资料。功能检查的依据之一是制造商提供的样本、使用说明书、操作手册、组态说明书等文件所述的功能。由于智能传感器的软、硬件和各种文档的版本都可能变化，操作时应先检查相互之间版本的一致性。对所发现的版本不一致情况，应记录在案，并请制造商对情况给予澄清，记录和澄清内容宜在试验报告中明确反映。由于智能传感器的功能在软、硬件版本不变的情况下，具有不随时间变化的特点；因此每件产品出厂的例行检查的重点是确认产品的软、硬件版本及具体产品的储存信息等易变化的内容，不变的功能可以由制造商与用户协商确定抽检项目。当智能传感器的软件版本或硬件版本发生变更时，需要进行全面检查。检查之前，应确认智能传感器正确运行，且无差错、无故障，这可以通过本地显示器或通过通信接口连接的远程设备（手持终端、PC 或主计算机）来指示。

第4章

智能传感器信号调理技术

信号调理电路指将敏感单元的微弱输出信号变换为用于数据采集、控制过程、执行计算显示读出或其他目的的数字信号的电路。

传感器可以测量很多物理量，如温度、压力、光强等。传感器敏感元件的输出通常是相当小的电压、电流或电阻变化，因此在将其变换为数字信号之前必须进行调理，即放大、缓冲或定标模拟信号等，使其适合作为 A/D 转换器的输入。A/D 转换器将模拟信号转换成数字信号，并把数字信号传输至 MCU 或其他数字器件，便于系统进行数据处理。

4.1 电压型

信号调理技术一般针对传感器的前端应用，传统传感器和智能传感器的敏感芯体输出通常为微弱的模拟信号，如电压、电流、频率等。后端采集器或上位机不能直接处理这些信号，需要进行信号调理。

4.1.1 放大电路

放大电路可以更好地匹配 A/D 转换范围，从而提高测量精度和灵敏度。信号调理接近信号源，可以减小环境噪声的影响，提高信噪比。

1. 差分放大电路

差分放大电路具有极低的失调电压和漂移、低输入偏置电流、低噪声及低功耗等特点，得到了广泛应用。典型的三运放差分放大电路如图 4-1 所示，其主要由两级放大器构成。运放 A_1、A_2 为同相输入，同相输入可以大幅提高电路的

输入阻抗，减小微弱输入信号的衰减；差分输入可以使电路只对差模信号放大，而对共模信号起跟随作用，使送到后级的差模信号与共模信号的幅值之比（共模抑制比 CMRR）提高。在以运放 A_3 为核心的差分放大电路中，在 CMRR 不变的情况下，可以明显降低对电阻 R_1 和 R_3、R_2 和 R_4 的精度匹配要求，从而使电路具有更强的共模抑制能力。在 $R_1=R_3$、$R_2=R_4$、$R_5=R_6$ 的条件下，图 4-1 中电路的增益为

$$V_{out}=(V_{in2}-V_{in1})\left(1+\frac{2R_5}{R_G}\right)\frac{R_2}{R_1} \tag{4-1}$$

由式（4-1）可知，可以通过改变 R_G 的阻值来调节电路增益。

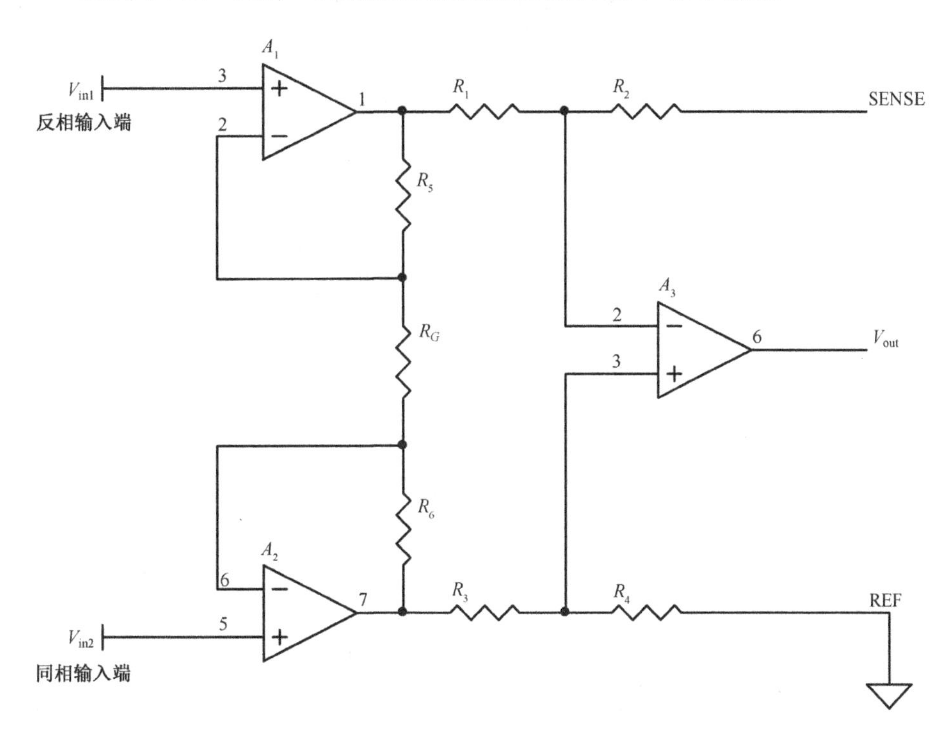

图 4-1　典型的三运放差分放大电路

2. 集成仪表放大电路

集成仪表放大电路结构简单。以 AD620 为例，典型的集成仪表放大电路如图 4-2 所示，外加工作电源就可以使电路工作，效率较高。

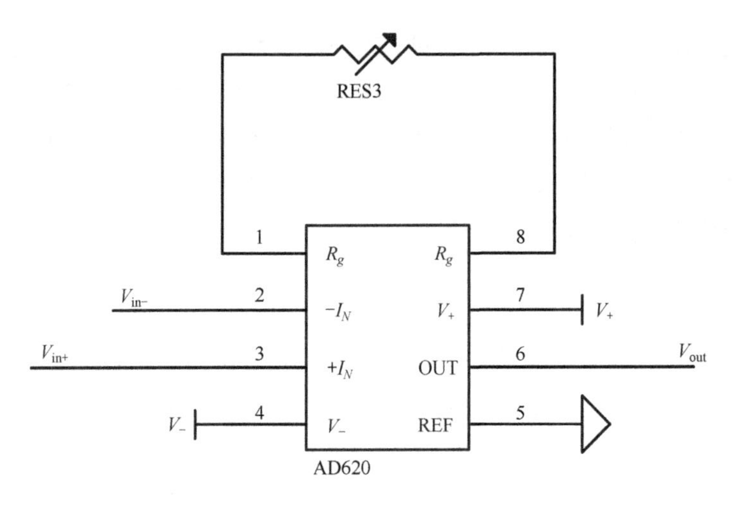

图 4-2　典型的集成仪表放大电路

4.1.2　反向放大电路

运算放大器有同相输入端和反相输入端，输入端极性与输出端极性相同为同相输入端，输入端极性与输出端极性相反为反相输入端。典型的反相放大电路如图 4-3 所示。

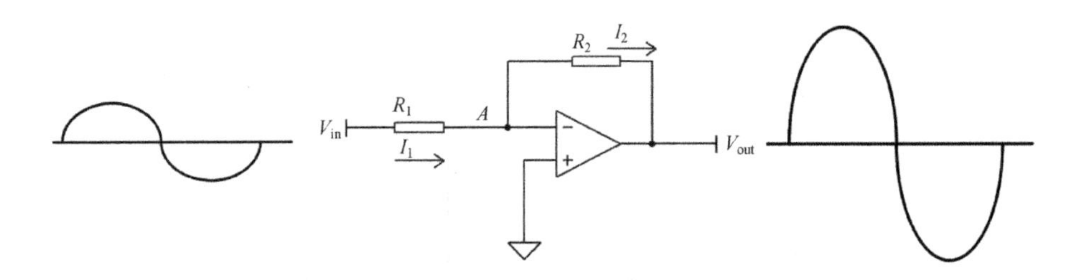

图 4-3　典型的反相放大电路

图 4-3 中通过负反馈将输出信号返回输入，V_{out} 经 R_2 返回反相输入端。图 4-3 中电路的增益为 V_{out} 和 V_{in} 的比，即

$$\frac{V_{out}}{V_{in}}=\frac{I_1R_2}{I_1R_1}=\frac{R_2}{R_1} \tag{4-2}$$

4.1.3　隔离电路

隔离电路无须物理连接即可将信号传输至测量设备，除了切断接地回路，还能阻隔高电压浪涌，避免出现较高的共模电压，既保护了操作人员，又保护了设备。

光电隔离电路是隔离电路的一种，其将发光器件与光接收器件集成，典型的光电隔离电路如图 4-4 所示，通常发光器件为发光二极管（LED），光接收器件为光敏晶体管。加在发光器件上的电信号为耦合器的输入信号，光接收器件输出的信号为隔离器的输出信号。当有输入信号加在光电隔离电路的输入端时，发光器件发光，光敏晶体管在光照下产生光电流，使输出端产生相应的电信号，实现了光电的传输和转换。其主要特点是以光为媒介实现电信号的传输，且器件的输入与输出在电气上完全是绝缘的。

常用的非接触式信号传输器件有发光二极管（LED）、电容、电感等。此类器件的基本原理是 3 种最常见的隔离技术：光电、电容及电感耦合。

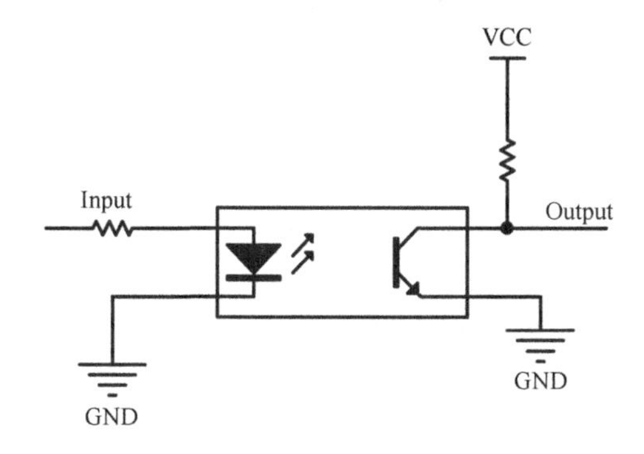

图 4-4　典型的光电隔离电路

光电探测设备接受 LED 发出的光信号，并将其转换成原始电信号。光电隔离是最常用的隔离方法，其优点是能够抑制噪声干扰，缺点是传输速度受限于 LED 的转换速度、高功率散射及 LED 的磨损。

4.1.4　滤波电路

滤波电路常用于滤除整流输出电压中的纹波，一般由电抗元件组成，可以通过在负载电阻两端并联电容 C 或串联电感 L，以及由电容和电感组成各种复式电路来实现。

根据高等数学理论，任何一个满足一定条件的信号，都可以被看成是由无限个正弦波叠加而成的。换句话说，工程信号由不同频率的正弦波线性叠加而成，将组成信号的不同频率的正弦波称为信号的频率成分或谐波成分。

常用的滤波电路有无源滤波电路和有源滤波电路两类。如果滤波电路仅由无源元件（电阻、电容、电感）组成，则为无源滤波电路，无源滤波包括电容滤波、电感滤波和复式滤波（如倒 L 型滤波、LC 滤波、π 型 LC 滤波和 π 型 RC 滤

波等），如果滤波电路中不仅包含无源元件，还包含有源元件（双极型管、单极型管、集成运放），则为有源滤波电路，有源滤波的主要形式是有源 RC 滤波，又称电子滤波器。

1. 无源滤波电路

无源滤波电路结构简单、易于设计，但其放大倍数及截止频率随负载的变化而变化，因此不适用于对信号处理要求较高的场合。无源滤波电路通常在功率电路中应用，典型的无源滤波电路如图 4-5 所示。

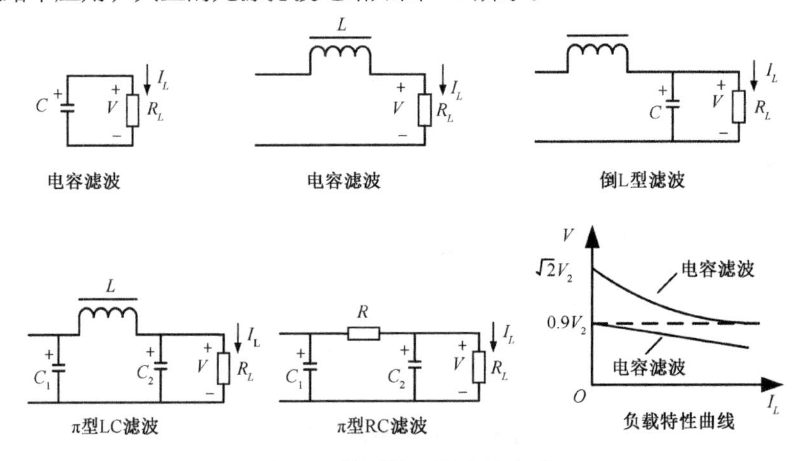

图 4-5　典型的无源滤波电路

2. 有源滤波电路

有源滤波电路的负载不影响滤波特性，因此常用于对信号处理要求较高的场合。有源滤波电路一般由 RC 网络和集成运放组成，必须在合适的直流电源供电情况下使用，还可以进行放大，但电路的组成和设计较为复杂。有源滤波电路不适用于高电压大电流场合，只适用于进行信号处理。

由滤波器的特点可知，其电压放大倍数的幅频特性可以准确描述该电路属于低通、高通、带通或带阻滤波器，因此如果能定性分析通带和阻带位于哪一频段，就可以确定滤波器的类型。

4.2　电流型

为了提高传感器的抗干扰能力，很多传感器都输出电流信号，如压力传感器、温度传感器、角度传感器、位移传感器等。常用的输出范围有 0～20mA 及

4～20mA 两种，传感器输出的最小和最大电流分别代表其标定的最小和最大额定输出。

在电磁干扰较强和需要传输较远距离的情况下，传感器输出的 4～20mA 电流信号与传输电缆的电阻及接触电阻无关。另外，由于电流源的实际输出阻抗与接收电路的输入阻抗形成并联回路，电磁干扰对电流信号的传输不会产生较大影响。

工业上普遍需要测量各类非电物理量，如温度、压力、速度、角度等，通常将其转换成 4～20mA 电流信号，并传输到几百米外的控制室或显示设备上。

采用电流信号的原因是其不易受干扰，且电流源内阻无穷大，导线电阻串联在回路中不影响精度，在普通双绞线上可以传输数百米。上限取 20mA 是因为防爆要求 20mA 的电流通断引起的火花能量不足以引燃瓦斯；下限没有取 0mA 是为了检测断线（正常工作时不低于 4mA，当传输线因故障断路时，环路电流降为 0mA）；常取 2mA 为断线报警值。

将物理量转换成 4～20mA 电流信号，必然要有外电源。最典型的变送器需要两根电源线和两根电流输出线，共 4 根线，被称为四线制变送器，如图 4-6 所示。如果电流输出可以与电源共用一根线，从而节省一根线，被称为三线制变送器。

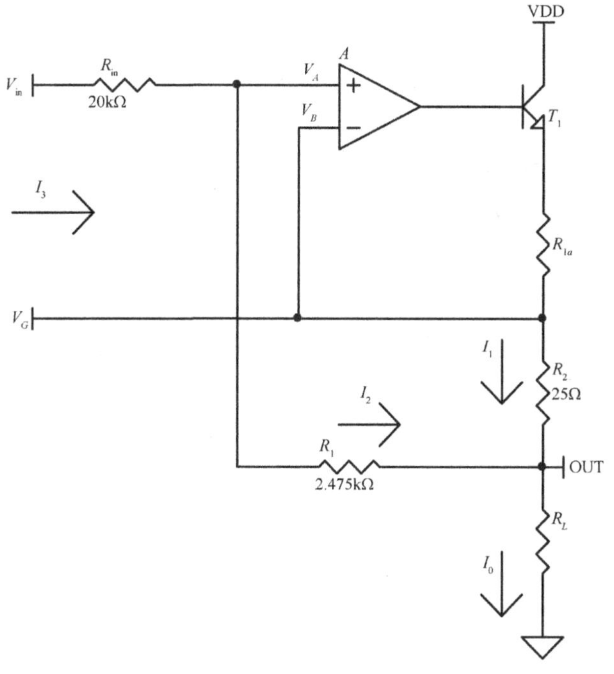

图 4-6　四线制变送器

在工业应用中，测量点一般在现场，而显示设备或控制设备一般在控制室。两者的距离可能达到数十至数百米。按一百米计算，省去两根导线意味着成本降低近百元，因此在应用中，两线制变送器是首选，两线制变送器如图 4-7 所示。

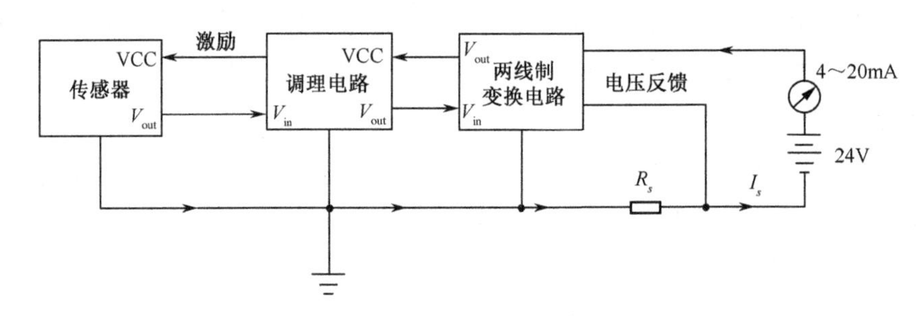

图 4-7　两线制变送器

4.3　频率型

频率信号的响应速度极快，可以设定其测量范围，其过载能力和抗干扰能力强，适合远距离传输，在超低频率和超高频率下的响应速度快、精度高，有极高的线性度和集成度，同时有优良的温度特性，长期工作的稳定性高，使其免于定期校验，还可以通过编程控制器进行数据采集。

4.3.1　频率测量方法

常用的频率测量方法有频率测量法和周期测量法。频率测量法在时间 t 内对被测信号的脉冲数 N 进行计数，求出单位时间内的脉冲数，得到被测信号的频率；周期测量法先测量被测信号的周期 T，根据 $f=1/T$ 得到被测信号的频率。这两种方法都会产生 ±1 个被测脉冲的误差，在实际应用中有一定的局限性。由测量原理可知，频率测量法适用于测量高频信号，周期测量法适用于测量低频信号。

1. 等精度测量

等精度测量的最大特点是测量的实际门控时间不是固定值，而是与被测信号有关的值（刚好是被测信号的整数倍）。在允许时间内，其同时对标准信号和被测信号进行计数，再通过数学公式推导得到被测信号的频率。等精度测量原理如图 4-8 所示。

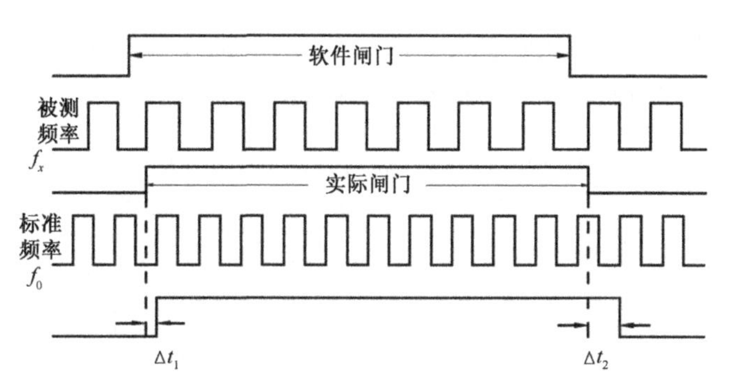

图 4-8　等精度测量原理

由等精度测量原理可知，被测信号的频率 f_x 的相对误差与被测信号的频率无关；延长测量时间（软件闸门）或提高 f_0 可以减小相对误差，提高测量精度；因为一般提供标准频率 f_0 的石英晶振稳定性很高，所以标准信号的相对误差很小，可以忽略。假设标准信号的频率为 100MHz，只要实际闸门大于等于 1s，就可以使精度达到 1/100 MHz。

2. 等精度测量的实现

等精度测量的核心是保证在实际闸门内的被测信号的周期为整数个，这就需要在设计中使实际闸门与被测信号具有一定的关系。因此，在设计中将被测信号的上升沿作为开启闸门和关闭闸门的驱动信号，仅在被测信号的上升沿锁存软件闸门的状态，以保证在实际闸门内的被测信号的周期数为整数，避免出现 ±1 周期误差，但会出现标准信号的 ±1 周期误差。标准频率 f_0 远高于被测信号的频率，因此其产生的 ±1 周期误差对测量精度的影响十分有限，特别是在中低频测量中。与传统的频率测量法和周期测量法相比，该方法可以大大提高测量精度。

等精度测量电路如图 4-9 所示。预置的软件闸门信号 GATE 由 FPGA 的定时模块产生，GATE 的时间宽度对测频精度的影响较小，可以在较大范围内选择。这里选择预置闸门信号的长度为 1s，Con1 和 Con2 是可控的 32 位高速计数器，Con1_ENA 和 Con2_ENA 分别是其计数使能端，标准频率 f_0 从 Con1_CLK 端输入，被测频率 f_x 从 Con2_CLK 端输入，并将 f_x 接到 D 触发器的 CLK 端。测量时，FPGA 的定时模块产生预置的 GATE 信号，在 GATE 为高电平且 f_x 为上升沿时，启动两个计数器，分别对被测信号和标准信号进行计数，关闭计数闸门必须满足 GATE 为低电平且在 f_x 的上升沿。如果在一次实际闸门时间 T_x 中，

计数器对被测信号的计数值为 N_x，对标准信号的计数值为 N_0，且标准频率为 f_0，则被测信号的频率为 f_x，且 $f_x=(N_0/N_s)f_0$。

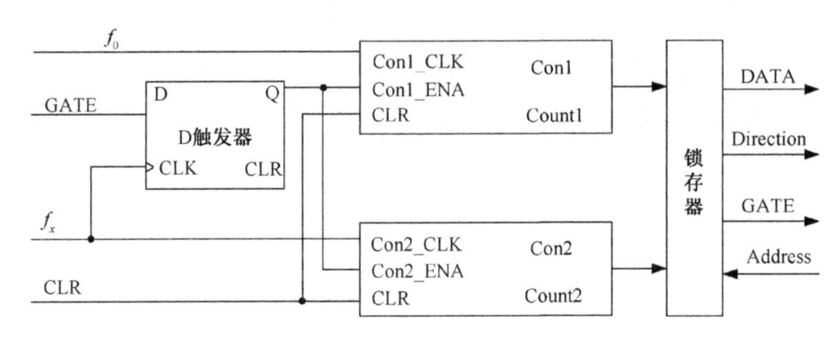

图 4-9　等精度测量电路

4.3.2　频率型传感器

不同传感器的原理和方法不同，对物体的“感知”方式也不同，常见的频率型传感器有以下几种。

1. 电感式传感器

电感式传感器通常由振荡器、开关电路和放大输出电路 3 部分组成。振荡器产生一个交变磁场，当金属目标接近磁场时，磁阻回路发生变化，导致振荡信号幅度发生变化，经后级放大电路处理，触发驱动控制器件，实现非接触式检测。这种测量接近距离的传感器所能检测的物体必须是导体。

2. 电容式传感器

电容式传感器中电容器的一个极板固定，另一个极板通常接地或与设备的机壳相连。当有物体移向传感器时，不管其是否为导体，它的接近总会使电容器两极板间的介电常数发生变化，从而使电容器的容量发生变化，电路状态也发生变化，由此便可实现非接触式检测。这种传感器检测的对象不限于导体，也可以是绝缘的液体或粉状物等。

3. 霍尔式传感器

当一块通有电流的金属或半导体薄片垂直置于磁场中时，薄片的两端会产生电位差，这种现象被称为霍尔效应。两端的电位差为霍尔电势 U，其表达式为 $U=KIB/d$，K 为霍尔系数，I 为薄片中通过的电流，B 为外加磁场的磁感应强度，d 为薄片的厚度。

由此可见，霍尔效应的灵敏度与外加磁场的磁感应强度成正比。霍尔元件属于有源磁电转换器件，是一种磁敏元件，其集成了封装和组装工艺，可以方便地将磁输入信号转换成实际应用中的电信号，并满足实际应用中的操作要求和可靠性要求。霍尔开关利用霍尔元件的特性制作而成，其输入端由磁感应强度 B 表征，当 B 达到一定值时，霍尔开关内部的触发器翻转，霍尔开关的输出电平状态随之翻转。输出端一般采用晶体管输出，与其他传感器类似，有 NPN、PNP、常开型、常闭型、锁存型（双极性）、双信号输出之分。霍尔开关具有无触电、功耗低、使用寿命长、响应频率高等特点，内部采用环氧树脂封灌成一体，可以在各类恶劣环境下可靠工作。

当磁性物体移近霍尔开关时，开关检测面上的霍尔元件因霍尔效应而使开关内部电路状态发生变化，由此识别附近有磁性物体存在，进而控制开关的通断。

4. 光电式传感器

光电式传感器利用光电效应，将发光器件与光电器件按一定方向安装在同一检测头内。当有反光面（被检测物体）接近时，光电器件接收到反射光后输出信号，由此便可“感知”有物体接近。利用光电式传感器制作的光电式接近开关可以检测各种物质，但是对流体的检测误差较大。

4.4 数字式传感器

4.4.1 概述

按输出信号可以将传感器分为模拟式传感器和数字式传感器，模拟式传感器的输出信号为模拟信号，数字式传感器的输出信号为数字信号。随着微型计算机的迅速发展及其应用的普及，其进入了检测、控制领域。前面介绍的传感器都是模拟式传感器，与计算机等数字系统配接需要通过 A/D 转换模块将模拟信号转换成数字信号，这种方式使系统的复杂度提高，且控制精度受 A/D 转换精度和参考电压精度的限制；而数字式传感器能直接将被测量转换成数字信号，供计算机使用。

与模拟式传感器相比，数字式传感器具有以下特点。

（1）测量精度和分辨率高，测量范围大。

（2）抗干扰能力强，稳定性好。

（3）数字信号便于传输、处理和存储。

（4）便于与计算机数字系统连接，构建庞大的测量和控制系统。

（5）硬件电路便于集成化。

（6）安装方便，维护简单，可靠性强。

在测量和控制中，广泛应用的数字式传感器主要有两类：一类是按照一定的通信协议直接以数字代码形式输出的传感器，如数字传感器、温度传感器、总线传感器等；另一类是以脉冲形式输出的传感器，如脉冲盘式编码器、感应同步器、光栅传感器和磁栅传感器等。本章介绍几种常用的数字式传感器。

4.4.2 编码器

编码器将机械转动的模拟信号转换成数字信号，主要分为脉冲盘式编码器（又称增量编码器）和码盘式编码器（又称绝对编码器）两类。码盘式编码器按结构可分为接触式编码器和非接触式编码器两种，其中非接触式编码器又包括光电式编码器、电磁式编码器等。编码器分类如图 4-10 所示。

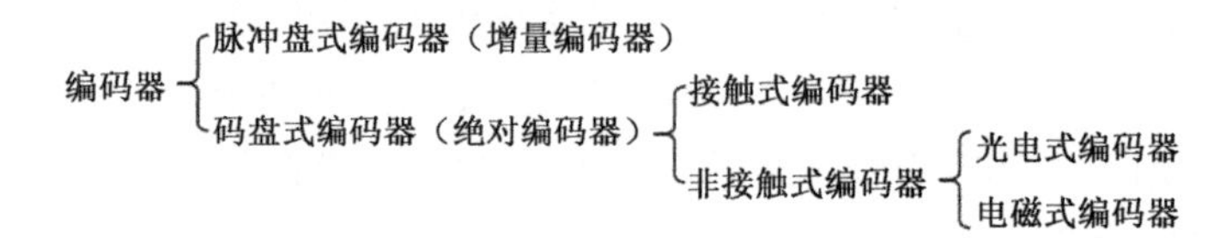

图 4-10　编码器分类

1. 增量编码器

1）光电式增量编码器的工作原理

光电式增量编码器的工作原理如图 4-11 所示。在不透光的圆盘边缘有一圈圆心角相等的缝隙，在圆盘两边分别安装光源及光敏元件。

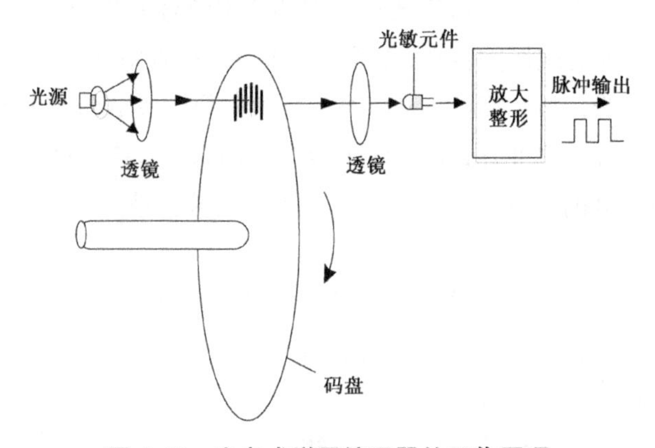

图 4-11　光电式增量编码器的工作原理

将圆盘安装在被测转轴上，当转轴转动时，圆盘每转过一个缝隙，在光敏元件上就发生一次光线的明暗变化，光敏元件形成电脉冲信号，经过放大整形，可以得到具有一定幅度的矩形脉冲信号，且脉冲的数量等于圆盘转过的缝隙数。将矩形脉冲信号送到计数器中进行计数，即可反映圆盘转过的角度。

显然，圆盘上缝隙的多少，影响增量编码器的精度和分辨率。通常将圆盘上的一圈缝隙称为一个码道，将具有码道的圆盘称为码盘。

2）*旋转方向判别电路*

光电式增量编码器的结构如图 4-12 所示。图 4-11 中的码盘可以把角位移转换成电信号，但不能给出转动的方向和零位。为了辨别角位移的方向，必须对其进行改进，改进后的码盘具有等角距的内外两个码道，且内外码道的相邻两缝距离错开半条缝宽。在外码道外开一狭缝，表示码盘的零位，并在该码盘的某一径向位置两侧安装光源、窄缝和光敏元件。图 4-12 中的光电式增量编码器将转过的角位移转换成两路矩形脉冲信号，被测转轴的转向不同则 A、B 相脉冲的输出相位不同，利用其相位差即可实现辨向计数。

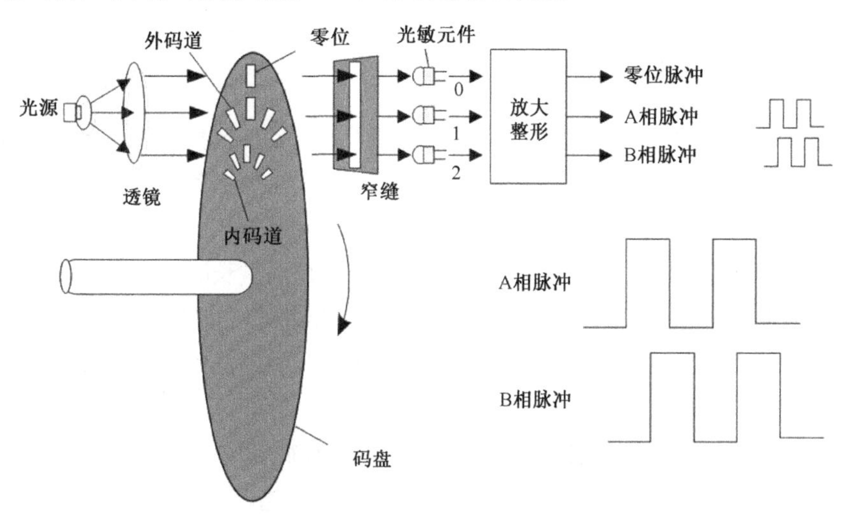

图 4-12　光电式增量编码器的结构

光电式增量编码器辨向计数电路及输出波形如图 4-13 所示。设内码道比外码道超前半条缝宽，且透光缝隙和不透光缝隙宽度相等。正转时，光敏元件 2 比光敏元件 1 先感光，经放大整形后输出的 B 相脉冲比 A 相脉冲超前 90°。

D 触发器在 B 相脉冲的上升沿触发，D 触发器的 Q 端始终是 0，码盘转过一条缝隙则 Y 输出端输出一个脉冲。

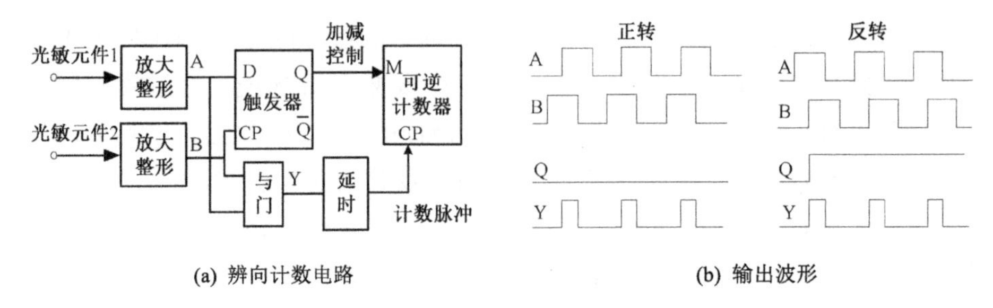

(a) 辨向计数电路

(b) 输出波形

图 4-13　光电式增量编码器辨向计数电路及输出波形

反转时，光敏元件 1 比光敏元件 2 先感光，A 相脉冲比 B 相脉冲超前 90°，D 触发器的 Q 端始终是 1，码盘每转过一条缝隙则 Y 输出端输出一个脉冲。

将 Q 端与可逆计数器的 M 端相接，Y 输出端经延时后与可逆计数器的脉冲输入端 CP 相接，当 Q=0 时可逆计数器加法（正转）计数，当 Q=1 时可逆计数器减法（反转）计数。将零位脉冲接到可逆计数器的复位端，使码盘每转一圈就复位一次。这样无论正转还是反转，计数器每次反映的都是相对于上次转角的增量，故称为增量编码器。

2. 绝对编码器

绝对编码器按角度直接进行编码。其将码盘安装在被测转轴上，特点是可以给出与转轴位置对应的固定数字编码输出，便于与数字系统连接。绝对编码器按结构可分为接触式编码器和非接触式编码器两种。

接触式编码器的数字信号通过码盘上的电刷输出，长时间使用容易造成电刷磨损；非接触式编码器无电刷，具有体积小、寿命长、分辨率高等优点，在自动测量和控制系统中得到了广泛应用。下面对绝对编码器中性价比最高的光电式编码器进行介绍。

光电式编码器属于非接触式编码器，光电式编码器的基本结构如图 4-14 所示。其中码盘由光学玻璃制成，上面刻有许多同心码道，每条码道上都刻有透光和不透光区域。

码盘的码制包括二进制码、十进制码、循环码等。图 4-14(b)中是一个四位二进制码盘，最内圈是二进制数的最高位，只有 0 和 1，故码道一半黑、一半白；四位二进制数最小为 0，最大为 15，故最外圈是 $2^4=16$ 个大小相等且黑白相间的区域。其最小分辨角度 $\alpha=360°/2^4=22.5°$。由此可知，一个 n 位二进制码盘的最小分辨角度 $\alpha=360°/2^n$，且 n 越大，能分辨的角度越小，测量精度越高。

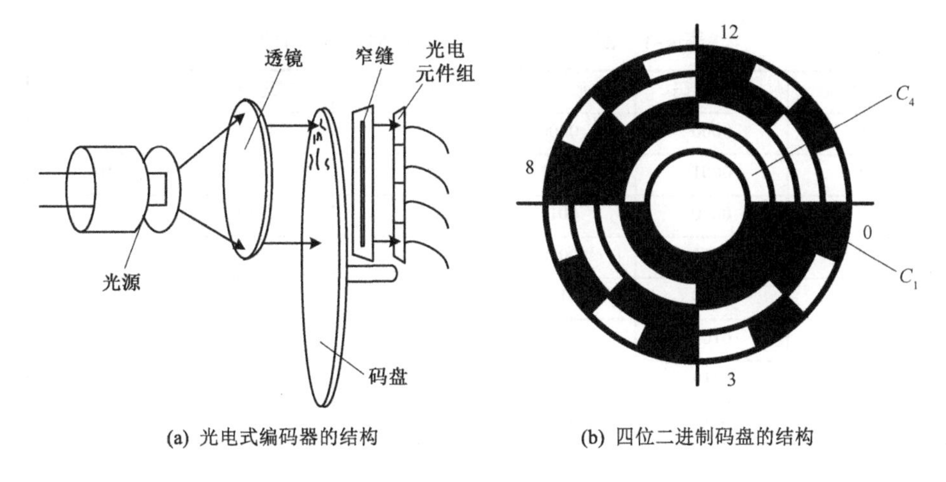

(a) 光电式编码器的结构　　(b) 四位二进制码盘的结构

图 4-14　光电式编码器的基本结构

虽然二进制码盘结构简单，但码盘的制作和安装要求很高，否则很容易出错。例如，当码盘从（0111）向（1000）变化时，如果刻线误差或安装误差导致某位数提前或延后改变，则会出现较大误差。

为了避免出现较大误差，通常采用循环码盘代替二进制码盘。四位循环码盘的结构如图 4-15 所示。

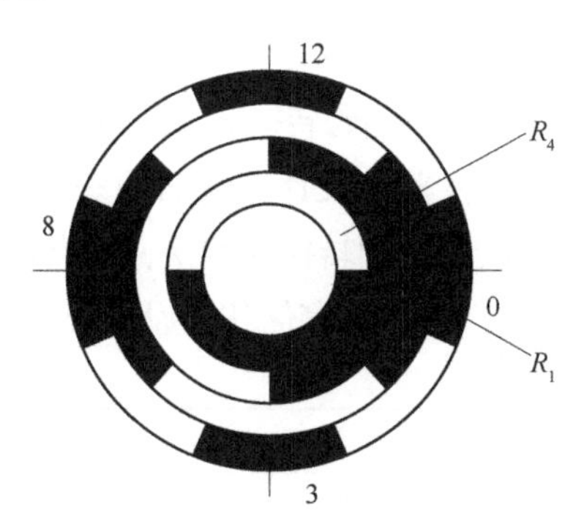

图 4-15　四位循环码盘的结构

四位二进制码和四位循环码的对照如表 4-1 所示。从表 4-1 中可以看出，循环码相邻的两个码只有一位变化，因此即使制作和安装不准，产生的误差最多等于最低位的 1bit，大大提高了准确率。

表 4-1　四位二进制码和四位循环码的对照

十进制数	二进制码	循环码	十进制数	二进制码	循环码
0	0000	0000	8	1000	1100
1	0001	0001	9	1001	1101
2	0010	0011	10	1010	1111
3	0011	0010	11	1011	1110
4	0100	0110	12	1100	1010
5	0101	0111	13	1101	1011
6	0110	0101	14	1110	1001
7	0111	0100	15	1111	1000

循环码的各位没有固定的权，通常需要把它转换成二进制码，再译码输出。用 $C(C_4C_3C_2C_1)$表示循环码，用 $B(B_4B_3B_2B_1)$表示二进制码，由表 4-1 可知，将循环码转换成二进制码的法则为

$$\begin{cases} B_4 = C_4 \\ B_i = C_i \oplus B_{i+1}, \ i = 3,2,1 \end{cases} \tag{4-3}$$

将式（4-3）推广到 n 位，则将 n 位循环码转换成 n 位二进制码的法则为

$$\begin{cases} B_n = C_n \\ B_i = C_i \oplus B_{i+1}, \ i = n-1,\cdots,2,1 \end{cases} \tag{4-4}$$

根据式（4-4）设计将四位循环码转换成二进制码的转换器，用循环码盘实现转角的精确测量。这种转换器的设计方法有很多，用异或门设计的转换器如图 4-16 所示。这种并行转换器的转换速度快，缺点是使用的元件较多。n 位循环码需要用到 n−1 个异或门，采用存储芯片设计较为简单。

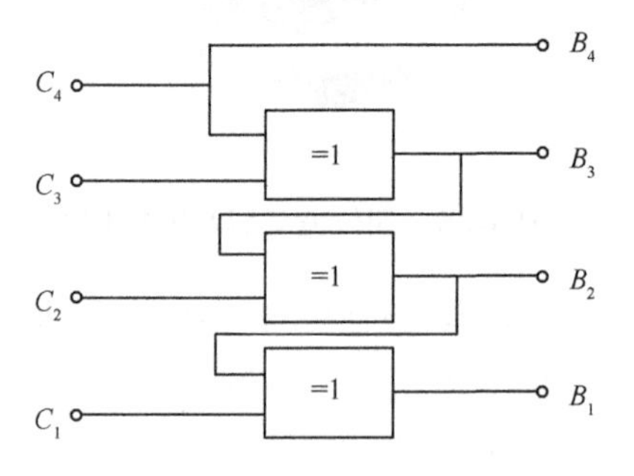

图 4-16　用异或门设计的转换器

3. 光栅传感器

按工作原理和用途可以将光栅分为物理光栅和计量光栅。物理光栅利用光栅的衍射现象，主要用于光谱分析和光波长检测；计量光栅利用光栅的莫尔条纹现象，在坐标测量仪和数控机床的伺服系统中有广泛应用。

1）光栅的结构

在镀膜玻璃上均匀刻有许多明暗相间、等距分布的细小条纹，即光栅。光栅包括长光栅和圆光栅两类，每类又包括透射式和反射式两种。

透射式长光栅如图 4-17 所示。它像一把尺子，因此又称光栅尺。a 为不透光的缝宽，b 为透光的缝宽，$w=a+b$ 为栅距（又称光栅常数）。通常 $a=b=w/2$，也存在 $a:b=1.1:0.9$ 的情况。

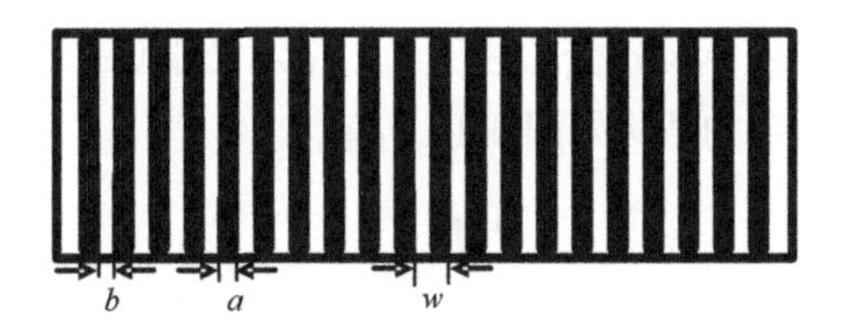

图 4-17　透射式长光栅

2）莫尔条纹

将两块栅距相等的长光栅叠合，并使两者的栅线之间形成一个很小的夹角 θ，这样就可以看到在近乎垂直的栅线方向形成了明暗相间的条纹，这些条纹被称为莫尔条纹，莫尔条纹的形成如图 4-18 所示。两条相邻亮条纹（或暗条纹）之间的距离被称为莫尔条纹的间距，记作 B_H。

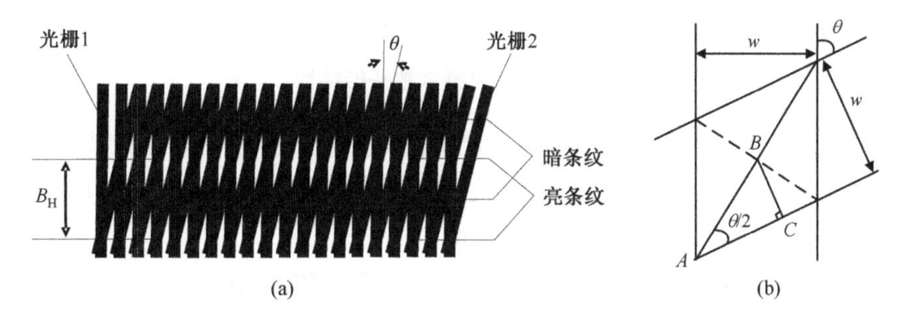

图 4-18　莫尔条纹的形成

3）测量原理

实验证明，当一块光栅不动时，另一块光栅沿水平方向每移动一个微小的

栅距 w，莫尔条纹会沿垂直方向移动一个较大的条纹间距 B_H；当光栅反向移动时，莫尔条纹也反向移动。

由上述分析可知，莫尔条纹具有以下特点。

（1）莫尔条纹具有位移放大作用，将较小的位移间距放大成较大的莫尔条纹间距，便于测量和细分，以提高测量精度。

（2）莫尔条纹的移动方向与可动光栅的移动方向有关，当可动光栅沿水平方向移动时，莫尔条纹沿垂直方向移动；当可动光栅反向移动时，莫尔条纹也反向移动。

（3）莫尔条纹具有光栅刻线误差的平均抵消作用，莫尔条纹由光栅的大量刻线共同产生，能在很大程度上消除短周期误差的影响。

4）光栅传感器的结构

光栅读数头主要由标尺光栅（主光栅）、指示光栅（副光栅）、光源和光电器件组成。长光栅读数头的结构如图 4-19 所示。

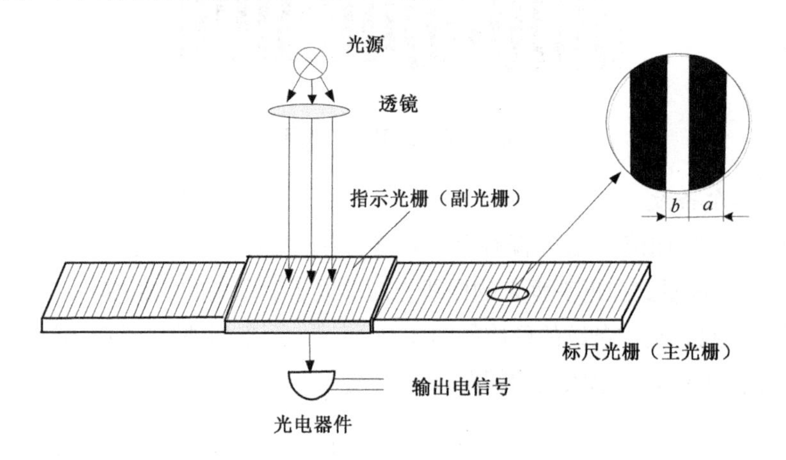

图 4-19　长光栅读数头的结构

主光栅较长，它的有效长度即为测量范围，副光栅较短，但两者具有相同的栅距。光源和光电器件与副光栅固定为一体。使用时，副光栅固定不动，主光栅安装在被测物体上，随被测物体移动。

光栅读数头的主、副光栅通过光路系统将被测物体的微小位移量转换成莫尔条纹的明暗变化。当被测物体每移动一个微小栅距 w 时，莫尔条纹的明暗变化正好经过一个周期。光电器件的作用是将莫尔条纹的明暗变化转换成正弦变化的电信号并输出。

光栅读数头将位移量转换成电信号，要实现位移的测量和显示还需要光栅

数显表。光栅数显表主要由放大整形电路、辨向电路、细分电路及计数显示电路等组成。放大整形电路的工作原理比较简单，下面着重介绍辨向电路和细分电路。

辨向电路的作用是辨别位移的方向。无论主光栅向左还是向右移动，莫尔条纹都会明暗变化，光电器件总是输出具有同一变化规律的正弦电信号，无法辨别移动方向。

细分电路在莫尔条纹明暗变化的一个周期内，发出若干个脉冲，以提高分辨率。细分方法包括机械细分和电子细分两类，这里介绍四倍频电子细分方法。

在上述辨向原理中，在莫尔条纹 1/4 的间距上安装两个光电器件，在这两个光电器件上输出的电信号将出现 π/2 的相位差。如果令其反向，在一个栅距内可以获得 4 个依次相差 π/2 相位的电信号，当光栅做相对运动时，可以根据运动方向，在一个栅距内得到 4 个正向计数脉冲或 4 个反向计数脉冲，实现四倍频电子细分。当然，也可以通过在相差 B/4 的位置上安装 4 个光电器件来实现上述功能。

4.4.3　数字接口

1. SPI

SPI（Serial Peripheral Interface）是串行外围设备接口，其具有高速、全双工同步等特点，SPI 的接线方式如图 4-20 所示。

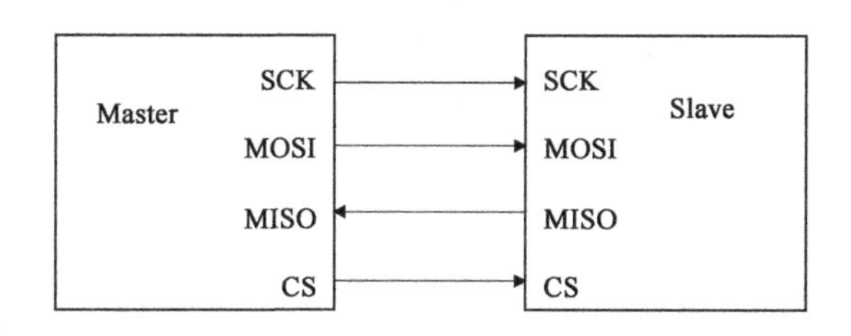

图 4-20　SPI 的接线方式

SPI 的硬件功能强大，得到了广泛应用。在由单片机组成的智能仪器和测控系统中，如果对速度要求不高，可以采用 SPI 总线模式，该模式可以减少 I/O 接口、增加外设、提高系统性能。标准 SPI 总线由 4 根线组成：串行时钟线（SCK）、主机输出/从机输入线（MOSI）、主机输入/从机输出线（MISO）和片选信号（CS）。

SPI 总线可以使多个 SPI 设备互相连接。提供 SPI 串行时钟的设备为 SPI 主机或主设备（Master），其他设备为 SPI 从机或从设备（Slave）。主从设备可以实现全双工通信，当有多个从设备时，还可以增加一条从设备选择线。

SPI 具有以下特点。

1）采用主从模式

主从设备之间的通信必须由主设备控制从设备。主设备可以通过提供时钟及对从设备进行片选来控制多个从设备。SPI 协议规定时钟由主设备通过 SCK 管脚提供给从设备，从设备本身不能产生或控制时钟，没有时钟则从设备不能正常工作。

2）同步传输数据

从设备会根据要交换的数据产生相应的时钟脉冲，时钟脉冲组成了时钟信号，时钟信号通过时钟极性（CPOL）和时钟相位（CPHA）控制数据交换的时间及对接收到的数据进行采样的时间，以保证数据在两个设备之间同步传输。

3）完成数据交换

之所以将 SPI 设备之间的数据传输称为数据交换，是因为 SPI 协议规定一个 SPI 设备不能在数据通信过程中仅充当发送者（Transmitter）或接收者（Receiver）。在每个时钟周期内，SPI 设备会发送并接收大小为 1bit 的数据，相当于交换了 1bit 数据。从设备要想接收主设备发出的控制信号，必须在信号发出前允许被主设备访问，因此主设备必须通过 CS 对从设备进行片选，将需要访问的从设备选上。在数据传输过程中，每次接收到的数据必须在下次进行数据传输前被采样。如果之前接收到的数据没有被读取，则这些接收完成的数据可能被丢弃，导致 SPI 物理模块失效。因此，通常在数据传输完成后，读取 SPI 设备中的数据，即使这些数据在程序中是无用的。

2. I^2C

I^2C（Inter-Integrated Circuit）是两线式串行总线，用于连接微控制器及其外围设备。

I^2C 通过 SDA 和 SCL 在总线和装置之间传递信息，在微控制器和外部设备之间进行串行通信或在主设备和从设备之间进行双向数据传输。I^2C 是 OD 输出的，大部分 I^2C 都是两线的（时钟和数据），一般用于传输控制信号。I^2C 是多主控总线，任何设备都能像主控器一样工作，并能控制总线，总线上的每个设备都有唯一地址，根据自身的功能，设备可以作为发射器或接收器。

3. UART

UART（Universal Asynchronous Receiver/Transmitter）为通用异步串行接口，其按标准波特率完成双向通信。

UART 的结构较为复杂，一般由波特率产生器（产生的波特率等于传输波特率的 16 倍）、UART 接收器、UART 发送器组成，硬件上有两根线，一根用于发送，一根用于接收。

UART 用于控制计算机与串行设备，它提供了 RS-232C 数据终端设备接口，计算机可以与调制解调器或其他使用 RS-232C 接口的串行设备通信。UART 还提供以下功能：将从计算机内部接收的并行数据转换成输出的串行数据流，将从计算机外部接收的串行数据转换成字节，供计算机内部应用并行数据的器件使用；在输出的串行数据流中加入奇偶校验位，并对从外部接收的数据流进行奇偶校验；在输出数据流中加入启停标记，并在接收数据流中删除启停标记；处理由键盘或鼠标发出的中断信号（键盘和鼠标也是串行设备），处理计算机与外部串行设备的同步管理问题；一些比较高级的 UART 还提供输入输出数据的缓存区。

4. CAN 总线

CAN（Controller Area Network）总线通信协议是 ISO 国际标准化串行通信协议。在当前的汽车产业中，出于对安全性、舒适性、方便性、低公害、低成本的要求，各种电子控制系统被开发出来。这些系统通信所用的数据类型及对可靠性的要求不尽相同，由多条总线构成的情况很多，线束数量增加。为适应“减少线束数量”和“进行大量数据的高速通信”的需要，德国博世公司于 1986 年开发了面向汽车的 CAN 总线通信协议。此后，其通过 ISO 11898 及 ISO 11519 进行了标准化，在欧洲成为汽车网络的标准协议。目前，CAN 总线的高性能和可靠性已得到了广泛认同，并应用于工业自动化、船舶、医疗设备、工业设备等领域。

CAN 控制器根据两根线上的电位差来判断总线电平。总线电平分为显性电平和隐性电平，发送方通过改变总线电平，将消息发送给接收方。CAN 总线的连接如图 4-21 所示。

1）CAN 总线的特点

（1）多主控制

在总线空闲时，所有单元都可以开始发送消息（多主控制）。

最先访问总线的单元可以获得发送权。

多个单元同时开始发送时，发送高优先级消息的单元可以获得发送权。

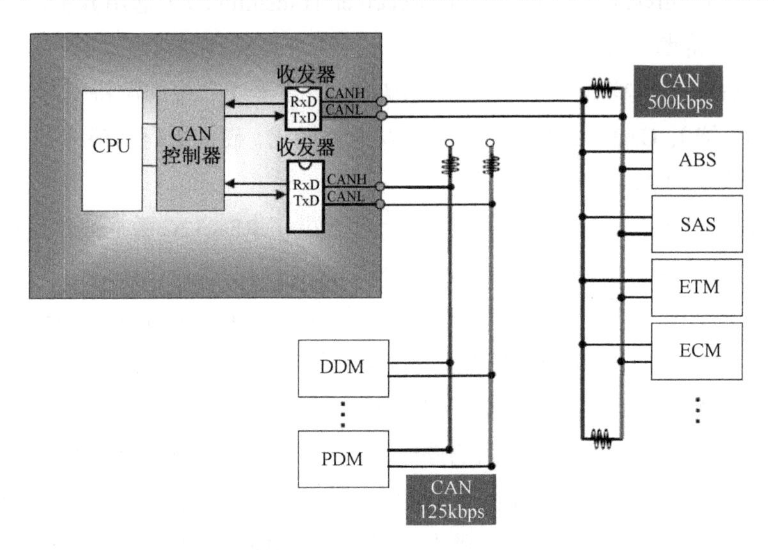

图 4-21　CAN 总线的连接

（2）消息的发送

在 CAN 总线中，所有消息都以固定格式发送。总线空闲时，所有与总线相连的单元都可以开始发送消息。两个以上单元同时开始发送消息时，根据标识符（ID）确定优先级。ID 不表示发送的目的地址，其表示访问总线的消息的优先级。被判定为优先级最高的单元可继续发送消息，其他单元立刻停止发送消息并转变为接收消息。

（3）系统的柔软性

与总线相连的单元没有类似“地址”的信息，因此当在总线上增加单元时，连接在总线上的其他单元的软硬件及应用层不需要改变。

（4）通信速度

根据网络规模，可设定适合的通信速度。在同一网络中，必须为所有单元设定统一的通信速度。即使有一个单元的通信速度与其他单元不同，此单元也会输出错误信号，妨碍整个网络的通信。不同网络可以有不同的通信速度。

（5）远程数据请求

可以通过发送“遥控帧”来请求其他单元发送数据。

（6）错误检测、通知、恢复功能

所有单元都可以进行错误检测（错误检测功能）。

检测出错误的单元会立即通知其他单元（错误通知功能）。

正在发送消息的单元一旦检测出错误，会强制结束当前的发送。强制结束发送的单元会重新发送此消息，直到发送成功（错误恢复功能）。

（7）故障封闭

可以判断错误是总线上的暂时数据错误（如外部噪声等）还是持续数据错误（如单元内部故障、驱动器故障、断线等）。当总线上出现持续数据错误时，可将引起该错误的单元从总线上隔离。

（8）连接

总线可以同时连接多个单元，可连接的单元数理论上没有限制，但实际上可连接的单元数受总线上的延时及电气负载的限制。降低通信速度则可连接的单元数增加，提高通信速度则可连接的单元数减少。

2）CAN 总线通信协议

CAN 总线通信协议覆盖了 OSI 模型中的传输层、数据链路层及物理层。在 OSI 模型中，应用层（7 层）由实际应用程序提供可利用的服务；表示层（6 层）进行数据表现形式的转换，如对文字设定、数据压缩、加密的控制；会话层（5 层）建立会话式通信，正确接收和发送数据；传输层（4 层）控制数据传输的顺序，保障通信品质，如错误修正、再传输控制等；网络层（3 层）进行数据传输的路由选择或中继，如单元间的数据交换、地址管理等；数据链路层（2 层）将物理层接收到的信号（位序列）组成有意义的数据，进行传输错误控制，如访问方法、数据形式、通信方式、连接控制方式、同步方式、检错方式、应答方式、位的调制方式（包括位时序条件）等；物理层（1 层）规定了通信时使用的电缆、连接器的媒体、电气信号规格等，以实现设备间的信号传输，如信号电平、收发器、电缆、连接器的形态。

5. 低速数字接口的比较

SPI 和 I^2C 都能进行短距离通信，包括芯片与芯片之间及其他元器件（如传感器）与芯片之间的通信。SPI 和 I^2C 进行板上通信，I^2C 有时也进行板间通信，但距离很短，不超过 1 米，很多触摸屏、液晶屏的薄膜排线采用 I^2C，I^2C 能替代标准的并行总线，能连接各种集成电路和功能模块。I^2C 是多主控总线，使设备都能像主控器一样工作，并能控制总线。总线上的设备都有独一无二的地址，根据其自身的能力，可以作为发射器或接收器工作。

UART 用于两个设备之间的通信，如单片机设备与计算机之间的通信，这样

的通信可以是长距离的。UART 的速度快，但有效范围不大，约为 10 米，其优点是支持面广、程序设计简单。然而，随着 USB 的发展，UART 开始走下坡路。

I^2S（Inter-IC Sound）是飞利浦公司为数字音频设备之间进行音频数据传输制定的一种总线标准。

I^2S 大部分是 3 线的（除了时钟和数据，还有左右声道的选择信号），主要用于传输音频信号，如 STB、DVD、MP3 等。

I^2S 标准既规定了硬件接口规范，又规定了数字音频数据的格式。I^2S 有 3 个主要信号：①串行时钟，又称位时钟，对应数字音频的每位数据，串行时钟都有一个脉冲，频率=2×采样频率×采样位数；②帧时钟 LRCK，又称 WS，用于切换左右声道的数据，LRCK 为“1”表示正在传输左声道的数据，LRCK 为“0”表示正在传输右声道的数据，LRCK 的频率等于采样频率；③串行数据 SDATA，指用二进制补码表示的音频数据。

有时为了使系统间能够更好地实现同步，需要传输信号 MCLK，称其为主时钟或系统时钟，其频率为采样频率的 256 倍或 384 倍。

GPIO（General Purpose Input and Output）接口是通用型输入输出接口，其利用工业标准 I^2C、SMBus 或 SPI 简化了 I/O 接口的扩展。

当微控制器或芯片没有足够的 I/O 接口或系统需要进行远端串行通信或控制时，GPIO 接口能够提供额外的控制和监视功能，可通过软件将 GPIO 接口配置为输入或输出。

GPIO 接口的优点如下。

低功耗：GPIO 接口的功耗较低。

集成 I^2C 从机接口：内置 I^2C 从机接口，在待机模式下也能全速工作。

小封装：提供最小的封装尺寸 3mm×3mm QFN。

低成本：不需要购买未使用的功能。

快速上市：不需要编写额外的代码、文档，不需要维护。

灵活的灯光控制：内置多路高分辨率的 PWM 输出。

可预先确定响应时间：确定外部事件与中断之间的响应时间。

更好的灯光效果：匹配的电流输出确保均匀显示亮度。

布线简单：仅需使用 2 条 I^2C 或 3 条 SPI 总线。

SDIO（Secure Digital Input and Output）接口是安全数字输入输出接口，是 SD 型扩展接口，其除了可以接 SD 卡，还可以接支持 SDIO 接口的设备，插口不是只能插存储卡，支持 SDIO 接口的 PDA、笔记本电脑等都可以连接 GPS 接

收器、蓝牙适配器、调制解调器、局域网适配器、条形码读取器、FM 无线电、电视接收器、射频身份认证读取器、数码相机等采用 SD 标准接口的设备。SDIO 协议由 SD 卡协议演化而来，在很多地方保留了 SD 卡的读写协议，并在 SD 卡协议的基础上添加了 CMD52 和 CMD53 命令。

6. PCI Express

PCI Express 是一种高速串行计算机总线，用于替代旧的 PCI。第一代包括 ISA（Industry Standard Architecture）、VESA（Video Electronics Standards Association）、MCA（Micro Channel Architecture）和 EISA（Extended Industry Standard Architecture），第二代包括 PCI、AGP（Accelerated Graphics Port）和 PCI-X。

PCI Express 可以实现多种 I/O 设备互联。PCI Express 协议延续了之前的使用模型和读写通信模型，支持各种常见功能，包括存储器读写、I/O 读写和配置读写等，且其存储器和配置地址空间与 PCI 协议相同。另外，PCI Express 也进行了改进，PCI 是多点并行互联的，多台设备共享一条总线，而 PCI Express 使用了高速差分总线，利用基于数据包的通信协议实现两台设备之间的串行、点对点互联，多台设备使用交换器互联，这意味着一个系统可以连接多个 PCI Express 设备。同时，根据传输数据的优先级可以分配不同的传输带宽，并支持热插拔技术，保证了主机的持续工作。PCI Express 设备底层信息的传递以数据包形式实现，简化了系统结构，降低了板卡设计成本。PCI Express 在进行 8b/10b 编码时加入了时钟信号，并以串行方式传输数据包，大大降低了数据传输的差错率。

1）PCI Express 的吞吐量

随着 PCI Express 的发展，其通信频率不断提高，接口的吞吐量不断增大。通过 PCI Express 互联的设备组成了一条通信路径，每条路径在每个方向上支持 x1、x2、x4、x8、x16 或 x32 个信号对，每个信号对为一个通道，且 PCI Express 向下兼容小接口，如 PCI Express x4 板卡可以插在 PCI Express x8 或 x16 插槽上使用，因此设计者可以根据不同的设计需要和性能基准灵活选择通道数量。PCI Express 经过了两次升级，各版本如下。

（1）2002 年发布 PCI Express 1.0，其单通道带宽为 5Gbps（因为 PCI Express 具备独立收发通道，实现双工链路，所以带宽加倍），PCI Express 通道采用 8b/10b 编码方式，编码效率为 80%，有效带宽为 2.5Gbps×2×0.8=4Gbps=500MB/s。

（2）2006 年发布 PCI Express 2.0，其单通道带宽为 10Gbps，PCI Express 采

用 8b/10b 编码方式，有效带宽为 10Gbps×0.8÷8=1GB/s。

（3）2010 年发布 PCI Express 3.0，其单通道带宽为 16Gbps，PCI Express 通道采用 128b/130b 编码方式，几乎可以确保传输效率为 100%，有效带宽为 8Gbps×2×0.98≈15.68Gbps≈2GB/s。

（4）2017 年发布 PCI Express 4.0，其单通道带宽为 32Gbps，PCI Express 通道采用 128b/130b 编码方式，有效带宽为 16Gbps×2×0.98≈31.36Gbps≈4GB/s。

2）PCI Express 系统结构

PCI Express 系统包括根联合体（Root Complex）、端点设备（Endpoint）和交换器（Switch）等。根联合体的作用是连接处理器和存储器及多个端点设备；交换器可以实现端点设备间的互联与数据交换，根据数据包的路由方式进行转发及流量控制。PCI Express 系统结构如图 4-22 所示。

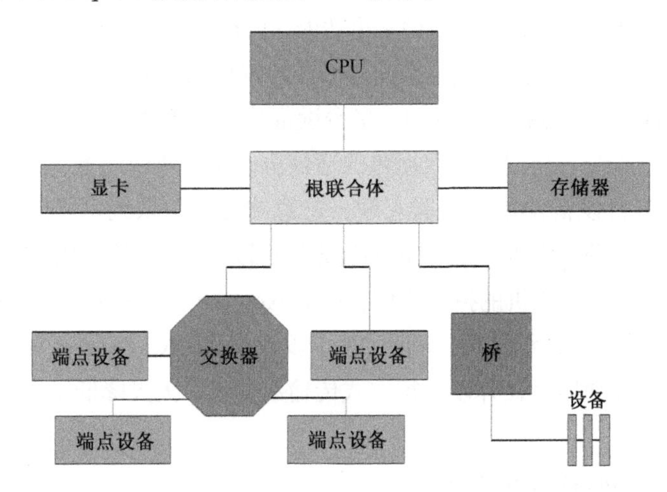

图 4-22　PCI Express 系统结构

3）PCI Express 的分层结构

PCI Express 采用分层结构，包括事务层、数据链路层和物理层，各层都有处理出站数据的发送模块和处理入站数据的接收模块。在发送端，在事务层将需要传输的数据组织为事务层包（Transaction Layer Packet，TLP）；在数据链路层对 TLP 进行封装，添加错误检查和序号等必要信息；在物理层继续封装并完成 8b/10b 编码，确定可用后以差分信号的形式传输。在接收端，在物理层接收并分解数据包；在数据链路层对数据包进行检错，如果数据正确则发送给事务层，储存在接收缓存器中，等待将数据包中的信息转换成能够被应用程序处理的形式。

（1）事务层。该层直接对传输数据进行封装和解码，具备数据缓存功能，使事务层可以通过流控制协议来控制虚拟缓存区，以保证远程设备不会发送过多的 TLP。在接收端，如果缓存区还有剩余空间，则会通知发送端继续发送，通过不断更新缓存区信息来保证发送端会在缓存区有剩余空间时发送 TLP，避免缓存区的数据溢出。PCI Express 设备最多可以实现 8 个虚拟缓存区，其中 0 号虚拟缓存区是通用的，在设备中必须实现。事务层负责对发送的 TLP 进行排序，保证 TLP 以正确的顺序通过设备，避免出现死锁和活锁情况。事务处理层支持服务质量（QoS）协议，QoS 能够根据优先级（Traffic Class，TC）对来自不同虚拟缓存区的 TLP 进行仲裁，保证以确定的延时、带宽处理不同的应用程序，这也是上一代 PCI 不具备的功能。

（2）数据链路层。数据链路层可以保证接收和发送的 TLP 的完整性。在发送端，数据的发送遵循流量控制机制，在缓存区有足够空间时才进行传输。在数据链路层会生成数据的 32 位循环冗余校验码（Cyclic Redundancy Check，CRC），并加在 TLP 上，另外还会附一个 16 位 ID。在传输数据前，数据链路层会将 TLP 的一个副本保留在重放缓存区，在接收端检查完数据后，接收端的数据链路层将缓存的数据清除。如果接收端检查到 CRC 错误，则通知发送端重新发送对应的 TLP，并重复上述过程，但如果错误次数达到 4 次，数据链路层会记录该错误并进行报告，这条链路也会被重新定向。在接收端，数据链路层负责检查错误和去除 TLP 的 CRC 字段及序列。

（3）物理层。物理层包括两部分：逻辑物理层和电气物理层。逻辑物理层是在传输前或接收前对数据进行处理的数字逻辑。电气物理层直接与板卡相连，由各通道的串行/解串器、差分发送器和差分接收器等组成。物理层在 TLP 的前后分别添加开始和结束字，为接收器提供检测的开始和结束位置。数据包被分解成字节并进行 8b/10b 编码，将 8b 的字符编码成 10b，在数据流中创建密度足够大的 0 到 1、1 到 0 信号转换，这样不仅便于接收器实现时钟恢复和比特同步，还易于检测和纠正数据错误，并使数据流中 1 和 0 的数量尽可能接近，从而保持 DC 平衡为信号阈值电压的一半。在物理层进行接收时，将串行数据转换成 10b 的并行数据，经 8b/10b 解码得到 TLP。PCI Express 的物理层较为灵活，链路宽度不同的两台设备也可以进行连接，还具有通带反转的特性，即使没有正确连接对应通道的连线，链路也可以将通道号反转，使相邻通道号匹配。类似地，如果极性连接相反，链路也会自动将极性倒置。

4）PCI Express 各层的数据包

PCI Express 在各层之间进行数据传输时，会对数据进行处理和打包，在这个过程中有 3 种数据包。

（1）事务层包。事务层包（TLP）在发送器的事务层生成并发送，在接收器的事务层接收并分解。当 TLP 通过设备的物理层和数据链路层时，也会得到相应的处理，设备应用程序会发送并处理 TLP 的核心数据，事务层会计算 CRC 并将其加入 TLP 的尾部。当封装好的 TLP 经过数据链路层时，数据链路层会为其附加 ID 和 LCRC，接收端会根据 LCRC 确定 TLP 的数据和 ID 是否存在 CRC 错误。物理层对 TLP 进行最后的封装，附开始和结束字并对数据包进行编码处理，然后通过差分电路将数据发送出去。接收端经历的过程与发送端相反，其在各层对数据包进行检查，数据正确则依次上传，最后由接收端的应用程序进行处理。

（2）数据链路层包。数据链路层包（DLLP）在发送器和接收器的数据链路层之间传输，也要经过物理层的封装和分解。DLLP 包含流控制、TLP 接收报告和电源管理等信息。在发送前，DLLP 会在尾部附加 CRC。

（3）物理层包。物理层包（PLP）在物理层中生成，用于配置链路状态，在链路定向时使用。

5）PCI Express 事务协议

PCI Express 的数据传输均以数据包为基本形式，最重要的是包含核心数据的 TLP。每个 TLP 的大小和格式都是确定的，这些信息包含在数据包头中，在底层传输时，数据包有开始和结束标志，这就确定了进行一次数据传输所覆盖的范围。TLP 还具有 CRC 和 ID，可以保证数据的正确性。

（1）PCI Express 事务类型

PCI Express 有 4 种地址空间，包括存储器、I/O、配置和消息，访问不同的空间可以实现不同的事务类型。存储器读写对设备存储器进行读取和写入操作；I/O 读写对系统 I/O 映射的单元进行读取和写入操作；配置读写对配置空间进行读取和写入操作，PCI Express 的配置空间大小为 4KB；消息是厂商专用的，只能读取消息数据。

PCI Express 事务类型分为报告事务和非报告事务。报告事务指发送端发送 TLP 后，接收端不需要向发送端发送完成包；非报告事务指发送端发送 TLP 后，接收端需要回复完成包，表示它收到了 TLP。

（2）TLP 的结构

TLP 由 TLP 头、数据字段和摘要字段组成。TLP 头由 3 或 4 个双字组成，其具体格式和内容随事务类型的变化而变化；数据字段的长度为 0 到 1024 个双字，如果 TLP 不携带数据，则该字段为空；摘要字段为可选字段，基于 TLP 头、数据字段计算得到，大小为 1 个双字。

TLP 头保存在第 1 个双字中，其他字段随 TLP 头中 Type 字段的变化而变化。通用 TLP 头由格式（Fmt）、类型（Type）、流量类别（TC）、长度（Length）、属性（Attr）等字段组成，TLP 头如图 4-23 所示。

	+0								+1								+2								+3							
	7	6	5	4	3	2	1	0	7	6	5	4	3	2	1	0	7	6	5	4	3	2	1	0	7	6	5	4	3	2	1	0
Byte 0>	R	Fmt		Type					R	TC			R				TD	EP	Attr		R		Length									

图 4-23　TLP 头

在图 4-23 中，R 为保留字段；Fmt 表示 TLP 头大小和是否有数据（如 00=3DW，无数据；01=4DW，无数据；10=3DW，有数据；11=4DW，有数据）；Type 的 5 位编码对应了所有 PCI Express 允许的事务，Type 与 Fmt 用于规定事物类型、长度和是否有数据载荷等；EP 表示数据载荷是否有效；Length 表示有效数据载荷的大小，该字段有 10 位，最多可表示 1024。

6）PCI Express 的实现

PCI Express 是进行数据传输的关键模块，可以通过 PCI Express 接口实现板卡数据到上位机内存的高速实时传输，该过程稳定高效。本设计中的 PCI Express 基于 Xilinx 的 IP 核实现，它支持 PCI Express 2.1 协议。IP 核的内部结构如图 4-24 所示，从图 4-24 中可以看出，IP 核内部除了 3 个协议设备层，还有配置模块，它可以根据设计需求进行参数配置，从而实现不同类型的 PCI Express，这些配置都是在应用 IP 核生成 PCI Express 模块时设置的。物理层是结构的最底层，其直接与外部高速收发器 GTX 连接，可以高速传输数据。在事务层要将板卡数据封装为可以在 PCI Express 系统中传输的 TLP，并按照协议在不同层之间进行发送和接收。

根据本设计的需求，需要将板卡数据高速实时上传至上位机，上位机通过 PCI Express 实现对板卡状态和空间数据的读写，因此 PCI Express 主要实现解析上位机发送的读请求和写请求 TLP、生成完成 TLP 信号、封装板卡数据到 TLP 中并完成数据上传等功能。本设计采用 PCI Express 2.0 协议，实现 x8 的链路宽度。

在利用 IP 核实现 PCI Express 时，需要根据设计方案和芯片类型进行设置，设置内容将影响 PCI Express 的结构和特性，下面结合 Core Generator 对具体参数的设置进行说明。

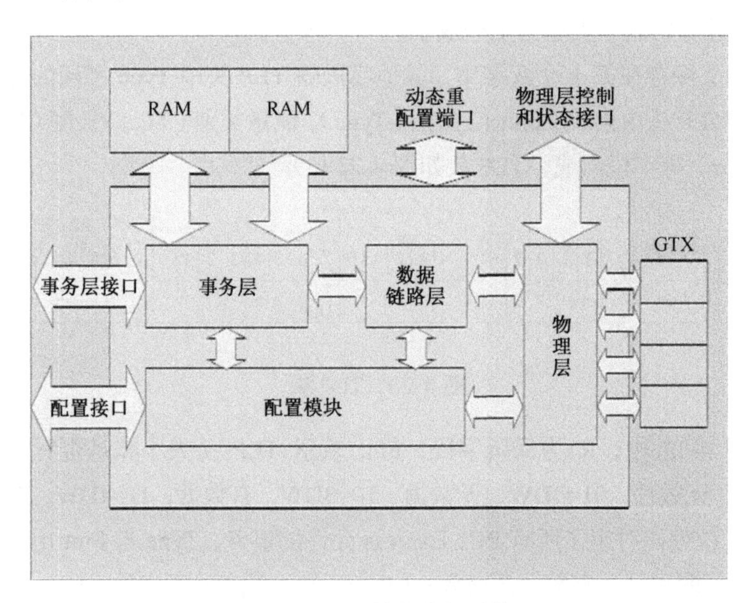

图 4-24　IP 核的内部结构

（1）设置 PCI Express 的设备类型为端点设备（Endpoint Device），链路宽度为 x8，Kintex 7 芯片的链路宽度最大为 x8，每条链路的速度最高为 5Gbps。设置好链路速度后，PCI Express 的默认接口宽度为 128bits，系统时钟为 250MHz，这两个参数与链路速度关联，因此没有其他参数可选。

（2）设置基址寄存器（Base Address Register，BAR）参数。基址寄存器是设备向系统内存映射申请的地址空间，共有 6 个 BAR 可用（BAR0 至 BAR5，与 PCI Express 的配置空间类型有关）。可以发现 BAR1 为不可选状态，原因在于每个 BAR 对应的地址为 32 位，如果想支持 64 位地址则需要占用两个 BAR，而显示的是初始化 BAR 的配置参数。

（3）设置 PCI Express 的最大载荷为 256B。最大载荷指 TLP 的核心数据所能占用的最大空间，PCI Express 协议最大支持 1024B，但受 Kintex 7 芯片的数据手册的约束，如果芯片速度等级为-2，则最大载荷为 256B。TLP 最大载荷已设置为最大值，以提高数据传输效率。

其他设置（如设备信息、IP 核位置、Block RAM 等）按默认值选择即可，

设置完成后会生成 IP 核文件。PCI Express 不会生成一个封装好的模块，而是以代码文件的形式实现，ISE 会根据具体的设置内容发布对应的 IP 核文件，与之前的 IP 核不同，这些文件需要用户自行加入工程中，这部分文件是 PCI Express 的核心文件，它实现了各层次的系统功能，提供了事务层接口，供用户生成 TLP，还提供了物理层接口，便于用户检查和控制链路状态，以及读取 PCI Express 配置空间信息。IP 核文档还提供了一个示例程序，其包含基本的 TLP 封装功能，可以实现 TLP 的存储器读写请求，但不适用于本设计，可以将该示例程序加入工程，在其基础上进行修改以满足设计需要。

对上述参数进行设置并生成 IP 核后，可以根据设计需要将大量数据实时高速地上传至上位机，因此需要进行功能改进。示例程序的数据上传以 TLP 为单位，每次传输都需要主动向上位机发送写请求，由 CPU 分配空间，这种机制导致 CPU 在每次进行数据传输时都要参与且每次传输的数据量很小，本设计中的大数据量传输机制占用过多资源，且传输效率非常低，显然不符合设计要求。

直接存储器访问（Direct Memory Access，DMA）是用于快速数据传输的重要技术。启动 DMA 时，DMA 控制器会接管 CPU 对总线的控制权，直接在内存和外部设备之间传输大量数据并解放 CPU。DMA 直接控制总线资源，实现对瞬发的大量数据的有效传输，符合实时高速传输数据的要求。本设计采用 DMA 实现数据传输。

7）PCI Express 功能框架

PCI Express 包括接收模块、传输模块和中断控制模块。接收模块解析 TLP，将得到的数据内容和控制命令等发送给传输模块；传输模块将数据打包并发送 TLP；中断控制模块实现 DMA 的中断控制，当完成 DMA 操作后，接收机板卡会发送中断信号，通知上位机，并交回总线控制权。

PCI Express 的工程文件如图 4-25 所示。

```
inst_xilinx_pcie_2_1_ep_7x - xilinx_pcie_2_1_ep_7x (xilinx_pcie_2_1_ep_7x.v)
    pipe_clock_i - PCIE_8_5_pipe_clock (PCIE_8_5_pipe_clock.v)
    PCIE_8_5_i - PCIE_8_5 (PCIE_8_5.v)
    app - pcie_app_7x (pcie_app_7x.v)
        PIO - PIO (PIO.v)
            PIO_EP_inst - PIO_EP (PIO_EP.v)
                EP_RX_inst - PIO_RX_ENGINE (PIO_RX_ENGINE.v)
                EP_TX_inst - PIO_TX_ENGINE (PIO_TX_ENGINE.v)
                    DMA_sg_ram_ch - DMA_sg_ram (DMA_sg_ram.xco)
                    DMA_TLP_fifo_256to128 - DMA_TLP_fifo (DMA_TLP_fifo.xco)
                MSI_INT_blk - EP_MSI (EP_MSI.v)
            PIO_TO_inst - PIO_TO_CTRL (PIO_TO_CTRL.v)
```

图 4-25　PCI Express 的工程文件

PCI Express 的子模块如下。

pipe_clock_i：时钟分配模块，输出稳定时钟。

PCIE_8_5_i：IP 核的源代码，根据 IP 核设置自动生成代码文件，需要手动加入工程中，它实现了 FPGA 通过 PCI Express 到上位机的数据传输。

app：用户接口模块，该模块是用户程序的顶层封装，可以连接用户需要的接口，对用户不需要的接口进行赋值处理。

PIO：封装用户应用模块和本端点 turn-off 控制模块，在本设计中不使用 turn-off 模式。

PIO_EP_inst：用户接口应用模块，可以对基础程序进行修改并增加功能，以实现接收机板卡的数据传输功能。

EP_RX_inst：接收模块。解析接收到的 TLP，实现上位机对接收机板卡的寄存器读写请求和整个板卡的控制信号的写入，并将数据和命令信号传输至传输模块。

EP_TX_inst：传输模块。按协议要求将上传至上位机的数据打包并发送 TLP，对接收模块发送的 DMA 控制命令和板卡控制命令等进行寄存器写入，以实现状态控制。

MSI_INT_blk：中断控制模块，负责实现和控制中断功能。

8）PCI Express 的工作流程

在板卡上电后，IP 核与上位机的根联合体完成链路初始化，根联合体是连接 CPU 与 PCI Express 的设备，通过根联合体可以形成设备 ID、总线号和设备号等。在进行 PCI Express DMA 数据传输时，上位机要将配置 DMA 数据传输需要的信息写入寄存器，并发送 DMA 启动信号；传输模块根据最大载荷将接收到的数据按 PCI Express 协议完成打包，并发送 TLP，直到达到 DMA 数据传输要求的数据量；接着将触发中断，等待上位机清除中断标志，完成 DMA 数据传输。

（1）TLP 结构

IP 核内的数据通信均以数据包的形式实现，用户要设计事务层的相关模块，只需要考虑 TLP。

IP 核内的数据传输采用大字节序，将高位字节排在低地址端，将低位字节排在高地址端。本设计中的接口宽度为 128bits，同时地址支持 64bits，TLP 的字节从高位到低位依次排序，并以 DW 为单位纵向排列。但在 128bits 的接口上传输时，TLP 的字节顺序会发生变化，TLP 以字节为单位分布在数据路径上，

每个 DW 内的字节按大字节序排列。

由本设计实现的功能可知，使用的 TLP 有 4 种，包括存储器写、存储器读、不带数据完成和带数据完成请求，其中，存储器读写请求的头格式一致，不带数据完成和带数据完成请求的头格式一致。4DW 的存储器读写头格式如图 4-26 所示，第 4 字节到第 5 字节与其他 TLP 不同，包括请求者 ID[15:0]，具体内容是总线号、设备号和功能号；还包括标记，用于表示是否完成请求者请求，如果请求为非报告的，则为其分配下一个连续的标志。第 8 字节到第 15 字节是地址字段，最后两位为保留位，设置为 0，这样可以保证地址的起始位置一定是以 DW 为单位的。

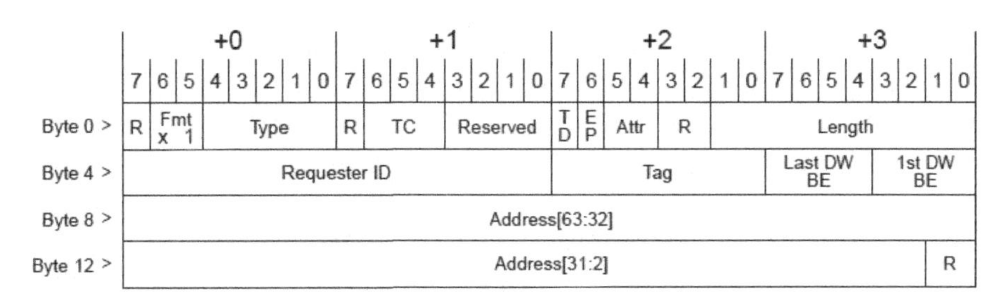

图 4-26　4DW 的存储器读写头格式

不带数据完成和带数据完成请求的头格式如图 4-27 所示，完成头大小为 3DW。第 4 字节到第 5 字节为完成者 ID，第 8 字节到第 9 字节为请求者 ID，第 6 字节高 3 位是完成状况标志位，DW1 的低 12 位是字节计数，是读请求结束之前的剩余字节数。

	+0			+1			+2					+3	
	7 6 5	4 3 2 1 0	7	6 5 4	3 2 1 0	7	6	5 4	3 2	1 0 7 6 5 4 3 2 1 0			
Byte 0 >	R / Fmt x 0	Type	R	TC	Reserved	TD	EP	Attr	R	Length			
Byte 4 >	Completer ID					Compl. Status		BCM	Byte Count				
Byte 8 >	Requester ID					Tag				R	Lower Address		

图 4-27　不带数据完成和带数据完成请求的头格式

（2）接收模块

接收模块解析接收到的 TLP，并判断 TLP 的起始位置，通过内部信号 m_axis_rx_tuser[14:10]捕捉 TLP 的起始位置（包括 Byte0 和 Byte8），启动状态机并进入 TLP 解析过程，按地址位宽分为 32 位地址和 64 位地址，根据存储器读写请求分别进入不同的状态，并按 TLP 格式进行读取。如果接收的是其他类型的 TLP 则不做处理。接收模块 TLP 起始位置为 Byte0 和 Byte8 的状态转换图分别如图 4-28 和图 4-29 所示。

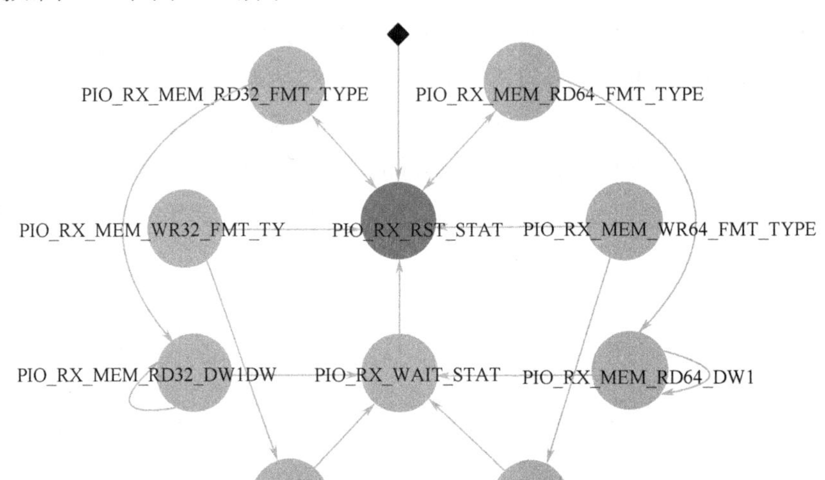

图 4-28　接收模块 TLP 起始位置为 Byte0 的状态转换图

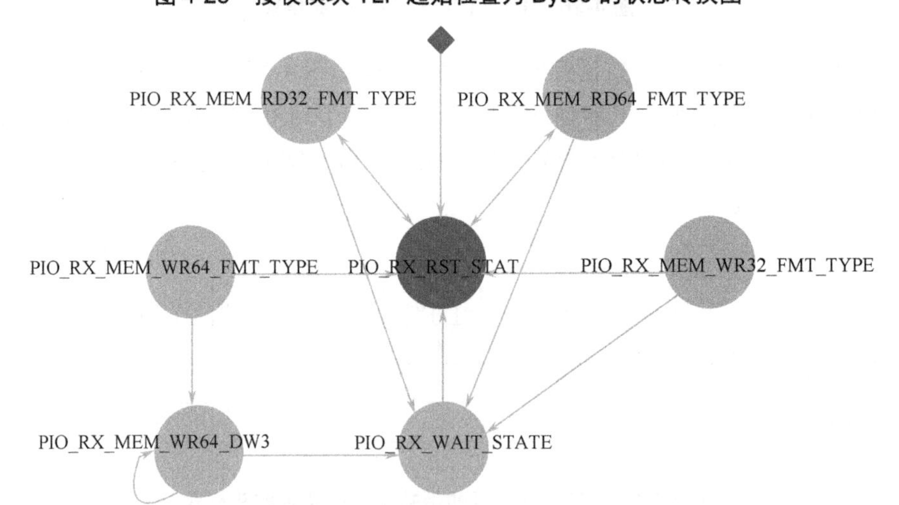

图 4-29　接收模块 TLP 起始位置为 Byte8 的状态转换图

IP 核到事务层的接口使用 AXI4-Stream 协议，该协议采用握手通信机制，即不同模块在进行数据传输前，会对相应的操作模式和数据状态进行确认，以保证数据传输的正确性。主要操作是当 READY 信号为 1 时，传输模块将数据

与 VALID 信号同时发送给接收模块，当接收模块确认 VALID 信号为 1 时，认为数据有效。

接收模块需要完成下列操作过程。

①当接收模块准备接收数据时，将 m_axis_rx_tready 信号置为高电平。

②当 IP 核准备传输数据时，将 m_axis_rx_tuser[14]置为高电平，该信号位是 TLP 传输开始标志位，表示 TLP 开始传输。

③在下一时钟周期，IP 核将 m_axis_rx_tuser[14]置为低电平，并在传输数据时保持 m_axis_rx_tvalid 为高电平。当传输到最后一个时，将 m_axis_rx_tuser[21]置为高电平，表示该 TLP 传输完成。

④如果在下一时钟周期不需要继续传输 TLP，则将 m_axis_rx_tvalid 置为低电平。

上述传输过程保证了 TLP 传输的完整性。m_axis_rx_tuser[14:10]信号指示了 TLP 在 128 位线宽的起始位置，如果为 5’b10000 则起始位置为 Byte0，如果为 5’b11000 则起始位置为 Byte8。m_axis_rx_tuser[21:17]信号指示了 TLP 的结束位置，数值代表字节数。在传输过程中，只要 m_axis_rx_tvalid 信号一直有效，除开始和结束字段外，可以忽视这两个信号。

（3）传输模块

在本设计中，FPGA 与上位机的数据传输主要通过传输模块实现，具体过程如下。

当上位机要求读取状态寄存器组中的状态时，会接收到接收模块发送的请求信号，传输模块会根据接收模块解析得到的参数封装存储器读请求，通过事务层接口将 TLP 发送到 IP 核中缓存，最后发送到上位机。

接收模块封装需要发送的 TLP，判断需要发送的 TLP 类型，按地址位宽分为 32 位地址和 64 位地址，分别进入不同的状态并按照 TLP 格式进行封装。

传输模块的数据发送流程如下。

传输模块将 s_axis_tx_tvalid 置为高电平，并传输 TLP，如果 s_axis_tx_tready 为高电平，则立刻接收数据；在数据传输过程中，s_axis_tx_tvalid 保持高电平；当数据传输完成时，数据模块将 s_axis_tx_tlast 置为高电平，指示数据传输结束，同时，使用 s_axis_tx_tkeep[15:0]信号来标志数据传输的有效字节，16 位信号的 1 位对应 1 字节，在进行最后一次传输时，根据 s_axis_tx_tkeep 确定有效位；在 TLP 传输完成的下一时钟周期将 s_axis_tx_tvalid 置为低电平。

（4）DMA 设计

DMA 通过接管 CPU 的总线控制权，实现了从存储器到存储器的直接数据传输，大大提高了传输效率。

DMA 包括块 DMA 和链式 DMA[34]。块 DMA 通过申请一块物理地址连续的内存，实现整块的数据传输，但连续内存最大可申请 4KB，因此大数据量传输需要反复进行 DMA 操作，无法满足实时传输要求；链式 DMA 可以实现高效数据传输，其进行一次操作就可以实现多次传输。具体实现方法为：在主机端申请一大片分散的内存空间，这些内存空间的物理地址可以是不连续的，但它们都映射到一片连续的虚拟地址空间，通过地址描述符可以方便地获取它们的物理地址，将这些描述符存储在 PCI Express 设备的 BAR 空间中。当进行 DMA 数据传输时，根据这些描述符来确定传输的物理地址，不需要 CPU 重新进行传输设置，进一步提高了传输效率，实现了大数据量的高速传输。

具体实现过程为：①上位机申请一片不连续的内存空间，将这些空间锁定，以防止其他程序占用；②上位机发起存储器写操作，将空间的起始地址发送给接收机板卡，接收机板卡将这些地址存入 BAR 空间；③上位机向接收机板卡发送 DMA 启动信号，PCI Express 传输模块主动发起存储器写请求，每个 TLP 头内的目的地址就是上位机申请的地址，地址随 TLP 的载荷的增加而增加，当完成一次传输后，对 TLP 头内的目的地址进行更新，继续进行下一次传输，直到完成预设的数据传输任务；④当数据传输完成后，PCI Express 传输模块向上位机发送中断信号，结束传输，交回总线控制权，清除中断，上位机根据描述符表将内存空间中存储的数据转存到磁盘中并释放内存。

DMA 控制模块为传输模块的子模块，主要实现的功能包括：应用 Block RAMIP 核存储和输出 DMA 传输地址；读写 DMA 寄存器值以控制 DMA 状态；在传输结束后向中断模块发送触发信号。当 DMA 状态机发送存储器写请求时，在其状态中必须更新 DMA 参数信息，包括地址、TLP 数、发送数据的 DW 数等。

当传输模块完成一次 DMA 数据传输后，通过触发中断通知上位机驱动程序传输完成。在 IP 核中，可以通过传输层接口将 IP 核产生中断信号传输至上位机，从而通知 CPU 进行中断处理。由于中断模块产生的是电平中断，中断处理结束后还必须通过事务层接口清除中断标志。

第5章

智能传感器处理器及其外围电路

5.1 常用 CPU

中央处理器（Central Processing Unit，CPU）是一块超大规模集成电路，其功能是解释计算机指令、处理计算机软件中的数据及执行指令，是计算机的运算核心和控制核心。CPU 主要包括运算器、高速缓冲存储器及实现它们之间的联系的数据、控制、状态总线。CPU、内部存储器和 I/O 接口是计算机的三大核心部件。

CPU 发展了 3 个分支：数字信号处理器（Digital Signal Processing/Processor，DSP）、微控制器单元（Micro Control Unit，MCU）和微处理器单元（Micro Processor Unit，MPU）。本章主要介绍 MCU。

MCU 又称单片机，其将中央处理器（CPU）、随机存取存储器（RAM）、只读存储器（ROM）、I/O 接口、定时器、时钟电路、中断系统、内部总线等集成在一个芯片上。与计算机中的 CPU 相比，单片机中的 CPU 的运算能力通常较弱，但单片机是一个完整的微型计算机系统，可以在不同应用场合实现不同的组合控制。

5.1.1 MCS51 系列单片机

最早的单片机是 Intel 的 8031 单片机，该单片机中没有内部程序存储器。随着单片机的不断完善，出现了能够存储程序的单片机。

将所有兼容 Intel 8031 指令系统的单片机统称为 MCS51 系列单片机，如 8031、8051、8032、8052、8752 等。其中 8051 是最典型的产品，该系列的其他单片机都是通过在 8051 的基础上进行功能的改变而得到的。

5.1.2　AT89 系列单片机

AT89 系列单片机是 ATMEL 公司在以 8051 为内核，采用 FPEROM（Flash Programmable and Erasable Read Only Memory）技术将 8 位 CPU 和 FLASH 组合得到的。

AT89 系列单片机可以按常规方法编程，也可以在线编程。其将通用的微处理器和 FLASH 结合，可反复擦写，能够有效降低开发成本。

AT89 系列单片机广泛应用于工业测控系统，为很多嵌入式控制系统提供了灵活的低成本方案。该系列包括 AT89C51、AT89C52、AT89C2051、AT89S51、AT89S52 等单片机，AT89C51 和 AT89C52 是具有低电压、高性能的 CMOS 8 位单片机。AT89C51 单片机内有 4KB 可反复擦写的程序存储器和 256B 数据存储器，AT89C52 单片机内有 8KB 程序存储器和 256B 数据存储器，AT89C2051 是一种带 2KB 可编程可擦除只读存储器的单片机。当前，AT89S51 和 AT89S52 已基本取代了 AT89C51 和 AT89C52。

5.1.3　STM32 系列单片机

STM32 系列单片机是意法半导体（ST）推出的基于 ARM Cortex-M 内核的 32 位单片机。与 8051、AVR 和 PIC 等单片机相比，STM32 系列单片机的内部资源很多，基本上接近于计算机的 CPU。STM32 系列单片机专为要求高性能、低成本、低功耗的嵌入式应用设计。

STM32 系列单片机按内核架构可分为不同产品：①主流产品（STM32F0、STM32F1、STM32F3）；②超低功耗产品（STM32L0、STM32L1、STM32L4、STM32L4+）；③高性能产品（STM32F2、STM32F4、STM32F7、STM32H7）。

STM32F0 系列产品基于超低功耗的 ARM Cortex-M0 内核，整合增强的技术和功能，瞄准超低成本应用。该系列产品缩小了采用 8 位和 16 位微控制器的设备与采用 32 位微控制器的设备之间的性能差距，能够在经济型用户的终端产品上实现先进且复杂的功能。

目前，很多智能传感器采用 STM32 系列单片机，主要原因是其产品功能丰富、应用灵活，开发人员可以在多个设计中重复使用同一软件。且其具有强大的集成功能和低电压和低功耗等特点，非常适合体积小的节能传感器使用。

5.1.4　其他类型单片机

其他类型单片机有 AVR、PIC、MSP430、DSP 等。AVR 是 ATMEL 推出的

AT90 系列单片机，PIC 由 MICROCHIP 推出，AVR 和 PIC 均与 8051 单片机的结构不同，因此其汇编指令也不同。因为它们都使用 RISC 指令集，大部分还是单周期指令，所以在相同的晶振频率下，它们的速度比 8051 单片机快。

MSP430 系列单片机是 TI 推出的一种具有精简指令集的低功耗 16 位单片机，其针对实际应用需求，将多个具有不同功能的模拟电路、数字电路和微处理器集成在一个芯片上，以提供“单片机”解决方案。MSP430 系列单片机多应用于需要电池供电的便携式仪器中。

DSP 是一种特殊的单片机，其专门用于计算数字信号，在进行某些公式的计算时，DSP 甚至比一般家用计算机的 CPU 还快，一个 32 位 DSP 能在一个指令周期内完成一个 32 位数乘一个 32 位数再加一个 32 位数的计算。

5.2　单片机处理器

5.2.1　单片机概述

单片机是一种芯片，采用超大规模集成电路技术，把具有数据处理能力的 CPU、RAM、ROM、I/O 接口、中断系统、定时器和计数器等（可能还包括显示驱动电路、脉宽调制电路、模拟多路转换器、A/D 转换器等）集成到一块芯片上，构成一个小而完善的微型计算机系统，在工业控制领域应用广泛。单片机是计算机发展的一个重要分支，其从 20 世纪 80 年代的 4 位、8 位单片机，发展到现在的 300M 高速单片机。

目前，单片机渗透到各领域，导弹的导航装置，飞机上各种仪表的控制，计算机的网络通信与数据传输，工业自动化过程的实时控制和数据处理，广泛应用的各种智能 IC 卡，汽车的安全保障系统，录像机、摄像机、全自动洗衣机的控制，程控玩具、电子宠物等，都离不开单片机，更不用说自动控制领域的机器人、智能仪表、医疗器械及各种智能机械了。各种单片机如图 5-1 所示。

图 5-1　各种单片机

5.2.2 单片机最小系统

单片机最小系统是使单片机正常工作并发挥功能的必要组成部分。对于MCS51系列单片机来说，最小系统一般包括单片机、时钟电路、复位电路、输入输出设备等。STC89C52单片机最小系统如图5-2所示。

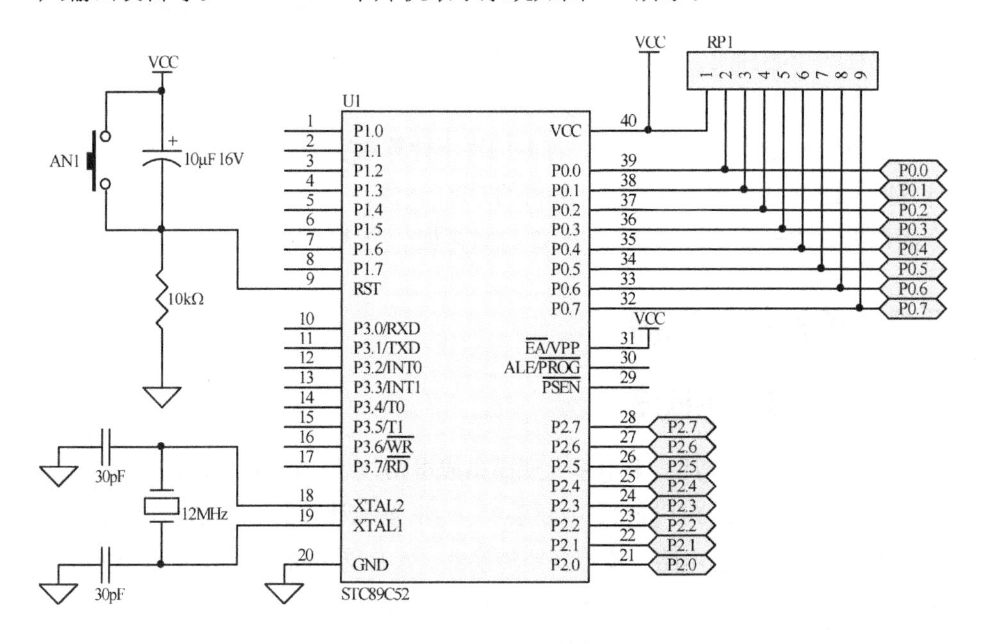

图5-2 STC89C52单片机最小系统

1. 时钟电路

在图5-2中，XTAL1（19脚）为芯片内部振荡电路输入端，XTAL2（18脚）为芯片内部振荡电路输出端。采用内时钟模式，即采用芯片内部的振荡电路，在XTAL1、XTAL2的引脚上外接一个石英晶振和两个电容，内部振荡器便能产生自激振荡。

一般来说，晶振可以选择1.2MHz～12MHz，甚至可以达到24MHz或更高，但频率越高功耗越大。与晶振并联的两个电容的大小对振荡频率有微小影响，可以对频率进行微调。当采用石英晶振时，电容可以选择20～30pF。

在设计单片机系统的印刷电路板时，晶振和电容应尽可能与单片机芯片靠近，以减小引线的寄生电容，保证振荡器可靠工作。可以通过示波器检测晶振是否起振，观察到XTAL2输出十分规整的正弦波，使用万用表测量（把

档位打到直流档，这时测得的是有效值）XTAL2 与地之间的电压时，可以看到电压为 2V。

2. 复位电路

在单片机系统中，复位电路非常关键，当程序运行不正常或停止运行时，需要进行复位。

MCS51 系列单片机的复位引脚 RST（9 脚）出现 2 周期以上的高电平时，单片机就执行复位操作。如果 RST 持续为高电平，则单片机处于循环复位状态。

复位通常有两种形式：上电自动复位和开关手动复位。图 5-2 中的复位电路包含这两种形式，上电瞬间电容电压不能突变，电容两端的电位都是 VCC（此时充电电流最大），电压全部加在电阻上，RST 为高电平，单片机复位。电源给电容充电，当电容电压达到 VCC 时，相当于断路（此时充电电流为 0，即隔直流），电阻上的电压逐渐减小，最后约等于 0，RST 为低电平，单片机正常工作。并联在电容两端的 AN1 为复位按钮，当没有按下 AN1 时，电路实现上电自动复位，单片机正常工作时如果按下 AN1，则 RST 管脚出现高电平，达到手动复位的效果。一般来说，只要 RST 保持 10ms 以上的高电平，就能使单片机有效复位。

3. P0 外接上拉电阻

MCS51 系统单片机的 P0 内部无上拉电阻。因此其作为普通 I/O 接口输出数据时，要使高电平正常输出，必须外接上拉电阻。

为了避免输入时读取数据出错，也需要外接上拉电阻。图 5-2 外接了 10kΩ 的排阻。在对 P0～P3 进行操作时，为避免读错，应向电路中的锁存器写入“1”，使场效应管截止，避免锁存器为“0”时干扰引脚读入。

4. LED 驱动电路

LED 驱动电路接法如图 5-3 所示。在单片机最小系统中，发光二极管（LED）采用图 5-3(a)中的接法，通过灌电流方式驱动。采用该接法是由 LED 的工作条件和 MCS51 系统单片机的 I/O 接口的拉电流和灌电流参数决定的。

不同 LED 的额定电压和额定电流不同，通常红色或绿色 LED 的工作电压为 1.7～2.4V，蓝色或白色 LED 的工作电压为 2.7～4.2V，直径为 3mm 的 LED

的工作电流为 2～10mA，这里采用直径为 3mm 的红色 LED。MCS51 系统单片机的 I/O 接口作为输出口时，拉电流（向外输出电流）的能力为 μA 级，不足以点亮一个发光二极管，而灌电流（向内输入电流）的能力达 20mA，因此采用灌电流方式驱动发光二极管。一些增强型单片机也可以采用拉电流方式，单片机的输出电流足够大即可。另外，图 5-3 中的电阻阻值为 1kΩ，是为了将 LED 的工作电流限制为 2～10mA。

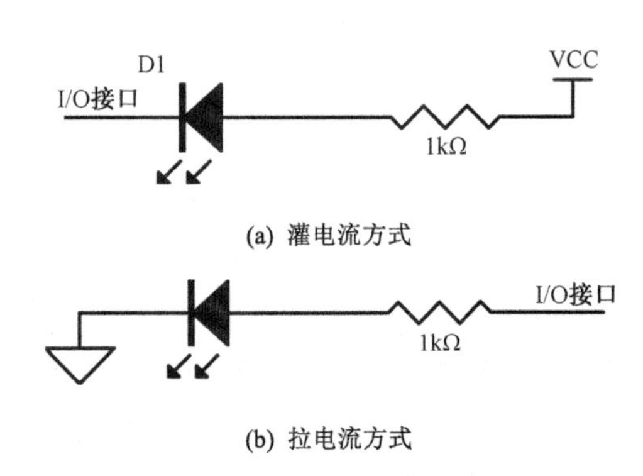

图 5-3　LED 驱动电路接法

5.2.3　多功能集成单片机系统

ADUC812 单片机是 Analog Devices 推出的带有 8 路 12 位 ADC、2 路 12 位 DAC、8KB 片内 FLASH 的高性能单片机，由可编程 8051 兼容内核控制。具有片内 100ppm/℃的电压参考源、ADC 高速捕获型 DAM 控制器、片内温度传感器、8KB 片内 FLASH/E2PROM 程序存储器、640B 片内 FLASH/E2PROM 非易失性数据存储器、片内电荷泵 DC-DC 变换器、256B 片内数据 RAM、16MB 外部数据地址空间、3 个 16 位计数器/定时器、32 条可编程 I/O 接口、看门狗定时器（WDT）、电源监视器（PSM）、I^2C/SPI 和标准 UART 串行 I/O 接口。

CY7C68013A 单片机是 CYPRESS 推出的集成高速 USB 2.0 收发功能和增强型 8051 的单片机，内部 CPU 操作频率为 48MHz、24MHz 或 12MHz，8051 软件代码可以通过 USB 下载到片内数据 RAM，具有 16B 的片内代码/数据 RAM、4 个可编程模块/中断/同步传输端点、4B 的 FIFO、3 个计数器/定时器、通用可编程 I/O 接口。

5.2.4　单片机在智能传感器中的典型应用

传统的传感器通常具有稳定性和可靠性差、体积大等缺点，为当前的系统测量带来了不小的误差。单片机具有运算能力强、控制性强、成本低、小型化等特点。随着各种测量系统、控制系统对传感器的要求越来越高，基于单片机技术的智能传感器应运而生。不同传感器的规格不同，其输入输出信号也不同，对智能传感器的标准化提出以下要求。

（1）信号输出标准化。

（2）能够实现温度补偿。

（3）可以线性校正误差。

（4）具有信号存储功能。

（5）具有信号处理功能。

（6）可以与其他控制单元连接。

1. 典型应用示例一

1）叶轮式智能风速传感器设计

叶轮式智能风速传感器在使用时，将叶轮式风速探头放在选定的测点上，使风速探头的表面垂直于气流方向，当叶轮旋转稳定后，探头会输出一个与风速大小成比例的频率信号，采用单片机的信号捕获功能采集该频率，根据风速仪的校正曲线计算风速值。叶轮式智能风速传感器采集电路如图 5-4 所示。该电路采用英飞凌 XC886CLM-5.5V 单片机采集频率，应用 Timer 2 捕获模式，通过测量两个下降沿的时间来计算频率，能准确测量低频信号。

2）XC886 单片机的 Timer 2

XC886 单片机的 Timer 2 如图 5-5 所示。

与 XC886 单片机 Timer 2 有关的寄存器如表 5-1 所示，T2CON 是 Timer 2 的控制寄存器，T2MOD 是 Timer 2 的模式寄存器。每个寄存器有 8 位，T2_RC2H 是捕获寄存器的高位字节，T2_RC2L 是捕获寄存器的低位字节，T2_T2H 是 Timer 2 寄存器的高位字节，T2_T2L 是 Timer 2 寄存器的低位字节。

为了进入 16 位捕获模式，将寄存器 T2CON 中的 CP/RL2 和 EXEN2 置位。此时，Timer 2 是一个 16 位递增计数的定时器，计数至最大值 FFFFH 后溢出，溢出后置位 TF2，并将 0000H 重新装入定时器。TF2 置位会向 CPU 发送中断请求。

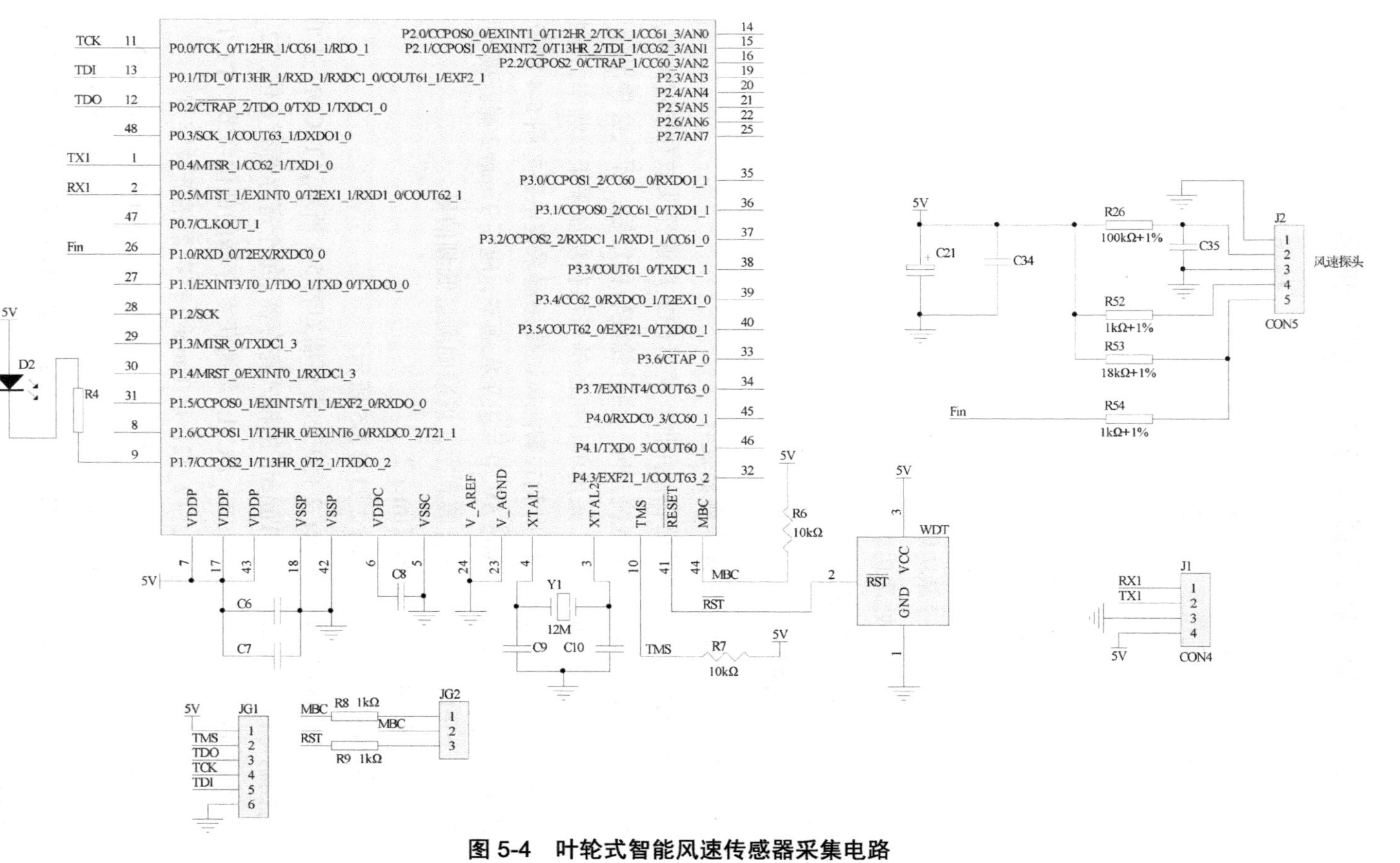

图 5-4 叶轮式智能风速传感器采集电路

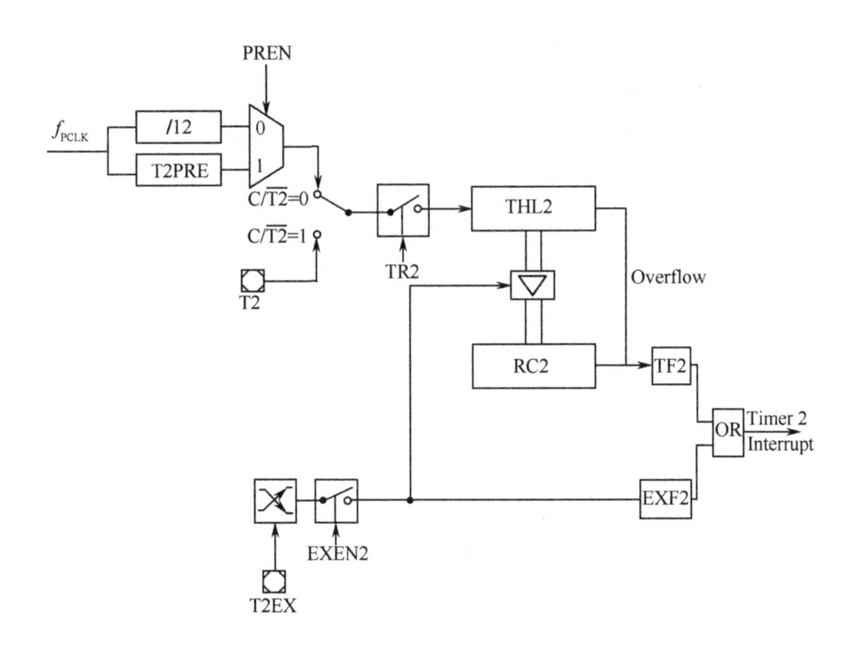

图 5-5　XC886 单片机的 Timer 2

表 5-1　与 XC886 单片机 Timer 2 有关的寄存器

寄存器	位							
	7	6	5	4	3	2	1	0
T2CON	TF2	EXF2	0		EXEN2	TR2	C/ T2	CP/RL2
T2MOD	T2REGS	T2RHEN	EDGESEL	PREN	T2PRE			DCEN

在引脚 T2EX 的下降沿或上升沿（由 T2MOD 的 EDGESEL 选择）将 THL2 的值捕获到寄存器 RC2 中，对外部输入信号采样。如果某时钟周期的采样值为低（高）电平、下一时钟周期采样值为高（低）电平，将识别到一次信号沿的跳变。如果在计数器加 1 的同时检测到捕获信号，则在计数器加 1 后执行捕获操作，以确保总能捕获到最新值。

如果 T2RHEN 置位，由引脚 T2EX 的第一个下降沿或上升沿启动定时器（由 T2REGS 选择）。如果 EXEN2 置位，引脚 T2EX 的下降沿或上升沿在启动定时器的同时置位 EXF2。引脚 T2EX 的下一个负或正跳变将触发捕获操作（由 EDGESEL 选择）。执行完捕获操作后，EXF2 置位，可用于产生中断请求。

如果 EXEN2=1，外部输入 T2EX 有下降沿时，将 Timer 2 的 T2_T2H 和 T2_T2L 的当前值分别捕获到 T2_RC2H 和 T2_RC2L 中。此外，T2EX 的负跳变

使 T2CON 中的 EXF2 置位，并向 CPU 发送中断请求。Timer 2 的中断服务程序通过查询 TF2 和 EXF2 来确定引起的中断事件。如果 T2EX 中断，则 T2_T2H 和 T2_T2L 不会重新装载值，而是在当前计数的基础上继续计数。

3）频率采集、风速计算固件程序设计

T2EX 外部跳变和计数溢出均可进入中断，可以利用这一特性完成两个脉冲之间的时间测量，初始化时将 T2_T2H 和 T2_T2L 置 0。如果发生计数溢出中断，则计时变量加 65536；如果发生外部跳变中断，则读取 T2_RC2H 和 T2_RC2L 的值并与前面的计时变量相加，从而得到两次跳变的时间，注意测量结束后要清空计时变量及 T2_T2H 和 T2_T2L，方便下次重新计数。

初始化程序如下。

```
//输入输出端口初始化
void IO_vInit(void)
{
    P0_PUDSEL   =   0XCF;
    P0_PUDEN    =   0XF4;
    P1_DIR   =   0X80;
    P1_DATA   =   0X80;
}
//设置为捕获模式，初始计数的基准时钟
void T2_vInit(void)
{
    T2_T2MOD   =   0X54;
    EXEN2 = 1;
    CP_RL2 = 1;
    T2_T2H = 0;
    T2_T2L = 0;
    T2_RC2H = 0;
    T2_RC2L = 0;
    TR2 = 1;
}
```

中断服务程序如下。

```
//函数名：SHINT_viXINTR5Isr
//函数功能：捕获和溢出中断服务函数
extern   ulong temp, plus_length_temp;                    //引用外部变量，在 main.c 中定义
extern   char   index;
```

```
void SHINT_viXINTR5Isr(void) interrupt XINTR5INT
{
    SFR_PAGE(_su0,SST0)
    if (TF2)                                              //溢出中断
    {
        TF2 = 0;
        T2_T2H = 0;
        T2_T2L = 0;
        T2_RC2H = 0;
        T2_RC2L = 0;
        plus_length_temp = plus_length_temp + 65536;
        //长期无第二次外部下跳变，不断溢出
        //plus_length_temp 值很大，出现 100 次溢出，历时 1.0923s
        //将溢出 100 次时的 plus_length_temp 值存到存储区
        if( plus_length_temp > 6553600 )
        {
            plus_length[index] = plus_length_temp;
            index++;
            if(index == 5) index = 0;
            plus_length_temp = 0;
        }
    }
    if(EXF2)                                              //捕获中断
    {
        T2_T2H = 0;                                   //Timer 2 寄存器清零，为下次捕获做准备
        T2_T2L = 0;
        EXF2 = 0;
        temp = T2_RC2H *256 + T2_RC2L;                    //获取当前的计数值
        T2_RC2H = 0;                                      //捕获寄存器清零
        T2_RC2 L = 0;
        temp = plus_length_temp + temp;
        plus_length_temp = temp;
        plus_length[index] = plus_length_temp;
        index++;
        if(index == 5) index = 0;
        plus_length_temp = 0;                             //清空计时变量
```

```
        }
        SFR_PAGE(_su0,RST0)
    }
```

主函数每隔 500ms 求时间变量平均值。定义一些全局变量，方便各函数使用。

```
    ulong   plus_length[5];                          //全局变量，存 5 次测量的计时变量
    ulong   temp, plus_length_temp
    char    index;
    typedef   union
    {
        ulong    ULongData;
        char     ByteData[4];
        float    FloatData;
    }
    DataStruct;
    void main (void)
    {
        ulong    calc_plus_length;
        char    i=0;
        char    j=0;
        plus_length_temp = 0;
        index = 0;
        DataStruct    freq,    v_wind;
        MAIN_vInit();
        While(1)
        {
            calc_ plus_ength = 0;
            Delay_shims();
            for( j = 0;   j<5;   j++ )
            {
                calc_plus_length += plus_length[j];
            }
            calc_ plus_length = calc_ plus_length/5;
            freq.FloatData = (float)6000000/calc_plus_length;
            v_wind.FloatData = 0.076* freq.FloatData;
            ReportComm2();
        }
    }
```

2. 典型应用示例二

1）基于 USB 2.0 的温湿监测智能采集器设计

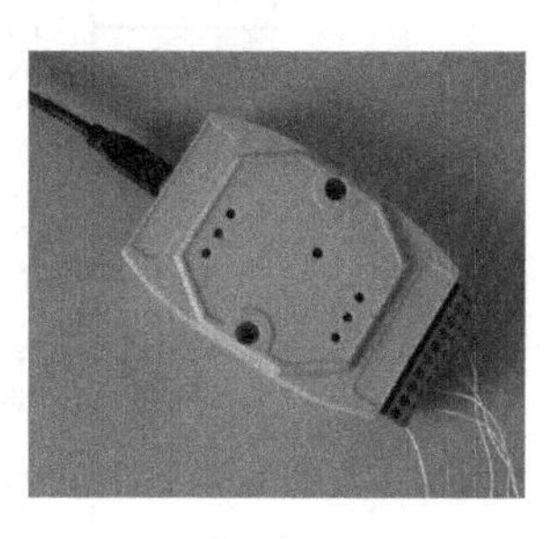

图 5-6　基于 USB 2.0 的温湿监测智能采集器

智能采集器基于 CYPRESS 的 CY7C68013A 单片机实现多路传统传感器输出的模拟信号采集，完成高速、高精度 A/D 转换；实现环境温湿度信号采集处理，具有对湿度信号的温度补偿和露点计算功能；完成基于 USB 2.0 的数据传输。基于 USB 2.0 的温湿监测智能采集器如图 5-6 所示。

采集器的硬件组成如图 5-7 所示，各部分硬件电路如图 5-8 所示。

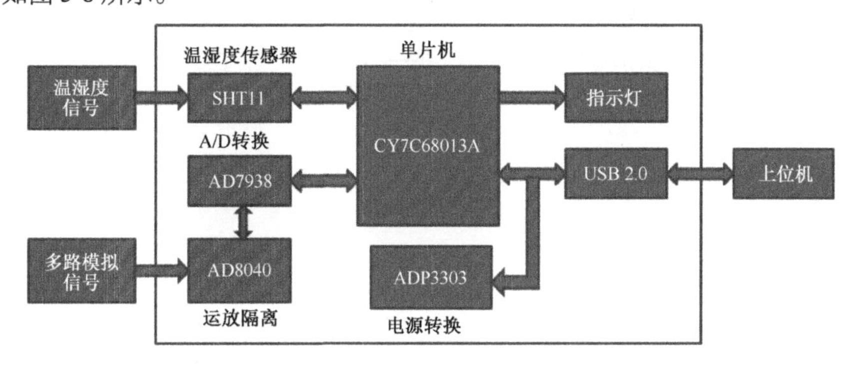

图 5-7　采集器的硬件组成

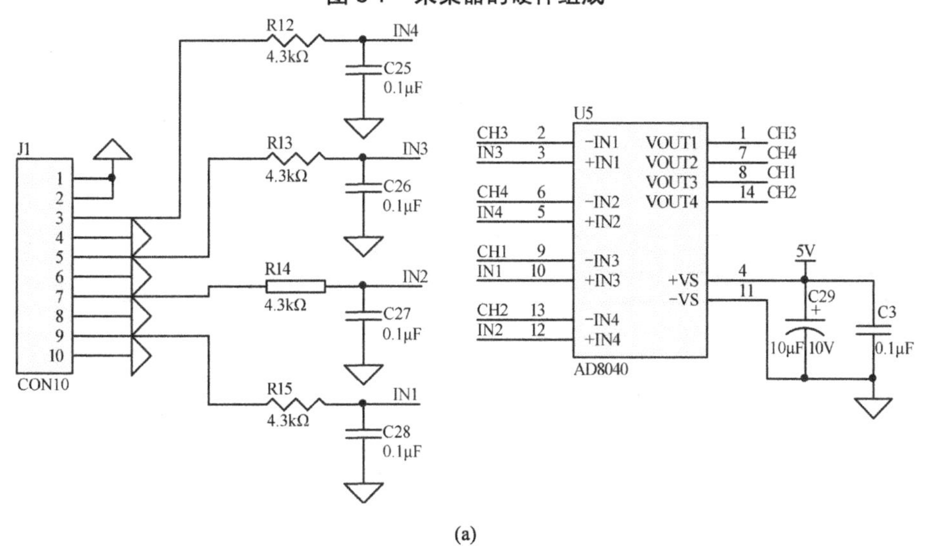

图 5-8　各部分硬件电路

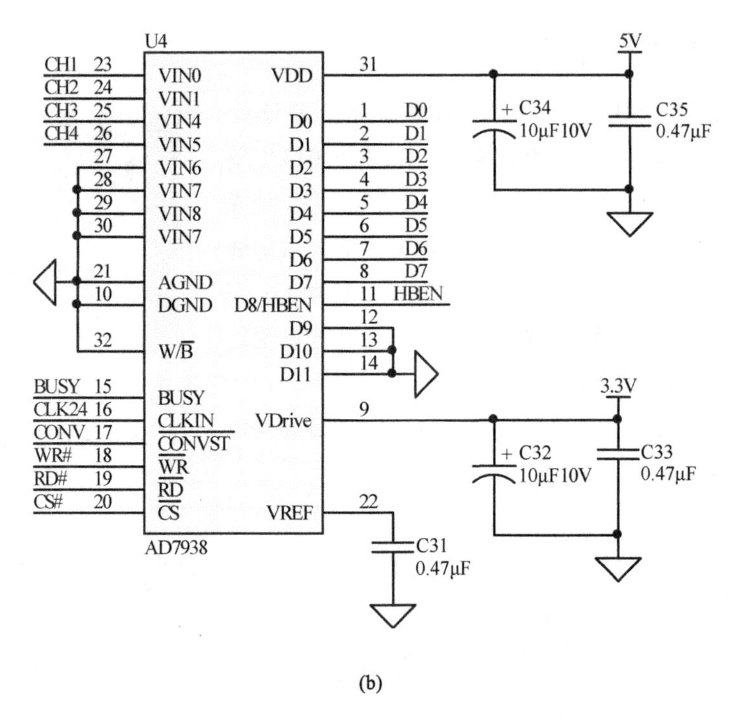

(b)

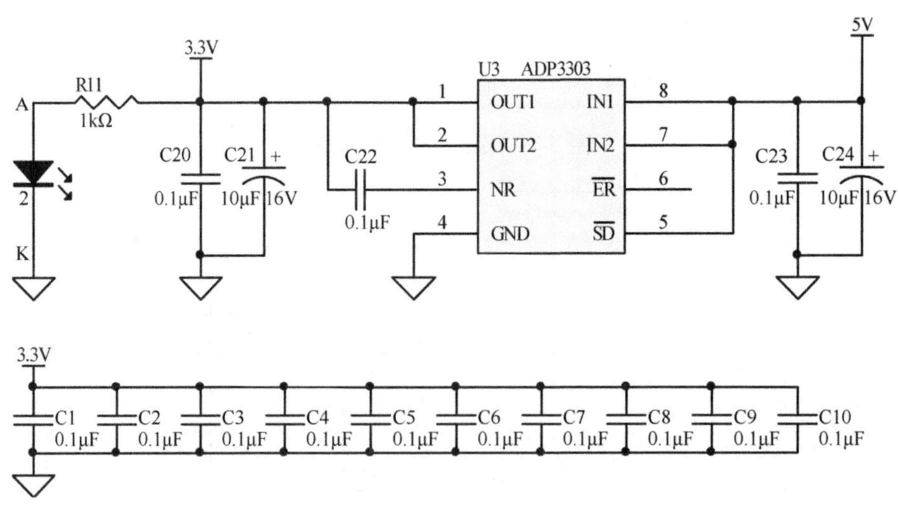

(c)

图 5-8 各部分硬件电路（续）

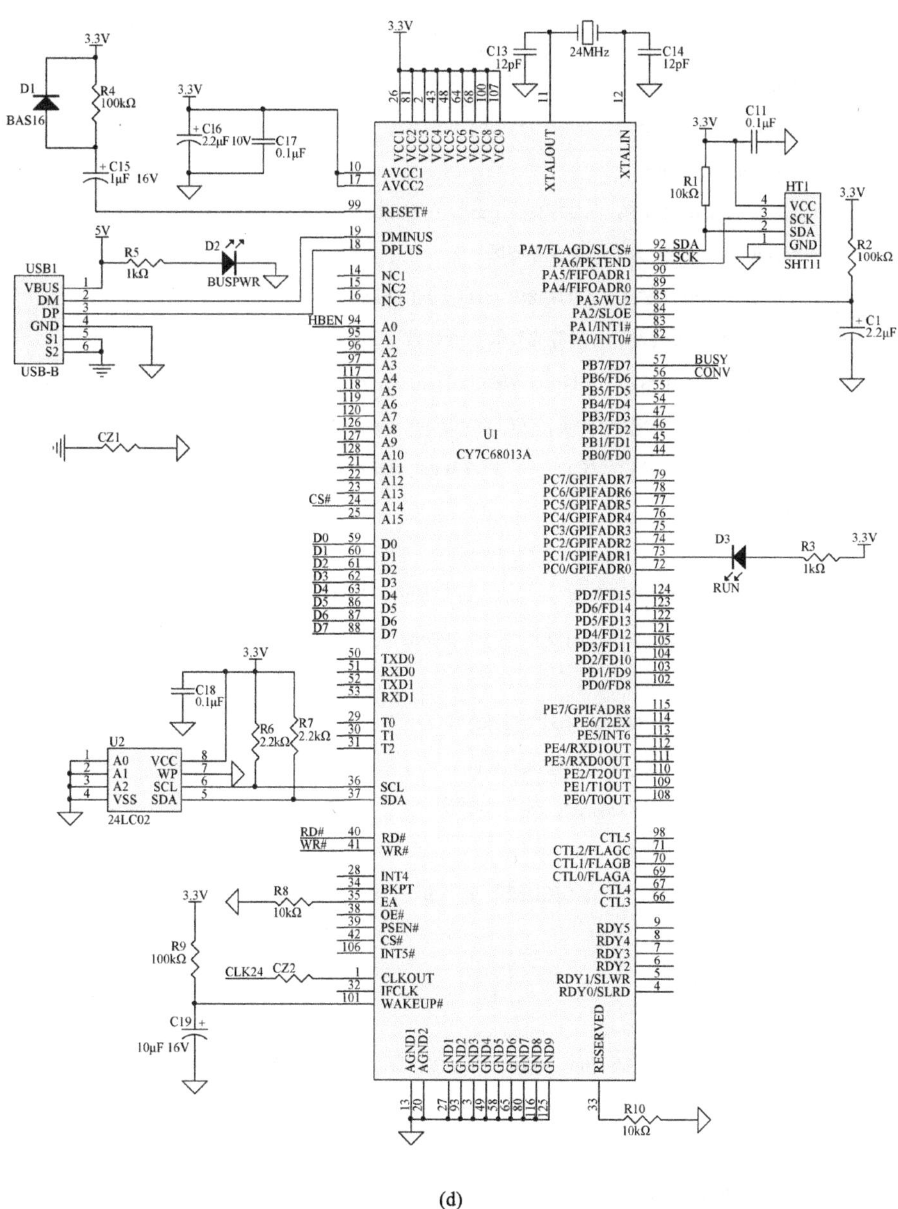

(d)

图 5-8　各部分硬件电路（续）

2）采集器程序设计

采集器部分程序如下。

```
#pragma NOIV                    //不生成中断
#include "fx2.h"
```

```
#include "fx2regs.h"
#include "syncdly.h"
#include <intrins.h>
#include <math.h>
xdata   volatile BYTE   AD7938L   _at_   0xBFFE;
//0x4000-0xDFFF 为外部数据存储区
xdata   volatile BYTE   AD7938H   _at_   0xBFFF;
//存放 AD7938 控制、转换等的高低字节数据
#define       BUSY     PB7      //BUSY is in,   AD7938-->cpu
#define       CONV     PB6     //CONV is out, cpu--> AD7938
#define       LED3     PC1      //LED3 is out, cpu--> D3
typedef union
{
    unsigned int   AxUInt;                //16bits，2Bytes
    unsigned char AxUChar[2];             //8bits
} AdValue;
#define   UInt_HiByte      AxUChar[0]
#define   UInt_LoByte      AxUChar[1]
idata    AdValue    ThisADC _at_   0xC0;
#define       CHNS      4                 //4 个测量通道
xdata    unsigned   int   AD[CHNS] _at_   0xE120;
//INIT AD7938
void INIT_ad7938()
{
    CPUCS = CPUCS | bmCLKOE;       //为 AD7938 提供 24MHz 脉冲
    OEC     |= bmBIT1;
    LED3 = 0;                      //D3 亮
    OEB   &= ~bmBIT7;
    OEB     |= bmBIT6;
    CONV = 0;                      //使 CONV: 0 --> 1，芯片处于采样状态
    _nop_();_nop_();               //1 个机器周期为 167ns
    CONV = 1;                      //CONV=1，至少保持 125ns
    _nop_(); _nop_();
    DPS = 0;                      //选择地址指针
```

```
        AD7938L = 0x01;
        AD7938H = 0x01;
    //保持上电，AD 转换结果为二进制，使用内部基准源
    }
    //更换通道号，重新初始化 AD7938
    void init_ch(unsigned char tdc)
    {
        ACC = tdc;
        AD7938L = ( (ACC<<5) | 0x01);
        AD7938H = 0x01;
    }
    //启动 A/D 转换
    void start_ad7938()
    {
        CONV = 1;                          //使 CONV: 1 --> 0
        _nop_();_nop_();                   //至少保持 125ns
        CONV = 0;
        _nop_();_nop_();                   // 2×167ns=334ns
    }
    //查询读取转换结果，BUSY 由高变低则转换结束
    void AD_Sample(unsigned int xdata *pAD)
    {
        while(BUSY);
        CONV = 1;
        ThisADC.UInt_LoByte = AD7938L;     //先读低字节
        ThisADC.UInt_HiByte = AD7938H;     //后读高字节
        *pAD = ThisADC.AxUInt;             //将转换结果存到*pAD 指针指向的单元 AD[chn]
    }
    //4 通道的 A/D 转换任务
    void TD_ADcntl()
    {
        unsigned char Chn,count,i;
        Chn=0;
        do
```

```
        {
            init_ch(Chn);                          //初始化待转换的通道号
            start_ad7938();
            AD_Sample( &AD[Chn] );
            //获取通道值，将结果存入 AD[0]~AD[3]
            Chn++;
        } while(Chn<CHNS);
        //测量各通道，目前使用通道 0～3
        if(!(EP2468STAT & bmEP8FULL))
        //如果 EP8IN 端口为非满，则 EP8 --> master
        {
            APTR1H = MSB( &AD );
            //自动指针 1 指向 AD 的首地址
            APTR1L = LSB( &AD );
            AUTOPTRH2 = MSB( &EP8FIFOBUF );
            //自动指针 2 指向端点 8 的首地址
            AUTOPTRL2 = LSB( &EP8FIFOBUF );
            count =8;
            for( i =0; i < count; i++ )
            {
                EXTAUTODAT2 = EXTAUTODAT1;
                //将测量数据复制到端点 8
            }
            EP8BCH = 0 ;
            SYNCDELAY;
            EP8BCL = 8 ;
            SYNCDELAY;
        }
    }


    //温湿度采集处理程序
    typedef union
    {
```

```
    unsigned char b;                    //8bits
    unsigned int   i;                   //16bits，2Bytes
    float f;                            //32bits，4Bytes
}value;                                 //4Bytes
typedef struct TagStatus                //12Bytes
{
    value           humi_val;
    value           temp_val;
    float           dew_point;
}AxStatus;
xdata    AxStatus   Status   _at_   0xE000;
//将片内 XRAM 中的 0xE000-0xE1FF 作为数据存储区，存放 SHT 结果
//modul-var
enum {TEMP,HUMI};
#define        SDA      PA7
#define        SCK      PA6             //SCK 为输出，cpu--> sht11
#define noACK    0
#define ACK      1
#define STATUS_REG_W            0x06    //000    0011    0
#define STATUS_REG_R            0x07    //000    0011    1
#define MEASURE_TEMP            0x03    //000    0001    1
#define MEASURE_HUMI            0x05    //000    0010    1
#define RESET                   0x1e    //000    1111    0
//在 Sensibus 上写 1 字节并检查
char s_write_byte(unsigned char value)
{
    unsigned char i,error=0;
    for (i=0x80;i>0;i/=2)
    {
        if (i & value) PA7=1;
        else PA7=0;
        _nop_(); _nop_();                 //观察建立时间
        PA6=1;                            //Sensibus 的时钟
        _nop_();_nop_();_nop_(); _nop_(); //脉冲宽度约 5μs
```

```
            PA6=0;
            _nop_(); _nop_();                    //观察保持时间
        }
        OEA    &= ~ bmBIT7;
        _nop_(); _nop_();
        PA6=1;   _nop_();
        error=PA7;
        PA6=0;   _nop_();
        return error;
}
//从 Sensibus 读 1 字节
char s_read_byte(unsigned char ack)
{
        unsigned char i,val=0;
        OEA    &= ~ bmBIT7;
        for (i=0x80;i>0;i/=2)
        {
            PA6=1;_nop_();
            if (PA7) val=(val | i);
            PA6=0; _nop_();
        }
        OEA    |= bmBIT7;
        PA7=!ack;
        _nop_();_nop_();
        PA6=1;
        _nop_();_nop_();
        PA6=0;
        _nop_();_nop_();
        OEA &= ~ bmBIT7;
        return val;
}
//传输启动
void s_transstart(void)
{
```

```
    OEA     |= bmBIT6;
    OEA     |= bmBIT7;
    PA7=1; PA6=0;
    _nop_(); _nop_();
    PA6=1;
    _nop_();_nop_();
    PA7=0;
    _nop_(); _nop_();
    PA6=0;
    _nop_();_nop_();
    PA6=1;
    _nop_(); _nop_();
    PA7=1;
    _nop_(); _nop_();
    PA6=0;
}
//复位：DATA-line=1，至少传输 9 个时钟周期
void s_connectionreset(void)
{
    unsigned char i;
    OEA     |= bmBIT6;                  //SCK 为输出
    OEA     |= bmBIT7;                  //DATA 为输出
    PA7=1; PA6=0;                       //初始状态
    for(i=0;i<9;i++)                    //9 个时钟周期
    {
        PA6=1;_nop_();
        PA6=0; _nop_();
    }
    s_transstart();                     //开始传输
}
//生成测量值的检验码
char s_measure(unsigned char *p_value,
unsigned char *p_checksum, unsigned char mode)
{
```

```
        unsigned char value=0;
        unsigned char error=0;
        unsigned int i;
        s_transstart();
        switch(mode){                          //给传感器发送命令
        case TEMP     : error+=s_write_byte(MEASURE_TEMP); break;
        case HUMI     : error+=s_write_byte(MEASURE_HUMI); break;
        default       : break;
    }
    for (i=0;i<65535;i++)
    {
        if(PA7==0)break;
    }
    if(PA7) error+=1;
    else
    {
        *(p_value)   =s_read_byte(ACK);          //读高字节（MSB）
        *(p_value+1)=s_read_byte(ACK);           //读低字节（LSB）
        *p_checksum =s_read_byte(noACK);         //读校验和
    }
      return error;
    //----------------------------------------------------------------------------------
    // calculates temperature [℃] and humidity [%RH]
    // input :   humi [Ticks] (12 bit)，temp [Ticks] (14 bit)
    // output:   humi [%RH]，temp [℃]
    //----------------------------------------------------------------------------------
    void calc_sth11(float *p_humidity ,float *p_temperature)
    {
        const float C1=-2.0468;
        const float C2=+0.0367;
        const float C3=-0.0000015955;
        const float T1=+0.01;
        const float T2=+0.00008;
        float rh=*p_humidity;
```

```
        float t=*p_temperature;
        float rh_lin;
        float rh_true;
        float t_C;
        t_C=t*0.01-39.65;
        rh_lin=C3*rh*rh + C2*rh + C1;
        rh_true=(t_C-25)*(T1+T2*rh)+rh_lin;
        if(rh_true>100)rh_true=100;
        //如果值超出范围，则截断
        if(rh_true<0.1)rh_true=0.1;                    //可能的物理范围
        *p_temperature=t_C;                            //返回温度[℃]
        *p_humidity=rh_true;                           //返回湿度[%RH]
    }
    float calc_dewpoint(float h,float t)
    {
        float k,dew_point ;
        k = (log10(h)-2)/0.4343 + (17.62*t)/(243.12+t);    //0～50℃
        dew_point = 243.12*k/(17.62-k);
        return dew_point;
```

3）采集器应用程序功能设计

采集器应用程序功能如下。

（1）下载采集器固件代码功能。

（2）读取 USB 2.0 描述符功能。读取的描述符包括设备描述符、配置描述符、接口描述符、端点描述符、字符串描述符等。

（3）USB 2.0 信息传输功能。

①上位机发送“启动 AD 采集”命令，命令字：“0x55”，使用 OUT2 端点传输。

②上位机发送“停止 AD 采集”命令，命令字：“0xAA”，使用 OUT4 端点传输。

③上位机读取“模拟信号转换结果”，使用 IN8 端点传输。将上传 4 路 12 位 A/D 转换信息。

整型数据：0661　1661　2665　3664

注　　释：通道 0 采集结果 0X661，
　　　　　通道 1 采集结果 0X661，
　　　　　通道 2 采集结果 0X665，
　　　　　通道 3 采集结果 0X664。

④上位机读取“环境温湿度信息”按钮，使用 IN6 端点传输。将上传温度、湿度、露点数据。

浮点型数据：42 62 8A75　　41 DF 99 98　　41 94 4B 2D

注　　释：湿度数据 42 62 8A75，
　　　　　温度数据 41 DF 99 98，
　　　　　露点数据 41 94 4B 2D。

（4）应用界面其他功能。

列表框：显示描述符信息和采集信息。

清除按钮：清除列表框信息。

画图区：显示波形。

退出：结束应用程序运行。

5.3　模数转换器

模数转换器将模拟信号转换成数字信号，简称 A/D 转换器或 ADC（Analog to Digital Converter）。A/D 转换的作用是将时间连续、幅值连续的模拟信号转换成时间离散、幅值离散的数字信号，因此 A/D 转换一般要经过取样、保持、量化、编码 4 个过程。在实际电路中，取样和保持、量化和编码往往同步实现。A/D 转换器的主要技术指标如下。

（1）分辨率（Resolution）指数字信号变化一个最小量时模拟信号的变化量，定义为满刻度与 2^n 的比。分辨率又称精度，通常用数字信号的位数表示。

（2）转换速率（Conversion Rate）指完成一次 A/D 转换所用时间的倒数。双积分型 A/D 转换所用时间为毫秒级，逐次比较型 A/D 转换所用时间为微秒级，全并行或串并行型 A/D 转换所用时间为纳秒级。采样时间指两次转换的间隔。为了保证转换正确完成，采样速率（Sample Rate）必须小于等于转换速率。

（3）量化误差（Quantizing Error）指对模拟信号进行量化而产生的误差，该误差最大可达量化等级的一半。

（4）偏移误差（Offset Error）指当输入信号为零时，输出信号不为零的值。

该误差可用外接电位器调至最小。

（5）满刻度误差（Full Scale Error）指当满刻度输出时，对应的输入信号与理想输入信号值的差。

（6）线性度（Linearity）指实际转换器的转移函数与理想直线的最大偏移，不包括上述 3 种误差。

除了上述指标，还有绝对精度（Absolute Accuracy）、相对精度（Relative Accuracy）、微分非线性、单调性和无错码、总谐波失真（Total Harmonic Distotortion，THD）、积分非线性等。下面介绍几种常用的 A/D 转换器。

1. 双积分型 A/D 转换器

双积分型 A/D 转换器将输入电压转换成时间信号或频率信号，通过定时器和计数器获得数值。因为转换器先后对输入模拟信号和基准电压信号进行了两次积分，所以称为双积分型 A/D 转换器。其优点是用简单电路就能获得高分辨率，缺点是转换精度依赖积分时间，转换速率极低。TLC7135 为双积分型 A/D 转换器。

2. 逐次比较型 A/D 转换器

逐次比较型 A/D 转换器由比较器和转换器通过逐次比较逻辑构成，从 MSB 开始，顺序地将输入电压与内置转换器输出进行比较，经 n 次比较后输出数值。其电路规模中等，优点是速度快、功耗低，缺点是在低分辨率（2 位）下价格很高。TLC0831 为逐次比较型 A/D 转换器。

3. Σ-Δ 型 A/D 转换器

Σ-Δ 型 A/D 转换器由积分器、比较器和数字滤波器等组成。其原理与双积分型 A/D 转换器类似，将输入电压转换成时间信号，经数字滤波器处理后得到数值。电路的数字部分容易单片化，易实现高分辨率，主要用于音频测量。AD7705 为 Σ-Δ 型 A/D 转换器。

5.4 数模转换器

数模转换器将数字信号转换成模拟信号，简称 D/A 转换器或 DAC（Digital to Analog Converter）。对于智能传感器来说，常用数模转换器将传感器内部的数字信号转换成直流电压或直流电流，实现传感器信号的模拟输出，便于与执行器连接，实现过程的自动控制。

5.4.1 转换原理

D/A 转换器主要由数字寄存器、模拟电子开关、位权网络、求和运算放大器和基准电压源（或恒流源）组成。数字信号以串行或并行方式输入，存储在数字寄存器中，数字寄存器输出的各位数码分别控制对应位的模拟电子开关，使数码为 1 的位在位权网络上产生与其位权值成正比的电流值，再通过求和电路相加，得到与数字信号对应的模拟信号。

电流型 D/A 转换器将恒流源切换到电阻网络中，恒流源内阻大，相当于开路，因此电子开关等对转换精度的影响较小，电子开关大多采用非饱和型 ECL 开关电路，使 D/A 转换器可以实现高速转换，转换精度较高。

为确保系统处理结果准确，D/A 转换器必须具有足够的转换精度，如果要对快速变化的信号进行实时控制与检测，D/A 转换器还要具有较高的转换速度。转换精度与转换速度是 D/A 转换器的重要指标。

两个相邻数码转换得到的电压值不连续，两者的电压差由最低码位代表的位权值决定。它是信息所能分辨的最小量，用 LSB（Least Significant Bit）表示，与最大量对应的最大输出电压值用 FSR（Full Scale Range）表示。

5.4.2 转换方式

1. 并行 D/A 转换

典型并行 D/A 转换器的基本部件是数码操作开关和电阻网络。通过模拟信号参考电压和电阻梯形网络产生以参考量为基准的分数值权电流或权电压；用由数码输入量控制的一组开关决定将哪些电流或电压相加得到输出量。权指二进制数的每位所代表的值，如三位二进制数“111”，右边第 1 位的权是 $2^0/2^3=1/8$，右边第 2 位的权是 $2^1/2^3=1/4$，右边第 3 位的权是 $2^2/2^3=1/2$。输入量每变化 1，仅引起输出量变化 $1/2^3=1/8$，该值为 D/A 转换器的分辨率。位数越多则分辨率越高，转换精度越高。工业自动控制系统采用的 D/A 转换器大多为 10 位或 12 位，转换精度为 0.5%～0.1%。

2. 串行 D/A 转换

串行 D/A 转换器将数字信号转换成脉冲序列，脉冲相当于单位数字信号，然后将脉冲转换成单位模拟信号，并将所有单位模拟信号相加，得到与数字信

号成正比的模拟信号，实现数字信号与模拟信号的转换。

随着数字技术的飞速发展与普及，在现代控制、通信、检测等领域，为了提高系统性能，在信号处理中广泛应用数字技术。由于系统的实际对象往往是模拟信号（如温度、压力、位移、图像等），要使计算机或数字仪表能识别、处理这些信号，必须将其转换成数字信号；而经计算机分析、处理后输出的数字信号也往往需要转换成相应的模拟信号。

5.4.3　分类及特点

按解码网络结构，可以将 D/A 转换器分为以下几类。

（1）T 型电阻网络 D/A 转换器。

（2）倒 T 型电阻网络 D/A 转换器。

（3）权电流 D/A 转换器。

（4）权电阻网络 D/A 转换器。

按模拟电子开关电路的不同，可以将 D/A 转换器分为以下几类。

（1）CMOS 开关型 D/A 转换器（速度要求不高）。

（2）双极型开关 D/A 转换器电流开关型（速度要求较高）。

（3）ECL 电流开关型 D/A 转换器（速度要求很高）。

5.4.4　D/A 转换器的典型应用电路

在传感器电路设计中，通常采用 D/A 转换器将传感器内部的数字信号转换成电压、电流信号，便于后端采集系统进行模拟信号采集处理。D/A 转换器的典型应用电路包括 TLV5638、AD420、DAC8760 等，TLV5638 电路如图 5-9 所示。

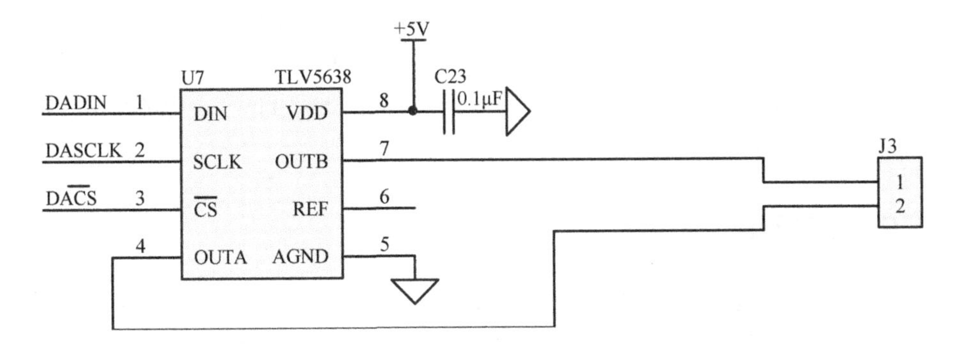

图 5-9　TLV5638 电路

TLV5638 是低功耗双通道 12 位电压输出转换器，具有灵活的 3 线串行接口。输出电压由增益为 2 的轨对轨输出缓冲器缓冲后输出，其具有 AB 类输出级，稳定性较高。该芯片为单电源工作，工作电压为 2.7～5.5V，采用 8 引脚 SOIC 封装，军用温度范围内的应用中，采用 JG 和 FK 封装。

AD420 电路如图 5-10 所示。

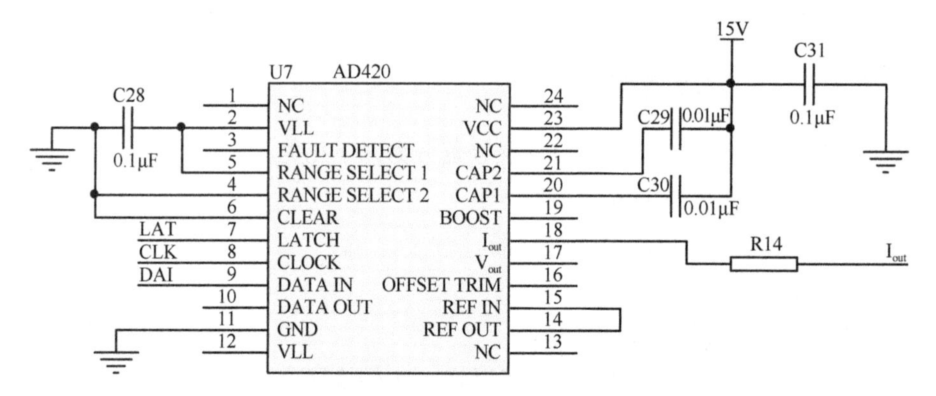

图 5-10　AD420 电路

AD420 是 16 位完整数字电流环路输出转换器，采用 24 引脚 SOIC 或 PDIP 封装，具有高精度、低成本等优点，用于产生电流环路信号。工作温度范围为：-40～85℃；通过编程将电流范围设置为 4～20mA、0～20mA、0～24mA。AD420 也可以从一个独立引脚提供电压输出，需要增加外部缓冲放大器，以对该引脚进行配置，实现 0～5V、0～10V、-5～5V、-10～10V 的电压输出。

DAC8760 是应用于 4～20mA 电流回路的单通道 16 位可编程电流或电压输出转换器。宽温度范围为-40～125℃；采用 40 引脚 VQFN 和 24 引脚 HTSSOP 封装。经编程可提供范围介于 4～20mA、0～20mA、0～24mA 的电流输出；也可以作为一个范围介于 0～5V、0～10V、-5～5V、-10～10V 的电压输出，可超出量程范围 10%（0～5.5V、0～11V、-5.5～5.5V、-11～11V）。电流和电压输出由一个寄存器控制，可同时启用电压和电流输出。

5.5　存储器

存储器是用于存储程序和各种数据信息的记忆部件。计算机中的全部信息（包括输入的原始数据、计算机程序、中间运行结果和最终运行结果）都保存在存储器中。其根据控制器指定的位置存入和取出信息。有了存储器，计算机才有记忆功能，才能正常工作。

在计算机系统中，存储器按用途可分为主存储器（内存）、辅助存储器（外存）和缓冲存储器（缓存）。内存指主板上的存储部件，用于存放当前正在执行的程序，其速度高、容量小，仅用于暂时存放程序和数据，如果关闭电源或断电，数据会丢失。外存主要用于存放不活跃的程序和数据，其速度慢、容量大，通常是磁性介质或光盘等，能长期保存信息。缓存主要在两个工作速度不同的部件间起缓冲作用。

5.5.1　存储器结构

在 MCS51 系列单片机中，程序存储器和数据存储器相互独立，物理结构不同。程序存储器为只读存储器，数据存储器为随机存取存储器。从物理地址空间来看，共有四个存储器空间，即片内程序存储器、片外程序存储器、片内数据存储器和片外数据存储器。

5.5.2　存储器的相关概念

（1）存储器：存放程序和数据的器件。

（2）存储位：存放一个二进制数，是存储器最小的存储单元，称为记忆单元。

（3）存储字：一个数（n 位二进制位）作为一个整体存入或取出，称为存储字。

（4）存储单元：存放一个存储字的若干个记忆单元组成一个存储单元。

（5）存储体：大量存储单元的集合。

（6）存储单元地址：存储单元的编号。

（7）字编址：对存储单元按字编址。

（8）字节编址：对存储单元按字节编址。

（9）寻址：根据地址寻找数据，从对应地址的存储单元中访问数据。

5.5.3　RAM 和 ROM

只读存储器（ROM）：存储的内容固定不变，是只能读出不能写入的半导体存储器。

随机存取存储器（RAM）：既能读出又能写入的半导体存储器。

RAM 和 ROM 都是半导体存储器。区别在于，RAM 是随机读写存储器，其特点是掉电后数据丢失，典型的 RAM 是计算机的内存；ROM 是一次写入、反复读取的固化存储器，通过掩膜工艺制造，其中的代码和数据永久保存，不能修改，其在系统停电时依然可以保持数据。

5.5.4　SRAM 和 DRAM

RAM 可分为 SRAM 和 DRAM 两类。

静态随机存储器（SRAM）在静态触发器的基础上附加门控管，靠触发器的自保功能存储数据。SRAM 存放的信息在不停电的情况下能长时间保留，状态稳定，不需要外加刷新电路，简化了外部电路设计。SRAM 的基本存储电路中的晶体管较多，因此集成度较低且功耗较大。常用的 SRAM 集成芯片有 6116、6264、62256 等。

动态随机存储器（DRAM）利用电容存储电荷的原理存储信息，其电路简单，集成度高。当电容存储电荷一段时间后，电容放电会导致电荷流失，使信息丢失。解决办法是每隔一段时间对 DRAM 进行读出和再写入，该过程被称为 DARM 的刷新。DRAM 的缺点是需要刷新电路，且在刷新时不能进行正常的读写操作。常用的 DRAM 集成芯片有 2186、2187 等。

5.5.5　PROM、EPROM 和 EEPROM

PROM 为可编程只读存储器，又称一次可编程只读存储器，只允许写入一次。出厂时 PROM 的数据全部为 0，用户可以对其部分单元写入 1，以进行编程。

EPROM 为可擦写可编程只读存储器，是 PROM 的升级版，可多次编程更改，但只能使用紫外线擦除。

EEPROM 为电可擦写可编程只读存储器，是 EPROM 的升级版，可多次编程更改，使用电擦除。EEPROM 可以一次只擦除 1 字节。

PROM、EPROM、EEPROM 均为非易失性存储器。在掉电的情况下不会丢失数据。

所有主流的非易失性存储器均源于 ROM。EPROM、EEPROM 存储器都具有写入信息困难的特点。这些存储器不仅写入速度慢，还只能进行有限次擦写，写入功耗大。

5.5.6　FLASH

FLASH 是一种非易失性内存，它不仅具备电可擦除和可编程性能，而且掉电不丢失数据，容量大、价格低。它的最大特点是必须按块擦除，而 EEPROM 可以一次只擦除 1 字节。

FLASH 可分为 NOR FLASH 和 NAND FLASH。

NOR FLASH：1988 年，Intel 开发了 NOR FLASH。NOR FLASH 在擦除数据时基于隧道效应（电流从浮置栅极到硅基层），在写入数据时采用热电子注入方式（电流从浮置栅极到源极）。对于智能传感器应用系统来说，在大多数情况下，NOR FLASH 仅用于存储少量代码。

NAND FLASH：1989 年，东芝开发了 NAND FLASH，NAND FLASH 的擦和写均基于隧道效应，电流穿过浮置栅极与硅基层之间的绝缘层，对浮置栅极进行充电（写数据）或放电（擦除数据）。NAND FLASH 的存储单元采用串行结构，存储单元的读写以页和块为单位（一页包含若干字节，若干页组成储存块，NAND FLASH 的存储块大小为 8KB 到 32KB），这种结构最大的优点在于容量可以做得很大，超过 512MB 的 NAND FLASH 相当普遍。NAND FLASH 的成本较低，有利于大规模普及。

两者的区别如下。

（1）NOR FLASH 的读取速度比 NAND FLASH 快，但容量小、价格高。

（2）NOR FLASH 可以在芯片内执行，应用程序可以直接在 NOR FLASH 内运行，不必将代码读到系统 RAM 中，NAND FLASH 的密度较大，可以应用于大数据存储。

NAND FLASH 的缺点是读速度较慢，它的 I/O 接口只有 8 个，这 8 个 I/O 接口只能以轮转的方式完成数据传输，速度比 NOR FLASH 的并行传输模式慢得多。NAND FLASH 的逻辑为电子盘模块结构，内部不存在专门的存储控制器，一旦出现数据损坏将无法修正，可靠性差。NAND FLASH 广泛应用于移动存储、数码相机、MP3 播放器、掌上电脑等新兴数字设备中。在数字设备快速发展的带动下，NAND FLASH 一直呈现指数级超高速增长。在大多数情况下，FLASH 只能存储少量代码，这时更适合使用 NOR FLASH，而 NAND FLASH 则是高密度存储数据的理想解决方案。

5.5.7　铁电存储器

铁电存储器（FRAM）是一种非易失性随机存取存储器，能兼容 RAM 的随机存取功能。铁电存储器（FRAM）在 RAM 和 ROM 之间搭起了一座桥梁。

1993 年，Ramtron 成功开发了第一个铁电存储器（FRAM），其核心是铁电晶体材料。这一特殊材料使铁电存储器同时拥有随机存取记忆体和非易失性存储器的特性。其工作原理是：当在铁电晶体材料上加入电场时，晶体中的中心原子会沿电场方向运动，达到稳定状态。晶体中的每个自由的中心原子只有两个稳定状态，一个记为逻辑中的“0”，另一个记为“1”。中心原子能在常温、没有电场的情况下，停留在此状态超过 100 年。铁电存储器不需要定时刷新，能在断电情况下保存数据。由于整个物理过程中没有任何原子碰撞，铁电存储器有高速读写、超低功耗和能无限次写入等特性。

与 EEPROM 相比，铁电存储器主要有以下优点。

（1）FRAM 可以以总线速度写入数据，在写入后不需要等待，而 EEPROM 在写入后一般有 5～10ms 的等待时间。

（2）FRAM 几乎能无限次写入，一般 EEPROM 可以进行十万次到一百万次写入，新一代 FRAM 可以进行一亿亿次写入。

（3）FRAM 适用于对数据采集、写入时间要求较高的场合，其具有较高的存储能力，我们可以放心地存储一些重要资料，其适合作为重要系统里的暂存记忆体，用于在子系统之间传输各种数据，供各子系统频繁读写。

第6章

智能传感器网络通信

智能传感器是集传感器技术、计算机技术和通信技术于一体的新型传感器，将传感器与处理器、网络通信接口芯片集成，可实现快速接入，使传感器与其他设备和系统进行实时、有效的数据交换，突破地域和空间限制，有效提高智能传感器的配置与应用能力。智能传感器采用的网络通信接口主要有两种，一种是基于现场总线和以太网的有线网络通信接口，另一种是采用无线方式接入网络的无线通信接口，两种网络通信接口各有特点和适用领域，在不同的应用环境中采用适合的网络通信接口可以有效获取感知信息。

6.1 现场总线通信技术

现场总线指安装在制造或过程区域的现场装置之间，以及现场装置与控制室内的自动控制装置之间的数字式、串行和多点通信的数据总线。目前，在智能传感器中应用较多的现场总线包括 HART、串行通信接口、CAN、ARINC429 总线等。智能传感器与现场总线通信技术结合，可以在现场总线控制系统中得到广泛应用，成为现场级智能传感器。

数字化要求每个现场设备都有数字通信能力，使操作人员或设备（传感器、执行器等）向现场发送指令（如设定值、量程、报警值等），并能实时获得现场设备的各方面情况（如测量值、环境参数、设备运行情况及设备校准、自诊断情况、报警信息、故障数据等）。此外，原来由主控制器完成的控制运算也分散到各现场设备上，大大提高了系统的可靠性和灵活性。现场总线通信技术的关键在于系统具有开放性，强调对标准的共识与遵从，打破了传统生产厂家各标准独立的局面，使来自不同厂家的产品可以集成到一个现场总线系统中，并可以通过网关与其他系统共享资源。

基于现场总线的智能传感器测控系统与基于以太网的智能传感器测控系统在目标上有相似之处，其应用存在一定的互补性。两种智能传感器测控系统的对比如图 6-1 所示。

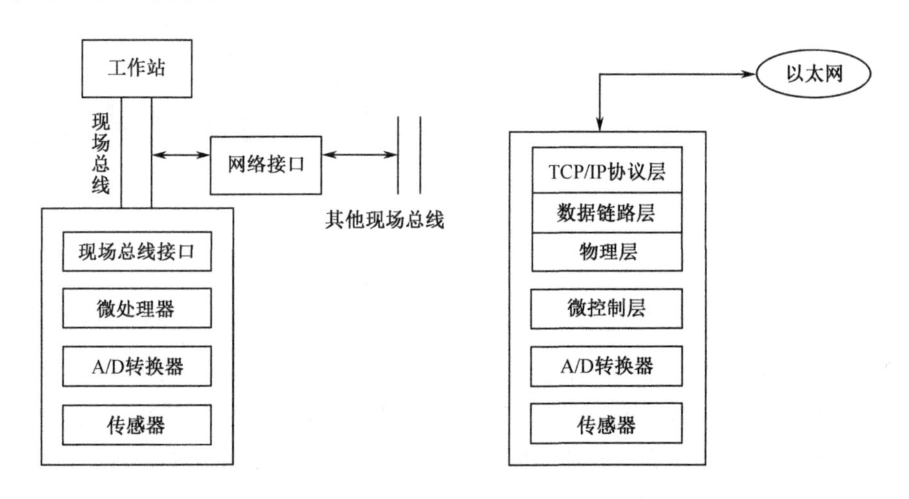

(a) 基于现场总线的智能传感器测控系统　　(b) 基于以太网的智能传感器测控系统

图 6-1　两种智能传感器测控系统的对比

两种系统的基本思路都是针对传统测控系统的不足，使检测信号在现场级实现全数字化，从而避免在传输过程中模拟信号易衰减和易受干扰等问题。因此，两者的底层硬件结构大致相同。

目前比较流行的现场总线各有特点，每种总线标准都有自己的协议格式，互不兼容，为系统的扩展、维护等带来不利影响，为标准的统一带来了困难。从技术上看，现场总线的互操作性差，各产品既不能互连互换，又不能统一组态，即使通过专用接口与其他网络或总线互连，在成本和系统集成方面也为用户带来了不便。从商业上看，各厂商都不愿放弃已有的产品和市场，不愿寻求统一，这种各自为政的局面在短期内难以改变，对广大用户不利。此外，从应用范围来看，现场总线主要用于自动化领域，在一些分布范围广的测控领域（如水文勘测、环境检测等）受到一定的限制（对于基于以太网的智能传感器测控系统来说，存在通信电缆的地方都可以被方便地纳入测控系统）。

基于现场总线的智能传感器测控系统和基于以太网的智能传感器测控系统

的最大区别在于信号的传输方式和网络通信策略不同，也体现在后者独特的 TCP/IP 协议功能上。基于以太网的智能传感器测控系统在现场级就具备了 TCP/IP 功能，在数据采集、信息发布及系统集成等方面都以企业内网（Intranet）为依托，将测控网络与信息网络统一，具体表现在 3 个方面。

（1）Intranet 功能：各种现场信号都可以在企业内网中实时发布和共享，任何授权用户都可以实时浏览这些现场信息。

（2）Internet 功能：如果企业内网与 Internet 连通，可以实时浏览各种现场信息。

（3）Intranet/Internet 控制功能：如果需要，可以在 Intranet 和 Internet 的任何位置对现场传感器（执行器）进行在线控制、编程和组态，为远程操作开辟了新的道路。

6.1.1　HART 协议

1. 概述

HART（Highway Addressable Remote Transducer）协议为可寻址远程传感器高速通道的开放通信协议，是 Rosement 于 1985 年推出的一种现场智能仪表和控制室设备之间的通信协议，于 1993 年成为一个开放的标准。

早期的控制系统主要是模拟仪表控制系统，设备之间传输的信号为 1～5V 或 4～20mA 直流模拟信号，信号的精度较低，在传输过程中易受干扰。随着电子技术和计算机技术的发展，以单片机、计算机和可编程逻辑控制器（PLC）为控制设备的集中数字控制系统逐步取代了模拟仪表控制系统。集中数字控制系统中传输数字信号，克服了模拟仪表控制系统中传输模拟信号精度低的缺点，提高了系统的抗干扰能力。但是集中数字控制系统对传统仪表又提出了新的要求，使新型智能仪表逐渐取代传统仪表。

HART 协议的显著特点之一是它可以同时传输模拟信号和数字信号。多年来，过程自动化设备使用 4～20mA 模拟信号通信，HART 协议在不干扰 4～20mA 模拟信号的同时允许双向数字通信，模拟信号和数字信号能在一条线上同时传输。因此，HART 协议可以支持大多数智能设备和大量模拟设备，在数字仪表取代模拟仪表的大转换中具有承前启后的作用，属于模拟系统向数字系统转换过程中的过渡产品，因而在当前的过渡时期具有较强的市场竞争力。经过多年的发展，HART 协议已十分成熟。

数字信号在模拟信号上叠加的方式如图 6-2 所示。从图中可以看出，HART 协议采用基于 Bell202 标准的 FSK 频移键控信号，在低频的 4～20mA 模拟信号上叠加幅度为 ± 0.5mA 的高频数字信号，进行双向数字通信，数据传输速率为 1.2Mbps。1200Hz 代表逻辑 1，2200Hz 代表逻辑 0，FSK 信号的平均值为 0，不影响传输至控制系统的模拟信号的大小，与现有系统兼容。

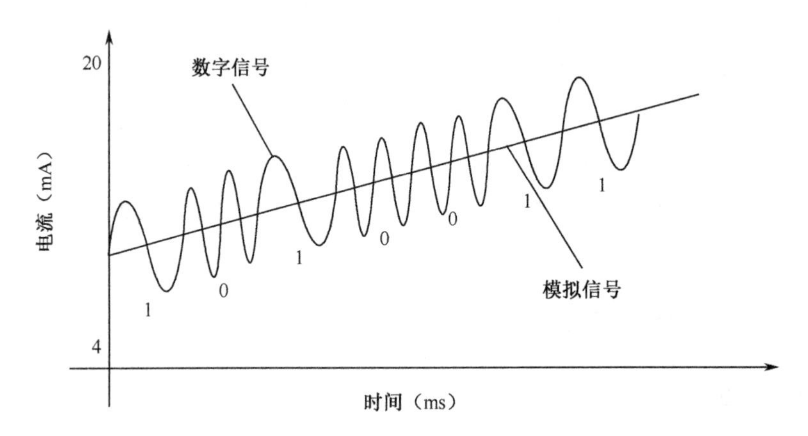

图 6-2 数字信号在模拟信号上叠加的方式

2. HART 智能压力变送器

HART 智能压力变送器在工业领域应用广泛，本节以一款典型的 HART 智能压力变送器为例，介绍其主要功能和设计方法。硬件框图如图 6-3 所示，该变送器保留了传统仪表的 4～20mA 模拟信号输出，并通过 HART 协议实现了双向数字通信。该变送器可与任何符合 HART 协议的手操器或控制系统互连；通过手操器或上位机可远程设定变送器的类型、供电方式（恒压源供电或恒流源供电）、零点、量程、工程单位和阻尼时间等基本信息和参数；由软件完成非线性补偿和温度补偿，补偿后的输出精度期望为 0.2%甚至更高。

HART 通信模块是 HART 协议物理层的硬件实现，其由 HART 调制解调器和波形整形电路及带通滤波器组成。HART 通信模块如图 6-4 所示。

本设计将微集成电路 HT2012 作为 HART 调制解调器，其工作频率为 460.8kHz，使用独立微功耗振荡器 HA7210 供给。进入压力变送器的 HART 信号经放大、滤波、比较后送入 HT2012，被解调成数字信号并送给微处理器。同样，微处理器送出的数字信号由调制解调器调制成 1200Hz 或 2200Hz 的 FSK 频移键控信号，叠加在环路输出。HART 协议的通信方式为半双工方式。

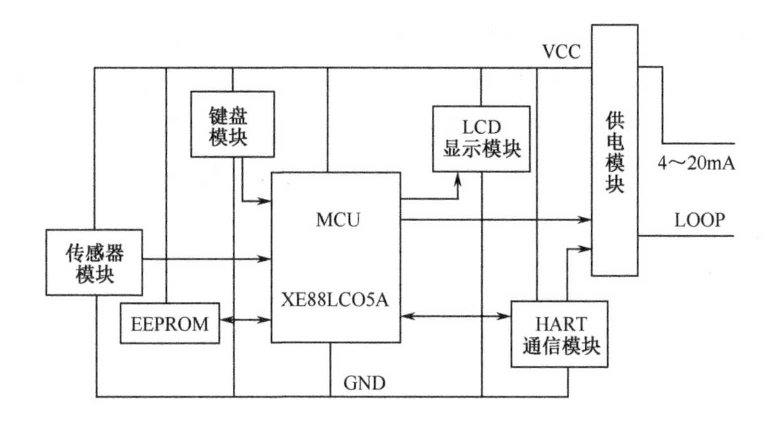

图 6-3　硬件框图

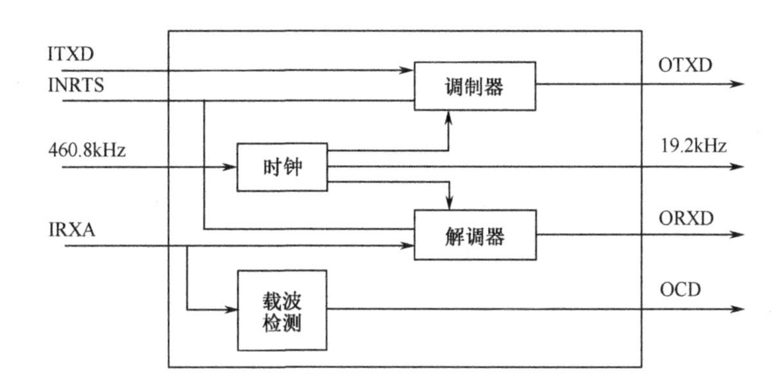

图 6-4　HART 通信模块

HT2012 由 SMAR 生产，是为过程控制仪表和其他低功率装备提供 HART 通信功能的专用芯片。

HART 通信模块电路如图 6-5 所示。将 HT2012（DD2）作为 HART 调制解调器，其工作频率为 460.8kHz；使用独立微功耗振荡器 HA7210（DD4）供给，根据 HART 协议的要求，其频率稳定性取决于晶振 BQ2 的稳定性；XE88LC05 芯片（图 6-5 中未画出）的 PB(5)、PB(6)、PB(7)、PA(5)分别与 HT2012 的 INRTS（调制使能）、ITXD（数据接收）、ORXD（数据发送）、OCD（载波检测）连接。前面介绍过，HART 协议的通信方式为半双工方式，主控器可以通过改变 HT2012 中 INRTS 的电平来控制调制和解调。当 PB(5)为高电平时，解调器工作；当 PB(5)为低电平时，调制器工作。为便于监听网络和启动接收，HT2012 还提供 OCD，将其接到 XE88LC05 芯片的 PA(5)上，当无 HART 通信的 FSK 频移键控信号时，

OCD 保持高电平，一旦接收到信号并延迟一小段时间后，OCD 的高电平就变为低电平，从而触发芯片的接收中断，同时芯片发送高电平到 HT2012 的 INRTS，HT2012 工作在解调状态。需要注意的是，在调制状态下，发出 FSK 频移键控信号会引起 OCD 电平上下跳跃，因此在发送对上位机命令的响应时，必须禁止载波检测中断。

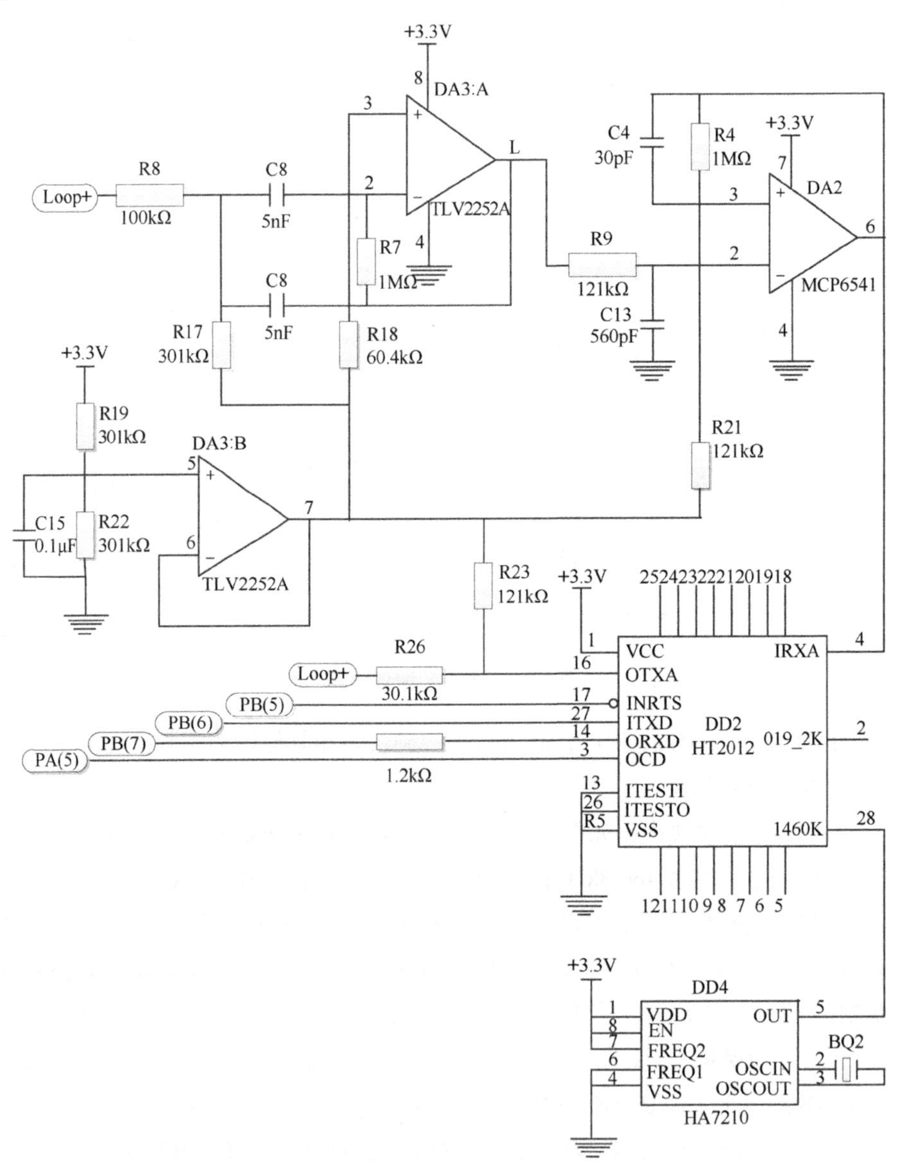

图 6-5　HART 通信模块电路

从双线进入压力变送器的 HART 信号先经过由运算放大器 DA3:A 构成的有源带通滤波器。该滤波器的下限截止频率为 400Hz，上限截止频率为 8000Hz。其提取的正弦数字信号进入比较器 DA2，比较器将该数字信号变成方波并送入 DD2 的 IRXA 端。方波信号（1200Hz 或 2200Hz）被 HT2012 解调成数字信号（1 或 0），并输出到 XE88LC05 芯片的 PB(7)。

3. HART 总线压力变送器

HART 总线压力变送器主要用于工业过程中气体、液体、蒸汽等的压力测量。采用扩散硅压力敏感芯体，配合高精度电子元件与智能补偿算法，可实现宽温度范围高精度压力测量。HART 总线压力变送器典型产品如图 6-6 所示。具体接线方式如图 6-7 所示。

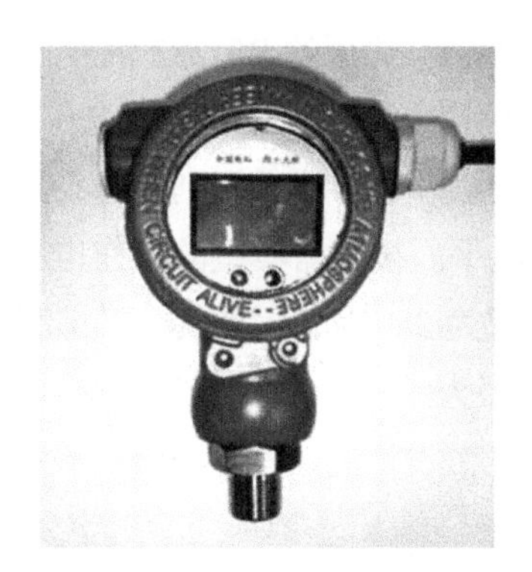

图 6-6　典型产品

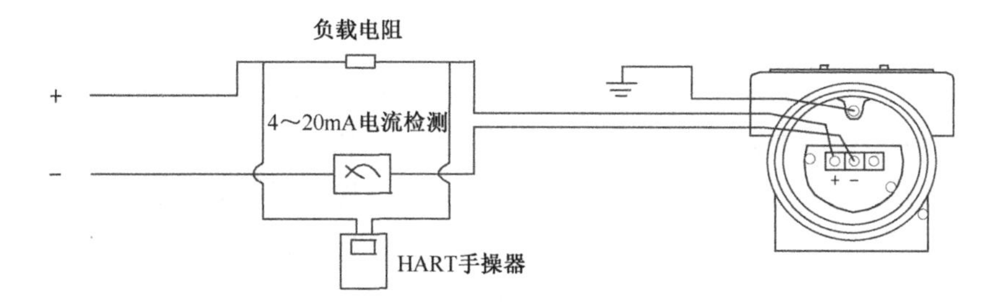

图 6-7　具体接线方式

6.1.2　串行通信接口技术

RS-232、RS-422、RS-485 都是串行通信接口标准，由美国电子工业协会（EIA）制定和发布，RS-232 于 1962 年发布，RS-422 由 RS-232 发展而来，能弥补 RS-232 通信距离短、速率低的缺点，RS-422 定义了一种平衡通信接口，将传输速率提高到 10Mbps，并允许在一条平衡总线上连接 10 个接收器。RS-422 是一种单机发送、多机接收的单向、平衡传输规范，又称 EIA-422。为了扩展应用范围，EIA 于 1983 年在 RS-422 的基础上制定了 RS-485 标准，增加了多点、双向通信能力，允许多个发送器连接到一条总线上，并附加了发送器的驱动能力和冲突保护特性，扩展了总线共模范围。

RS-232、RS-422、RS-485 标准仅规定接口的电气特性，不涉及接插件、电缆或协议，用户可以在此基础上建立自己的高层通信协议。

1. RS-232

RS-232 是一种在低速率串行通信中延长通信距离的单端标准。RS-232 采取不平衡传输方式，即单端通信。典型的 RS-232 信号在正负电平之间摆动，当发送数据时，发送端驱动器输出 5～15V 正电平、-5～-15V 负电平。当无数据传输时，线上为 TTL 电平。从开始传输数据到传输结束，电平从 TTL 电平变为 RS-232 电平再返回 TTL 电平。接收器典型的工作电平为 3～12V 和-3～-12V。发送电平与接收电平的差仅为 2～3V，因此其共模抑制能力差，再加上双绞线上的分布电容，其传输距离最大约 15 米，最高速率为 20kbps。RS-232 是为点对点（只用一对收发设备）通信设计的，其驱动器负载为 3kΩ～7kΩ，因此其适用于本地设备通信。

2. RS-422 和 RS-485

1）平衡传输

RS-422 和 RS-485 与 RS-232 不同，其采用差分传输方式（又称平衡传输），使用双绞线（A 和 B）。A、B 之间的正电平为 2～6V 是一个逻辑状态，负电平为-2～-6V 是另一个逻辑状态。使能端用于控制发送端驱动器与传输线的连接。当使能端起作用时，发送端驱动器处于高阻状态，即“第三态”，其有别于逻辑 1 与逻辑 0。

2）RS-422 电气规定

由于采用高输入阻抗且具有比 RS232 更强的驱动能力，所以允许在同一传输线上连接多个接收节点，最多为 10 个，一个为主设备，其余为从设备，从设备之间不能通信，因此 RS-422 支持点对多的双向通信。由于 RS-422 四线接口采用单独的发送和接收通道，不必控制数据方向，各装置之间需要完成的信号

交换均可通过软件方式（XON/XOFF 握手）或硬件方式实现。RS-422 的平衡双绞线的长度与传输速率成反比，一般 100 米长双绞线的最大传输速率仅为 1Mbps。RS-422 需要终端电阻，其阻值约等于传输电缆的特性阻抗。在近距离传输时（一般在 300 米以下）不需要终端电阻。终端电阻接在传输电缆的最远端。

3）RS-485 电气规定

因为 RS-485 由 RS-422 发展而来，所以许多 RS-485 电气规定与 RS-422 类似，如都采用平衡传输方式及都需要在传输线上接终端电阻等。RS-485 可以采用二线制与四线制，二线制可实现真正的多点双向通信。当要求通信距离为几十米到上千米时，广泛采用 RS-485 标准。RS-485 采用平衡发送和差分接收，因此具有抑制共模干扰的能力。总线收发器具有高灵敏度，能检测低至 200mV 的电压，因此能在千米外恢复传输信号。RS-485 采用半双工方式，任何时候只能有一点处于发送状态，因此发送电路须由使能信号控制。RS-485 用于多点互联时非常方便，可以节省许多信号线。应用 RS-485 可以联网构成分布式系统，其最多允许并联 32 台驱动器和 32 台接收器。RS-485 与 RS-422 的区别还在于其共模输出电压不同，RS-485 为-7～+12V，RS-422 为-7～+7V。RS-485 满足 RS-422 的所有规范，因此 RS-485 的驱动器可以在 RS-422 网络中应用。RS-485 的最大传输距离为 1219 米，最大传输速率为 10Mbps。平衡双绞线的长度与传输速率成反比，一般 100 米长双绞线的最大传输速率仅为 1Mbps。

4）RS-422 和 RS-485 的网络安装

（1）RS-422 接口电路

RS-422 支持 10 个节点，RS-485 支持 32 个节点，因此由多节点构成网络。网络拓扑结构一般采用终端匹配的总线型，不支持环型或星型网络拓扑结构。在构建网络时，应注意以下几点。

①将一条双绞线作为总线，串联各节点，总线到各节点的引出线长度应尽量短，以使引出线中的反射信号对总线信号的影响最小。

②应注意总线特性阻抗的连续性，在阻抗不连续点会发生信号反射。下列几种情况易产生这种不连续性：总线的不同区段采用不同电缆，某段总线上有过多收发器紧靠在一起，引出线到总线的分支线过长。

③应该将一条单一、连续的信号通道作为总线。

（2）RS-485 接口电路

RS-485 接口电路的主要功能是将来自微处理器的发送信号 TX 通过发送器

转换成通信网络中的差分信号，也可以将通信网络中的差分信号通过接收器转换成被微处理器接收的信号 RX。RS-485 收发器只能工作在“接收”或“发送”两种模式之一，因此必须为 RS-485 接口电路增加收发逻辑控制电路。另外，由于应用环境不同，RS-485 接口电路的附加保护措施也是需要考虑的重要内容。

3. 典型接口电路

RS-485 接口具有传输距离远、传输可靠性高、支持节点数量多等优点，得到了广泛应用。

MAX485 芯片的示范电路如图 6-8 所示，其可以直接嵌入实际的 RS-485 应用电路中。微处理器通过 RXD 和 TXD 直接连接 MAX485 芯片。

微处理器输出的 R/D 信号直接控制 MAX485 芯片的发送器/接收器使能：R/D 信号为“1”则 MAX485 芯片的发送器有效，接收器无效，此时微处理器可以向 RS-485 总线发送数据；R/D 信号为“0”则 MAX485 芯片的发送器无效，接收器有效，此时微处理器可以接收来自 RS-485 总线的数据。在该电路中，任何时刻 MAX485 芯片中的“接收器”和“发送器”只能有 1 个处于工作状态。

上拉电阻 R_1 和下拉电阻 R_3 用于保证无连接的 MAX485 芯片处于空闲状态，提供网络失效保护，以提高可靠性。R_1、R_3、R_2 的阻值根据实际应用确定，在接 120Ω 及以下的终端电阻时，就不需要 R_2 了，且 R_1 和 R_3 的阻值应为 680Ω。

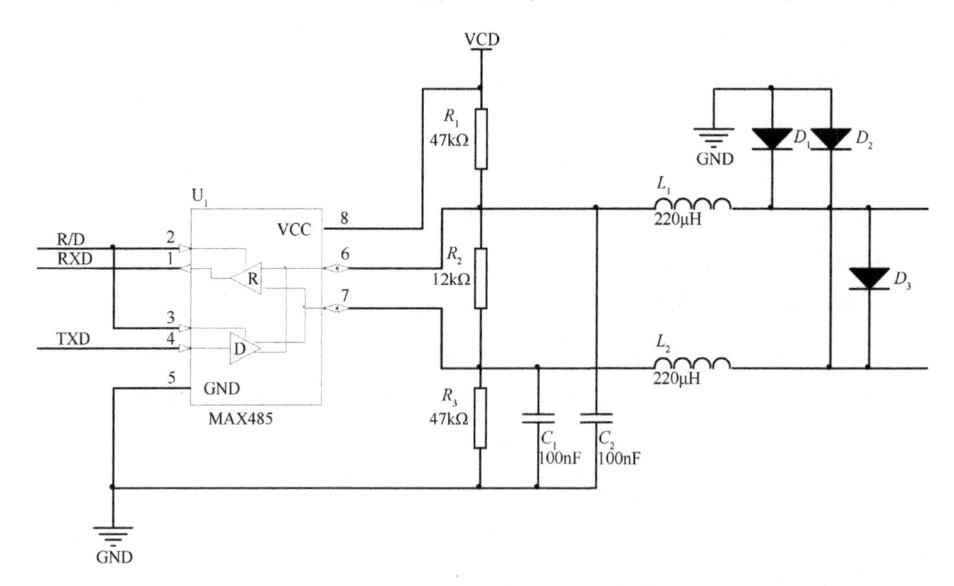

图 6-8　MAX485 芯片的示范电路

MAX485 芯片本身集成了有效的 ESD 保护措施，但为了更可靠地保护 RS-485 及确保系统安全，在设计时通常还会附加一些保护电路。

在图 6-8 中，瞬态抑制二极管（Transient Voltage Suppressor，TVS）D_1、D_2、D_3都是用来保护 RS-485 总线的，避免 RS-485 总线在受外界干扰时（雷击、浪涌）产生的高压损坏 RS-485 收发器。

电路中的 L_1、L_2、C_1、C_2是可选安装元件，用于提高电路的 EMI 性能，附加的保护电路具有良好的保护效果。

4. 串行接口高精度大气压力传感器

串行接口高精度大气压力传感器如图 6-9 所示，该传感器可同时实现大气温度、气压测量，具有自检、自补偿、抗干扰、自诊断、现场串行总线通信功能。压力敏感元件将压力信号转换成电信号，再经高精度 A/D 转换器转换成数字信号，针对硅压力传感器的温度特性、时间漂移特性和灵敏度的非线性进行智能补偿修正，从而得到高精度的压力数据输出。采用数字串行接口输出方式，可直接输出实际压力值。电路原理如图 6-10 所示。

图 6-9　串行接口高精度大气压力传感器

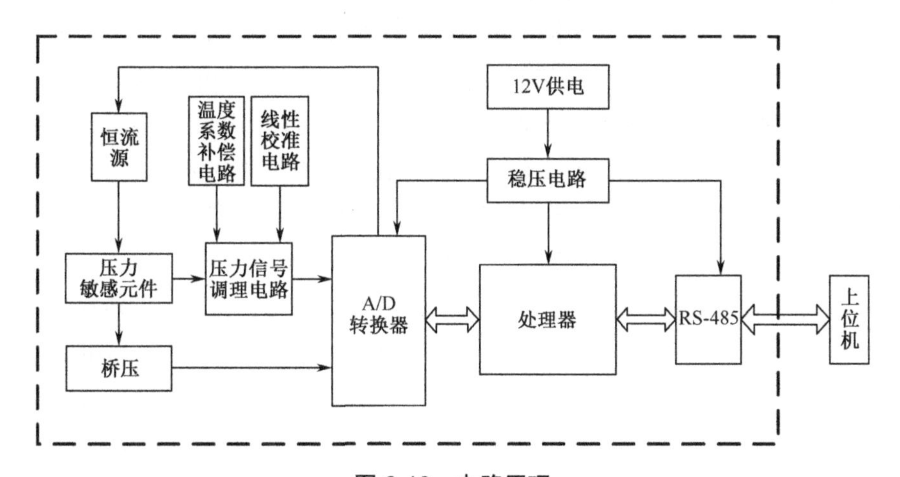

图 6-10　电路原理

6.1.3 CAN 总线通信技术

CAN 总线具有开放性好、可靠性高、通信速率高、抗干扰能力强、纠错能力强等特点，在汽车、船舶、机械、化工等工业与军事领域得到了广泛应用。CAN 的全称为 Controller Area Network，即控制器局域网，是国际上应用最广泛的现场总线之一。起初，其应用于汽车环境下的微控制器通信，在车载电子控制装置之间交换信息，形成汽车电子控制网络。在发动机管理系统、变速箱控制器、仪表装备、电子主干系统中，均嵌入了 CAN 控制装置。

在由 CAN 总线构成的单一网络中，理论上可以挂接无数节点。在实际应用中，节点数量受硬件的电气特性限制。例如，当将 Philips P82C250 作为 CAN 收发器时，同一网络中允许挂接 110 个节点。CAN 总线可提供高达 1Mbps 的数据传输速率，使实时控制非常容易。另外，硬件的错误检定特性也提高了 CAN 总线的抗电磁干扰能力。当信号传输距离达到 10 千米时，CAN 总线仍可提供高达 50kbps 的数据传输速率。

1. CAN 总线的工作方式

CAN 总线通信协议是开放的，基本协议只有物理层协议和数据链路层协议。实际上，CAN 总线的核心技术是 MAC 协议和主要解决数据冲突的 CSMA/CA 协议。CAN 总线一般用于小型现场控制网络，如果协议的结构过于复杂，则网络的信息传输速率会变慢。因此，CAN 总线只用了 7 层模型中的 3 层：物理层、数据链路层和应用层，被省略的网络层、传输层、会话层、表示层的功能一般由软件实现。数据链路层包括逻辑链路控制（LLC）层和介质访问控制（MAC）层，LLC 层的主要功能是为数据传输和远程数据请求提供服务，MAC 层的主要功能是传输规则。物理层定义了信号通过物理接口进行传输的全部电气特性，设备间通过物理层的传输介质实现信号传输。用户可以将应用层协议定义为适用于工业领域的任何方案。DeviceNet 标准已在工业控制领域和制造业得到了广泛应用，其定义较严谨，支持多重通信层和消息排序。在汽车工业中，许多制造商都应用自己的标准，常见的有 SAE J1939、CANopen 等。

CAN 总线能使用多种传输介质，如双绞线、光纤等，最常用的是双绞线。信号使用差分电压传输，两条信号线为 CANH 和 CANL，处于静态时电压均为 2.5V 左右，此时状态表示为逻辑 1，称为“隐性”；CANH 高于 CANL 表示逻辑 0，称为“显性”，此时的电压值通常为 CANH=3.5V 和 CANL=1.5V。

CAN 总线的成本低、利用率高、数据传输距离远（长达 10 千米）、数据传

输速率高（高达 1Mbps）、可根据报文的 ID 决定接收或屏蔽、错误处理和检错机制可靠、发送的信息遭到破坏后可自动重发、节点在错误严重的情况下具有自动退出总线的功能，其报文不包含源地址或目的地址，仅用标志符指示功能信息、优先级信息等。

CAN 总线的标志符标准格式报文为 11 位，而标志符扩展格式报文可达 29 位。CAN 协议的 2.0A 版本规定 CAN 控制器必须有一个 11 位标志符，2.0B 版本规定 CAN 控制器的标志符长度可以是 11 位或 29 位。遵循 CAN 协议 2.0B 版本的 CAN 控制器可以发送和接收 11 位标识符标准格式报文或 29 位标识符扩展格式报文。如果禁止 CAN 协议的 2.0B 版本，则 CAN 控制器只能发送和接收 11 位标识符标准格式报文，而忽略标识符扩展格式报文，但不会出现错误。

2. CAN 总线温压流量复合传感器

CAN 总线本身具有较强的检错纠错能力，但在实际应用中，随着各种应用中总线的延长和节点数量的增加，现场的电磁环境越来越复杂，对 CAN 总线通信的可靠性提出了更高要求。当总线传输的物理层因素（如传输导线破损、接插件不牢等）引发故障时，如果不能及时采取有效措施，系统会部分甚至完全失去通信能力。下面介绍 CAN 总线温压流量复合传感器，确保传感器数据通信功能正常高效，提高系统的可靠性。系统硬件如图 6-11 所示。

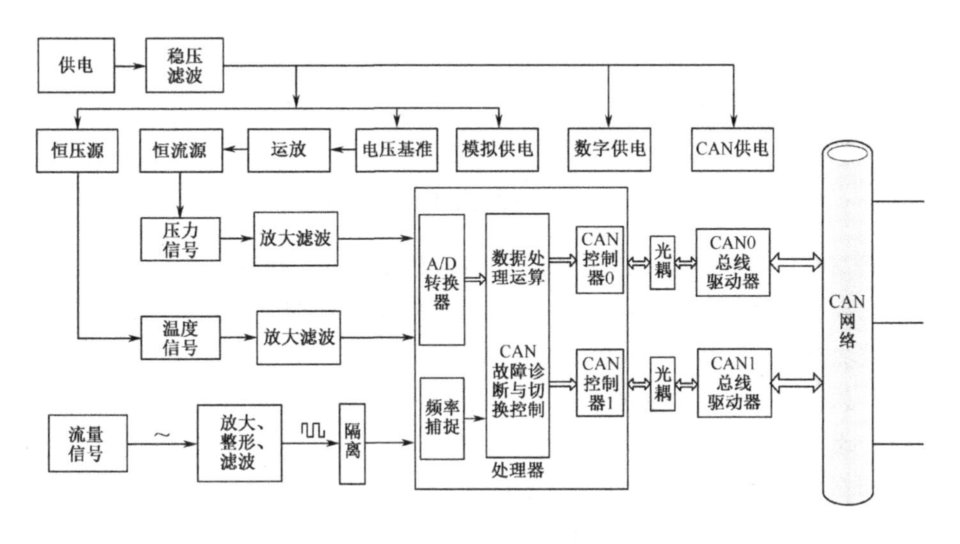

图 6-11　系统硬件

处理器采用英飞凌公司基于高性能 XC800 内核的 XC886CLM 单片机，其芯片上集成了双路 CAN 控制器功能模块，可实现大部分联网功能，有效降低 CPU 的负荷，带有可实现快速计算的 16 位乘除法单元和 16 位协处理器的 CORDIC 单元，可提供强大的计算能力，还带有 8 通道 10 位模数转换器，以及两个独立的 16 位定时器高性能捕获比较单元。XC886CLM 的功能框图如图 6-12 所示。通过集成各功能模块，可以满足复合传感器模拟信号与频率信号采集、CAN 总线通信、数据处理的需要，使传感器电路小型化。

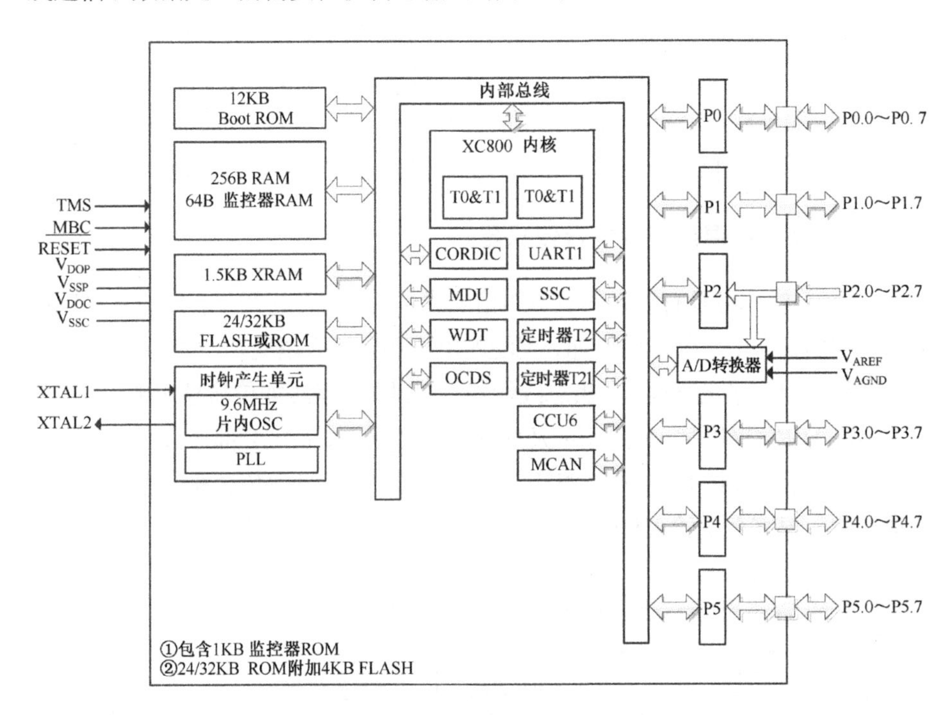

图 6-12　XC886CLM 的功能框图

将 XC886CLM 单片机自带的两套总线控制器与单片机软件编程控制配合实现双冗余的 CAN 总线通信系统设计。通过单片机总线控制器实现 CAN 总线的应用层功能，通过 6N137 与 PCA 82C250 实现 CAN 总线的物理层和数据链路层功能，总线控制器包含独立的总线电缆、总线隔离模块与总线驱动器，以实现 CAN 总线的应用层、数据链路层及物理层的全面冗余，提高系统通信的可靠性。

两套总线采用热备份方式运行，CAN 控制器 0 作为系统上电后默认的主控制器，CAN 控制器 1 备用。系统正常工作时，主 CAN 总线处于运行状态，当检测到主 CAN 总线发生故障时，进行总线故障诊断，判断故障是否可恢复，有些故障为可恢复性故障，可尝试恢复并计数，如果故障不可恢复或故障计数值

超出范围产生中断，则主 CAN 总线关闭，切换从 CAN 总线投入运行，以避免总线瘫痪。确保在同一时间内系统有且仅有一套总线运行，另一套总线处于监听状态或故障状态。这种冗余的总线通信方式，能够在很大程度上保证系统的正常通信。

总线信号采用光耦器件隔离，以提高抗干扰能力。CAN 总线的通信速率一般较高，采用高速光耦器件，其两端电源隔离，分别供电。

CAN 总线电路如图 6-13 所示。这里采用 PCA82C250 高速总线驱动器，芯片与 CAN 总线相连的信号线串入 5Ω 电阻，具有限流保护作用，同时并联 30pF 的小电容，以提高抗电磁干扰能力，通过对地反接二极管实现过压保护。此外，当 CAN 总线工作于 1Mbps 通信速率时，图中电阻 R24、R25 的阻值不大于 1kΩ。CANH 与 CANL 采用屏蔽双绞线接入总线网络，总线的 CANL 与 CANH 间需加 100～120Ω 匹配电阻，通过调整匹配电阻，可以提高总线的通信质量和可靠性。单个节点一定不要加匹配电阻，以免对总线网络造成影响。

该传感器主要用于测量水冷却系统中纯水的温度、压力、流量。处理器采集、处理后，通过 CAN 总线与主机或其他设备进行数据交换，采用复合结构可有效减小占用空间与接线数量；采用数字化处理技术可提高精度与可靠性；采用双 CAN 冗余设计可在一路总线出现故障时，自动切换到另一路总线，从而实现物理层、数据链路层甚至应用层的全面冗余，大大提高系统的可靠性。CAN 总线温压流量复合传感器如图 6-14 所示。

6.1.4　ARINC429 总线

1. 概述

ARINC429 总线是一种航空电子总线，它通过双绞线将飞机的各系统或系统与设备连接起来，是飞机的神经网络。过去，许多航空设备采用的航空总线种类各异（如 ARINC453、ARINC461、ARINC573、ARINC575、ARINC582 等总线），难以兼容。现代飞机电子系统要求各机载航空设备使用统一的航空总线，以方便系统集成。ARINC429 总线具有接口使用方便、数据传输可靠等特点，是商务运输航空领域应用最广泛的航空电子总线，如空中客车的 A310、A320、A330、A340 飞机，波音公司的 727、737、747、757、767 飞机等。另外，ARINC429 总线在导弹、雷达等领域也得到了应用。

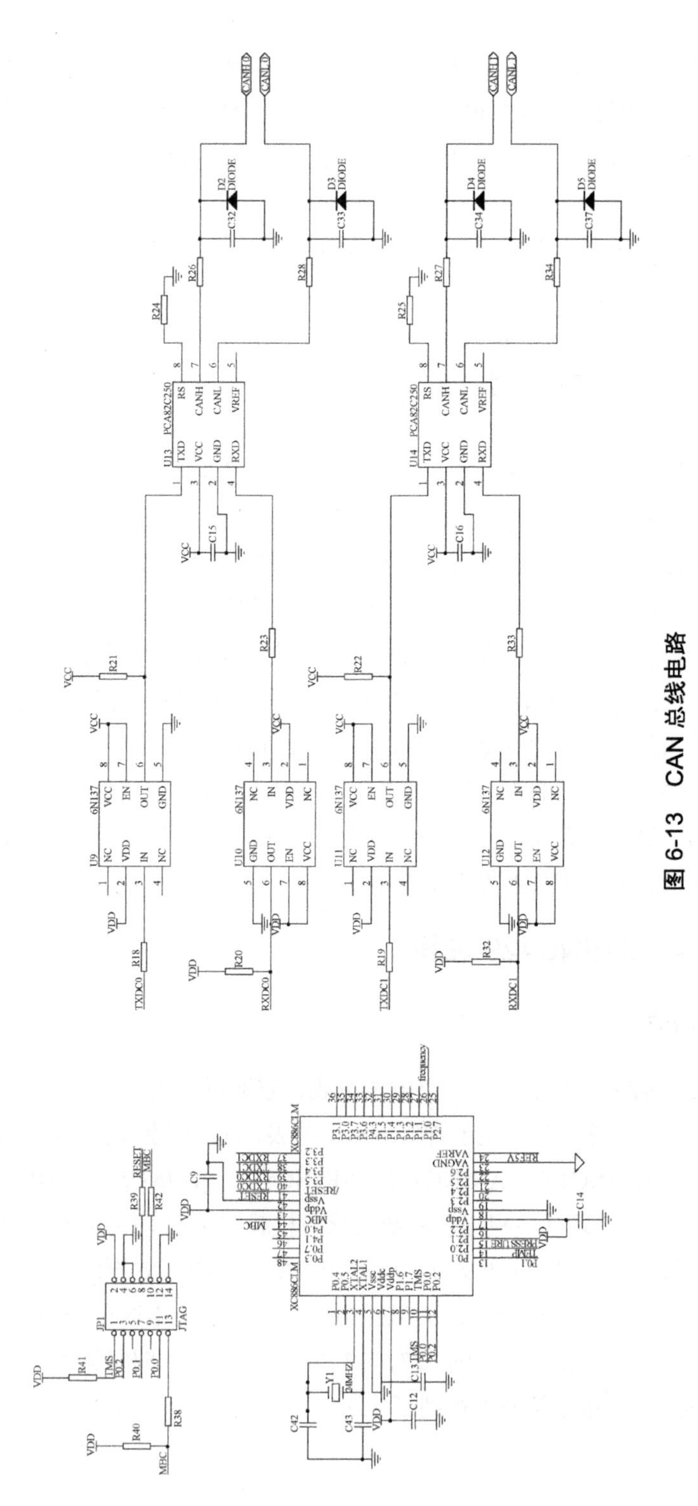

图 6-13　CAN 总线电路

图 6-14　CAN 总线温压流量复合传感器

ARINC429 总线通过一对单向、差分耦合的屏蔽双绞线进行传输，属于串行通信。数据包含 1 个校验位和 8 位标号。标号定义了飞行数据的功能，即保持被传输数据的类型，如精度数据、纬度数据等。其余的数据位或以数字（二进制或 BCD）编码，或以字母编码，根据标号分成不同的域。为了使通信完全标准化和防止冲突，为所有飞行功能赋予了特定的标号和数据格式。

2. ARINC429 总线的电气特性

ARINC429 总线是一对单向、差分耦合的屏蔽双绞线，每条线上的电压为 −5～+5V，一条线为 A，另一条线为 B。线上的码型为双极性归零码，数据字以双极性归零脉冲形式发送，双极性归零脉冲如图 6-15 所示。差分信号的逻辑关系有 3 种：①当 A 与 B 的差分电压为+7.25～+11V 时，表示逻辑 1；②当 A 与 B 的差分电压为−0.5～+0.5V 时，表示 NULL；③当 A 与 B 的差分电压为−11～−7.25V 时，表示逻辑 0。

字与字之间有一定的间隔（4 位），接收线路上的电压取决于线路长度和挂接在总线上的接收器的个数（不超过 20 个）。

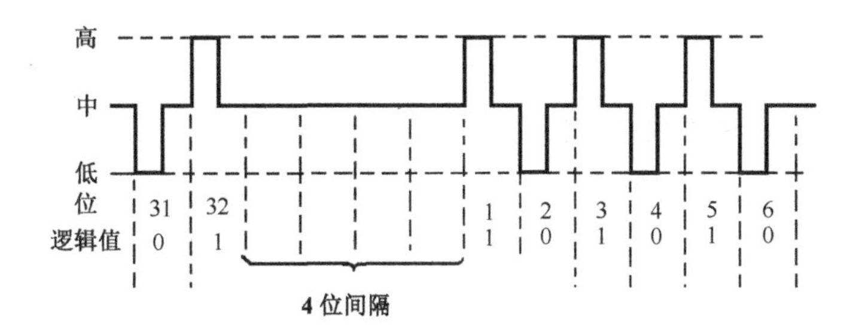

图 6-15　双极性归零脉冲

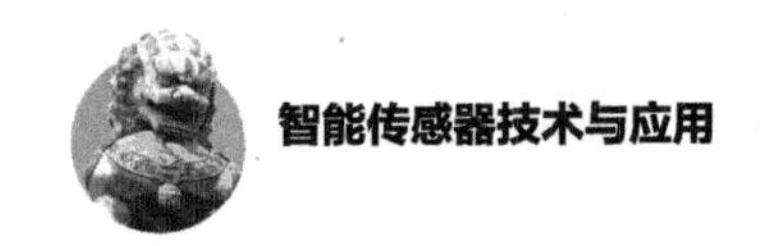

数据字格式定义如表 6-1 所示。

表 6-1　数据字格式定义

位	定义
1～8	Label
9～10	SDI or Data
11	LSB
12～27	Data
28	MSB
29	Sign
30～31	SSM
32	Parity Status

3. ARINC429 总线传输模式

ARINC429 总线协议将航空总线描述为"开环"传输模式。这种类型的总线一般被描述成支持多接收器的单工总线，有时也称为"传叫"或"广播"总线。在 ARINC429 总线中，认为发送线可替换单元是"起源"，接收线是"收点"。对于错误检测来说，技术标准规定了奇校验指示和可选的错误核查方法。当数据大小超过一字时，ARINC429 也提供文件数据传输方式。绘画文本的传输和符号 CRT 映像及其他显示功能尚未定义。

一个总线只有一个发送器和不超过 20 个接收器，一个终端可能有许多不同总线上的发送器或接收器。发送器发送 32 位字，最前面是 LSB，数据传输速率可低可高（12.5kbps 或 100kbps）。ARINC429 总线上的可替换单元（LRU）没有地址，但有设备编号，可以进行分组。设备和系统辨识编号用于系统管理，不编码到字中。

4. ARINC429 总线通信实现

ARINC429 总线通信通过专用接口芯片实现，目前可选的接口芯片较多，其采用 16 位或 8 位数据总线接口，可根据处理器类型灵活选择，当采用 8 位数据总线接口时，硬件电路设计更简单。

HI-6010 是 HOLT 生产的适用于 8 位数据总线接口的 CMOS ARINC429 总线接口芯片，其内部包含独立工作（自检和奇偶校验功能除外）的发送器和接收

器。发送器和接收器可使用独立的时钟输入，以选择不同的发送和接收速率。

HI-6010 的使用非常灵活，对发送器和接收器的控制和对收发状态的监测既可以采用硬件的引脚控制方式，又可以采用软件对状态寄存器和控制寄存器读写的方式。软件还具有信息标识符识别功能，可以比较接收到的数据信息标识符与预先存储的标识符，以进行识别。

HI-6010 在发送数据时需要配合总线驱动器（如 HI-8586）将发送电平转换成 429 电平，在接收数据时需要配合总线接收器（如 HI-8588）将 429 电平转换成 HI-6010 能接收的电平，通信电路原理如图 6-16 所示。采用引脚控制方式进行数据收发，将接收器的状态标志引脚 RXRDY 经"非"逻辑连接到单片机的 INT1，在软件设计中可采用中断或查询方式；将发送器状态标志引脚 TXTDY 连接到单片机的 P1.3，软件采用查询方式发送数据。错误标志引脚 WEF 连接到单片机的 INT0，其中断优先级高于接收器接收的优先级，可以在出现错误时及时响应。

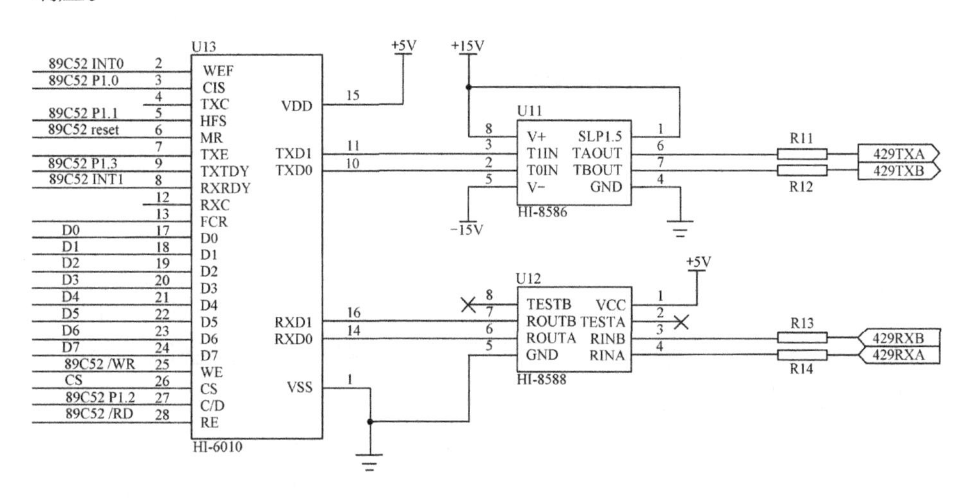

图 6-16　通信电路原理

5. ARINC429 总线液位传感器

ARINC429 总线液位传感器应用于采用 ARINC429 总线通信的飞机水箱、高水位液面的液位测量，其基于圆环电容传感器测量原理实现液位的实时测量。当敏感元件检测到水分时，由于空气和水的介电常数不同，会引起圆环电容的介质变化，于是电容值会发生变化，从而引起 LC 振荡频率变化，传感器将高频信号变换并输出到单片机进行信号处理与解算，最终将液位信息传输至上位机。ARINC429 总线液位传感器如图 6-17 所示。

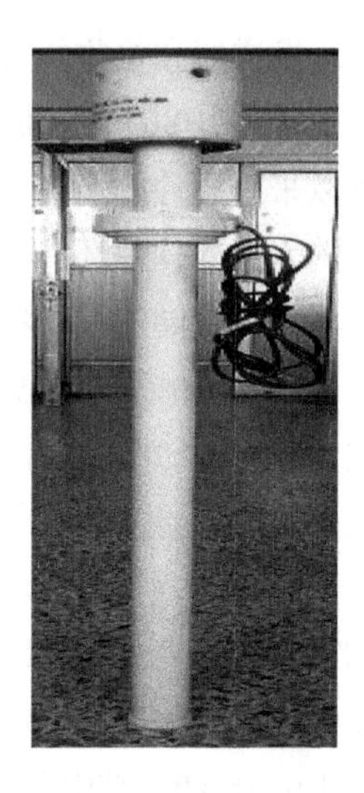

图 6-17　ARINC429 总线液位传感器

6.2　以太网

6.2.1　以太网概述

以太网是一种计算机局域网技术。IEEE 802.3 标准制定了以太网的技术标准，规定了物理层的连线、电子信号和介质访问层协议的内容。以太网是目前应用最普遍的局域网技术，从技术上讲，它是基于 CSMA/CD 的，CSMA/CD 主要为解决如何争用一个广播型共享传输信道而设计，它能决定谁占用信道。

局域网一般是广播型网络，网络中的站点共享信道，某站点发出数据，其他站点均能收到，就如同一个人在公共场所大声讲话，在场的人都能听到一样。信道竞争是广播型网络需要解决的重要技术问题之一，网络中的每个站点都可以使用信道，但信道在某时刻只能由一个站点使用，当很多站点同时申请使用信道时，以太网就采用 CSMA/CD 来解决这一问题。

它的原理很简单，当一个站点要传输数据时，需要先监听信道（载波侦听），此时信号并未同时达到网络各处，而是大约以 70%的光速在电缆上传输。这样就可能有两个收发器同时探测到网络空闲，并同时传输数据。当这两个信号交汇时，会混杂在一起，将这种情况称为冲突。当检测到冲突时，主机接口放弃本次传输，待活动停止后再次尝试传输（为避免每次传输都出现冲突，以太网使用一种二进制指数退避策略：发送者在发生第一次冲突后随机延迟一段时间，如果发生第二次冲突则延迟时间为第一次的两倍，发生第三次冲突则延迟四倍等）。当未监听到其他传输时，主机接口开始传输数据，每次传输都在限定的时间内完成（因为有最大分组长度）。

CSMA/CD 采用简单有效的方法解决上述冲突，其在传输数据时进行冲突检测，一旦发生冲突，立刻停止传输数据，待冲突平息再进行传输，直到数据传输完成。

6.2.2　以太网传输过程及实现特点

当一个以太网站点的信息帧被传输至共享的信道时。所有与信道相连的以

太网接口都读入该帧，并查看该帧的第一个 48 位地址，各接口将帧的目的地址与自己的 48 位地址进行比较。如果该地址与帧的目的地址相同，则该以太网站点继续读入帧，并将其传输至计算机正在运行的上层网络软件。上层网络软件读入帧的类型字段，判断它是 ARP 包还是 IP 包，再交给不同的协议栈处理。当其他网络接口发现目的地址与它们的地址不同时，会停止读入信息帧。

以太网实际上是一种信道共享技术，它几乎支持所有流行的网络协议，性价比高，得到了广泛应用。

传统的以太网采用总线式拓扑结构和 CSMA/CD 模式，在一些实时性要求不高的嵌入式系统中，利用以太网完全能满足需要，但在一些实时性要求很高的场合会导致需要的数据失去控制，将这种情况称为以太网的“不确定性”。

采用共享介质的通信网络在 MAC 协议中必须实现冲突仲裁过程和传输控制过程。冲突仲裁过程决定信道上的节点什么时候可以发送消息；传输控制过程主要决定节点在获得信道访问权后能够占用信道的时长。现有的一些网络技术在不同程度上实现了这两个过程，并有所侧重。例如，IEEE 802.5 令牌环协议强调冲突仲裁过程，IEEE 802.4 定时令牌协议 FDDI 强调传输控制过程，这些网络协议具有较好的实时性，在早期得到了应用，但目前国内外使用最多的还是 IEEE 802.3 CSMA/CD。

将以太网作为实时通信网也必须实现上述两个过程，研究表明，在共享实验环境下（使用共享式 HUB），当以太网的负载率低于 30%（3Mbps）时，网络中发生的冲突很少，基本可以满足通信的实时性要求。总线式以太网要解决实时性问题，就要尽量避免 CSMA/CD 协议发挥作用，形成一个“低负载、不会发生冲突”的通信环境，从而利用以太网高带宽、低延迟的特点达到实时通信的目的。

6.2.3　基于以太网的智能传感器的实现

基于以太网的智能传感器的本质是在传统传感器的基础上实现信息化、网络化和智能化，使传感器在现场级实现以太网通信功能，它不再是简单意义上的“传感器”，其核心是使传感器实现 TCP/IP 网络通信，其一般通过软件实现。对于需要提供大量连接的应用来说，由于可以选择速度很快的处理器，可以进行软件编程，但用软件在单片机内实现整个协议困难较大，还会降低系统的运行速度和工作效率。一般传感器不需要提供大量连接，可以采用硬件专用协议栈芯片来实现以太网通信功能。

1. 硬件

以太网智能传感器的硬件主要由敏感元件、A/D 转换器、处理器、协议栈芯片、网络接口芯片等组成。硬件原理如图 6-18 所示。

处理器通过 A/D 转换器采集多路敏感元件的调理信号，采集到的数据经软件处理解算后存储在 RAM 中。同时，处理器持续监听网络状态，当接收到以太网的不同指令时，执行相应操作，并将 RAM 内的数据上传至以太网，实现双向数据交互。

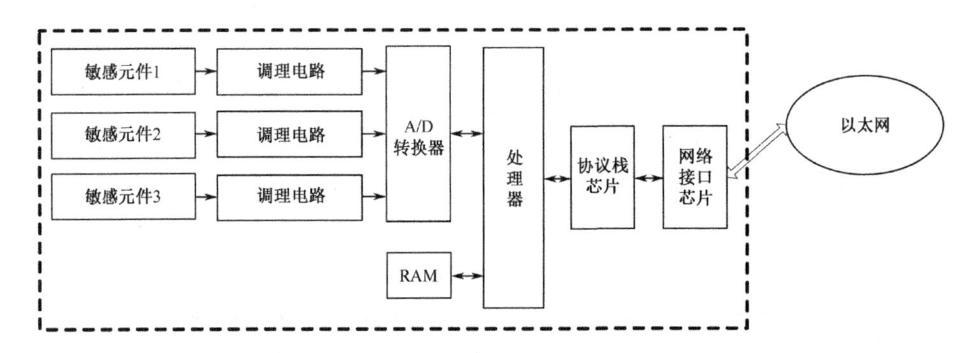

图 6-18　硬件原理

2. 协议栈芯片的内部结构与工作模式

以太网智能传感器采集、处理的硬件结构与其他智能传感器基本一致，其主要特点体现在基于以太网的传感数据通信。当前，一些集成化程度较高的处理器芯片集成了协议栈和接口驱动电路，可以方便地实现以太网通信。下面通过协议栈芯片 W3100A 进行介绍。

W3100A 的内部结构如图 6-19 所示。

W3100A 提供了一种廉价的接入高速以太网的解决方案。该芯片可以处理标准的以太网协议，减少了软件开发的工作量，其包含 TCP、IP、UDP、ICMP、DLC 及 MAC 协议。该芯片可以同时提供独立的四路连接，其工作方式与 Windows 的 SocketAPI 类似。该芯片支持全双工模式，在该模式下，其内部协议处理速度可达 4Mbps～5Mbps，内部带有双口的 SRAM 数据缓存区，用于发送和接收数据。该芯片可选择支持 Intel 或 Motorola MCU 接口，为应用层提供 I^2C，为物理层提供 MII。

MII 用于实现 W3100A 和物理层设备之间的数据传输。MII 由数据发送引脚 TX_CLK、TXE、TXD[0:3]和数据接收引脚 RX_CLK、RXDV、RXD[0:3]、

COL 构成。发送数据时，TXE 和 TXD[0:3]与 TX_CLK 的下降沿同步；接收数据时，RXDV、RXD[0:3]、COL 与 RX_CLK 的下降沿同步。W3100A 与 MCU 的接口引脚 MODE0、MODE1、MODE2 用于选择 W3100A 与 MCU 的工作模式，如表 6-2 所示。

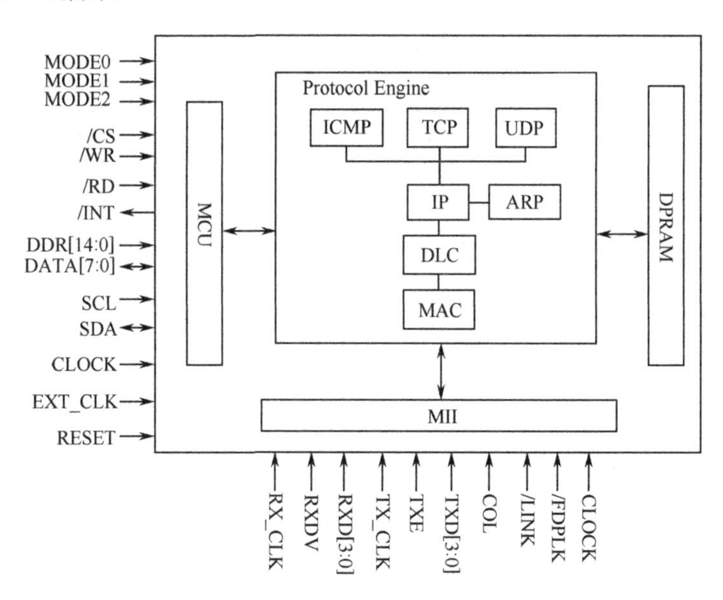

图 6-19　W3100A 的内部结构

表 6-2　W3100A 与 MCU 的工作模式

MODE0 MODE1 MODE2	模式	描述
0　0　0	时钟模式	微控制器总线信号由时钟控制
0　0　1	外部时钟模式	微控制器总线信号由外部时钟控制
0　1　0	无时钟模式	直接使用微控制器总线信号
0　1　1	I^2C 模式	使用 I^2C 模式
1　X　X	测试模式	用于测试

芯片提供了一些必要的寄存器供 MCU 访问，以完成具体操作，包括控制寄存器（命令、中断和状态）、系统寄存器（网关地址、子网掩码、IP 地址等）、用于进行数据收发的指针寄存器、用于进行通道操作的通道寄存器等。

3. 网络协议工作流程与实现

在网络协议实现中，为了适应分组数据到达的随机性，系统必须具有从网络接口随机读取分组数据的能力，因此本系统采用软件中断机制来读取数据。当一个分组数据到达时，产生一个硬件中断，设备驱动程序接收分组数据，重置接口设备。在中断返回前，设备驱动程序会通知硬件安排低优先级的中断，在此次硬件中断结束后，会继续执行低优先级的中断。

系统连接原理如图 6-20 所示。

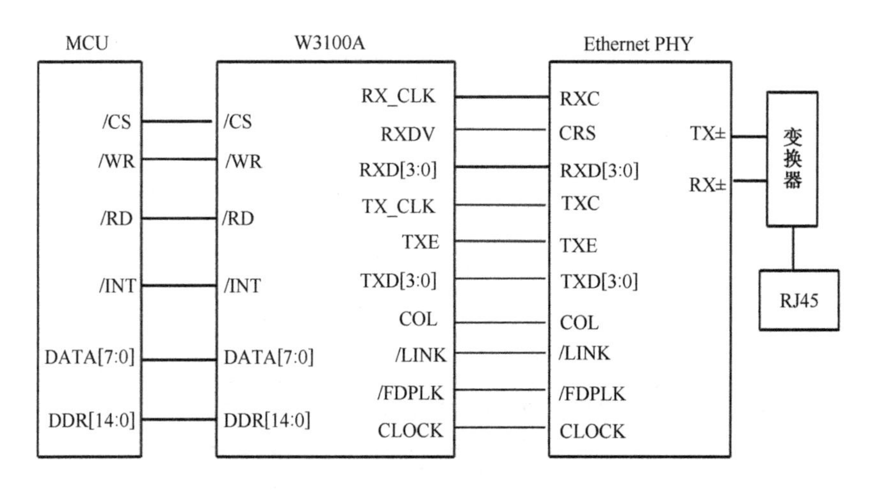

图 6-20　系统连接原理

在系统的实现过程中，单片机系统是作为服务器实现的。为保证数据传输的正确性、可靠性并使其具有差错纠正功能等，在传输层采用 TCP 协议。因此，W3100A 处于被动打开供远程访问的状态，即持续监听端口，等待远程连接。W3100A 建立连接的流程如图 6-21 所示。

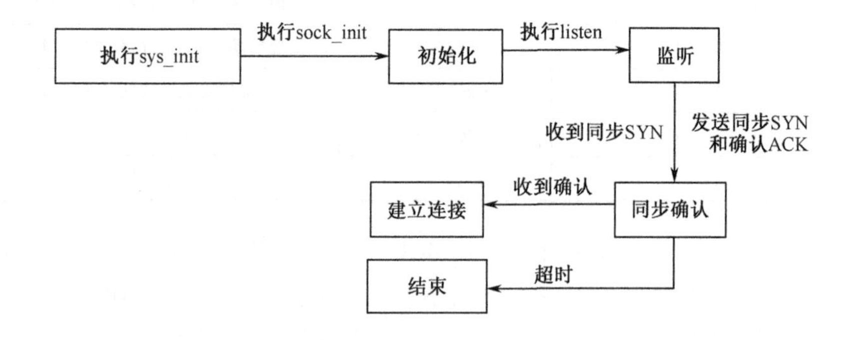

图 6-21　W3100A 建立连接的流程

在图 6-23 中，sys_init 为系统初始化函数，sock_init 为接口初始化函数，

listen 为监听函数。

系统的具体工作流程如下：数据由外部数据接口写入 W3100A 的数据缓存区，由单片机控制各协议层的相关寄存器，因为传输层采用的是 TCP 协议，所以数据在 TCP 层中添加控制标志，并封装成 TCP 报文，以实现面向连接的可靠传输。将 TCP 报文交给 IP 层进行打包，IP 层的一个重要功能是实现 TCP 报文的分片，使 IP 数据报能够以最大效率利用以太网的数据区。将完整的 IP 数据报传输至网络接口层，LLC 层使用物理层提供的不可靠的比特链路，实现可靠的数据分组传输服务，MAC 层为数据分组添加目的节点的物理地址，实现不可靠的数据分组传输。经网络接口层封装成帧格式，再经 MII 送入网络接口芯片 RTL8201BL，在 RTL8201BL 中进行曼彻斯特编码并添加前导信号。当 RTL8201BL 监听到物理链路空闲时，立即通过 RJ45 将数据帧发送至以太网。

接收数据时进行相反的操作，收发器接收以太网的物理信号，把前导码分离出来并进行曼彻斯特解码，将结果传输至网络接口层，MAC 层检查帧的物理地址是否与自己相同，以决定是否交给 LLC 层，LLC 层用差错检测位判断分组是否正确，将正确的分组送入 IP 层，在 IP 层中检测错误、拆装、重组并送入 TCP 层，TCP 层实现面向连接的可靠传输，因此 TCP 层将进行严格的差错控制并取出数据，通过外部数据接口送回单片机。各协议层进行解包，最终将数据传回 MCU，但在各协议层进行解包时，如果 IP 地址或数据出错，数据包将被丢弃，并要求重传。当处理的报文为 ICMP、UDP 或 ARP 时，大致流程相同，不同报文的区别会在相应的包头中指示，供协议识别。

6.2.4　以太网温湿压传感器

以太网温湿压传感器为内部嵌入以太网 TCP/IP 及 UDP 协议的温度、湿度、压力一体复合式传感器，能自动获得本地 IP 地址及网关等信息，直接输入目的地址即可通过以太网进行远距离传输，无须其他外接设备。以太网温湿压传感器如图 6-22 所示。

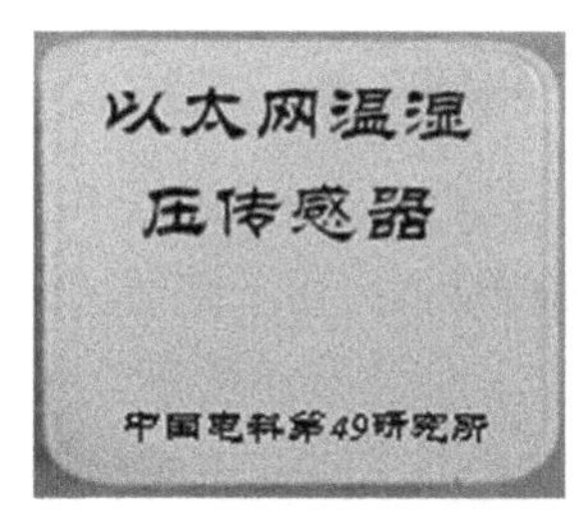

图 6-22　以太网温湿压传感器

6.3 无线通信技术

无线传感器具有布设灵活、安装方便、可实现自组织网络通信等特点，能够有效减少线缆布设数量，并能快速、准确地布设节点。随着现代科学技术与物联网技术的发展，无线传感器得到了广泛应用，不同应用根据通信速率、传输距离、穿透能力、节点功耗、网络容量等选择最适合的无线通信接口。当前，无线传感器采用的无线通信技术主要包括 RFID、蓝牙、ZigBee、Wi-Fi 等，中远距离一般采用 LoRa、NB-IoT，远距离一般采用 GPRS 远程移动通信技术。

6.3.1 RFID

1. RFID 概述

RFID（Radio Frequency Identification）为射频识别，该技术常用于感应式电子晶片或近接卡、感应卡、非接触卡、电子标签、电子条码中。

一套完整的 RFID 系统由 Reader 与 Transponder 两部分组成，Reader 向 Transponder 发射具有特定频率的无限电波能量，驱动 Transponder 发送内部的 ID Code，由 Reader 接收。Transponder 免用电池、免接触、免刷卡，因此不怕脏污，且其晶片密码唯一，无法复制，安全性高，寿命长。RFID 技术的应用非常广泛，如动物晶片、汽车晶片防盗器、门禁管制、停车场管制、生产线自动化、物料管理等。

RFID 标签可以存储物品的相关信息并进行识别和传输，但其不能感知周围的环境信息。将 RFID 标签与传感器结合，就可以感知并传输环境信息了。此外，其还能标识物品，与一般的标签相比，有更多实际功能。将传感器集成到标签芯片中，标签的价格不会有太大提高，但功能却能得到显著扩展，因此其成为目前的研究热点。

2. RFID 标签的应用现状

集成传感器的 RFID 标签广泛应用于医疗卫生、食品保存、产品制造、冷链物流等领域。例如，当将温度传感器应用于制造特定产品时，如果在产品制造过程中对温度有特殊要求，可以将标签装在需要检测温度的地方，通过读写器与标签信息交互，可以随时了解产品周围环境的温度，如果该温度超过设定值则

报警，以保证产品质量和生产安全。RFID 标签有较高的实际应用价值，但将温度传感器集成到无源标签芯片上还面临许多挑战：第一，片上的传感器必须容易校准，以降低成本；第二，必须严格控制传感器的功耗；第三，传感器在整个感知范围内应具有高精度。

RFID 标签不仅能快速识别周围的大量 RFID 设备，还具有低功耗的优势。RFID 标签分为主动式 RFID 标签（有源）和被动式 RFID 标签（无源），两者的对比如表 6-3 所示。

表 6-3　主动式 RFID 标签和被动式 RFID 标签的对比

对比项目	主动式 RFID 标签	被动式 RFID 标签
能量来源	电池提供的能量	读写器发射的射频能量
是否携带电池	是	否
传输距离	100 米以上	3 米以下
常用通信频率	433MHz、868MHz、915MHz、2.4GHz 等	13.56MHz 等
同时读取多个标签的数量	多	少
是否能实时获取数据	是	否
是否能携带外置存储芯片	是	否

随着 RFID 技术的发展和进步，将 RFID 技术与传感器结合渐渐成为研究热点。带有传感器的智能 RFID 标签产品如图 6-23 所示。

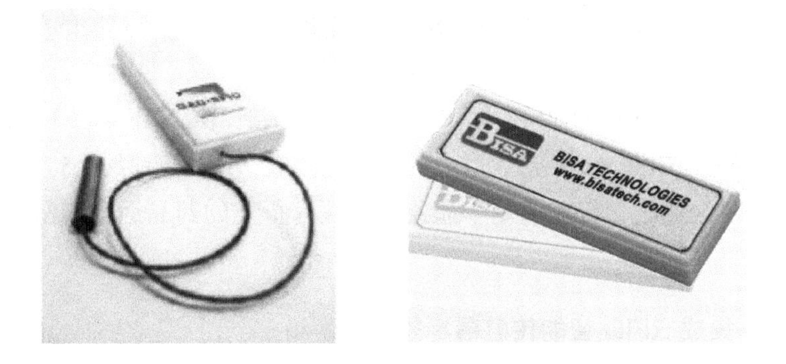

图 6-23　带有传感器的智能 RFID 标签产品

2006 年，Opasjumruskit K 等对一种无源 RFID 温度传感器进行了理论研究，工作频率为 100kHz～150kHz，感知温度为 35～45℃，误差约为 ±0.6℃；2009 年，Danube University Krems 的 Martin Brandl 等设计了一种安装在牙齿固定器上的

有源无线温度传感系统，该系统的工作频率为 13.56MHz，闲置状态电流仅为 1μA；2013 年，加拿大的 GAO 集团推出了一款超高频有源 RFID 温度标签，用于监测与记录食品和化学药剂等物品在运输及存储过程中的温度，这款标签的型号为 116045，基于 EPC Class1 Gen2/ISO18000-6C 标准，可以用于大部分 Gen2 UHF RFID 阅读器，其工作频率为 860MHz～928MHz，识别范围广，探测距离约 10 米。

CAEN 研制的半有源温度标签 A927TEZ 和 A927Z 如图 6-24 所示。该产品是低成本的半无源超高频标签，可以监视对温度敏感的产品，如易腐烂的食品和药品等。因为其与 EPCglobal C1G2 和 ISO18000-6C 标准兼容，所以可以利用市场上的标准 UHF RFID 阅读器，不需要附加设备。

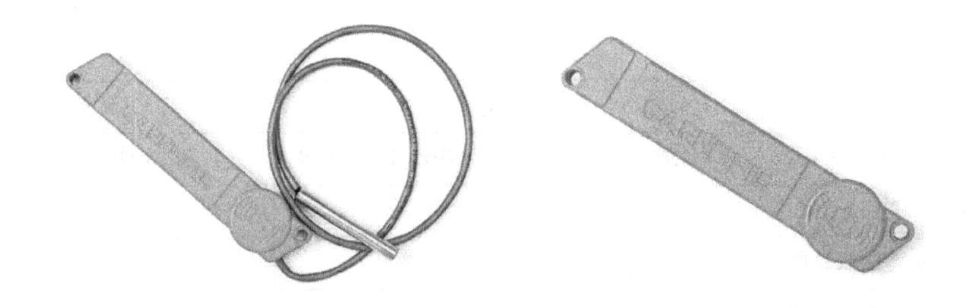

图 6-24　CAEN 研制的半有源温度标签 A927TEZ 和 A927Z

德国的 KSW 是一家半有源（纸薄状电池）的 RFID 智能标签传感器制造商，其发布了一种集成了温度传感器的 RFID 智能标签——VarioSens Basic。其以 KSW 于 2003 年开发的 TempSens 为基础，并提供了可扩展的温度数据存储量和数据安全功能。

VarioSens Basic 的通信遵循 ISO15693-3 空中接口协议，工作频率为 13.56MHz，带有可读写 EEPROM 存储空间，使用 1.5V 电池，使用寿命约 1.5 年。产品的主要应用领域是化学行业的化学品监控、医疗行业的药品运输和易腐烂食品监控等。

3. 集成 RFID 智能传感器标签

集成 RFID 智能传感器标签主要由无线射频模块、天线、微控制器、传感器、存储器、电源组成。集成 RFID 智能传感器的组成如图 6-25 所示。电子标签上电后，先对无线射频模块及传感器进行初始化，设置收发地址、收发频率、发射功率、无线传输速率、无线收发模式及 CRC 校验的长度和有效数据长度等，微控制器通过通信接口将传感器定时采集到的数据发送给射频芯片，再通过天线将信息传输至读卡器，进行信息收集和解码。智能传感器标签如图 6-26 所示。

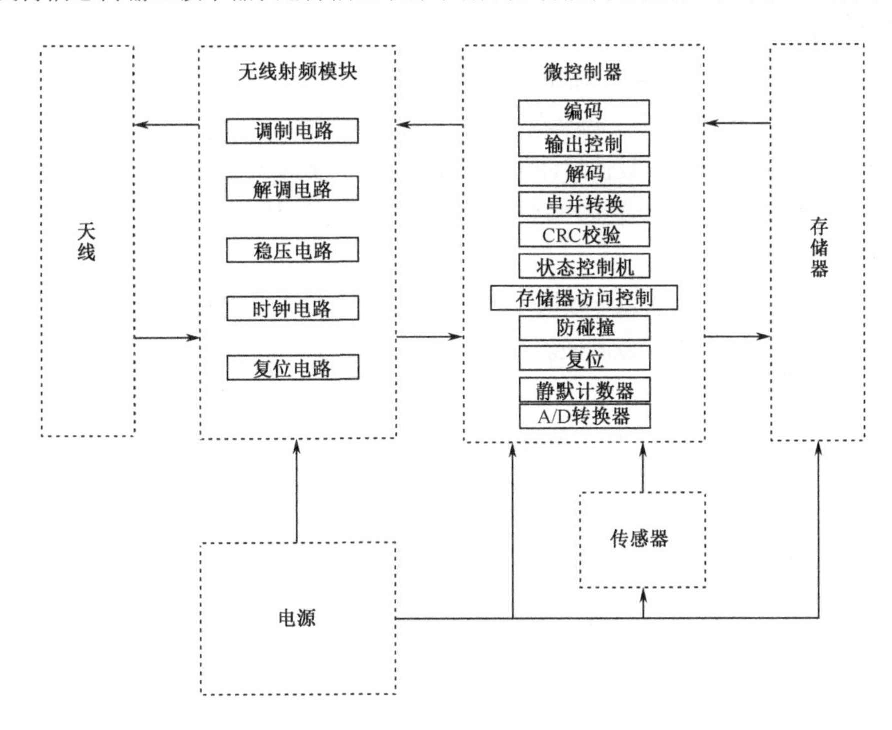

图 6-25　集成 RFID 智能传感器的组成

图 6-26　智能传感器标签

6.3.2　蓝牙

1. 简介

蓝牙（Bluetooth）是一种支持设备短距离通信（一般为 10 米以内）的无线电技术。能在移动电话、PDA、无线耳机、笔记本电脑、相关外设等设备之间进行无线信息交换。蓝牙采用分散式网络结构及快跳频和短包技术，支持点对点及点对多点通信，工作在全球通用的 2.4GHz ISM 频段，其数据传输速率为 1Mbps。

与普通的无线通信技术相比，蓝牙具有以下特点。

（1）使用方便灵活，低成本运行。蓝牙占用的频段属于工业和医疗的自由频段，无须申请无线电波使用许可证，在使用中对频率资源的占用不产生费用，方便大范围推广。随着集成电路技术的不断发展，蓝牙芯片的生产成本可以控制在 3 美元左右。

（2）高传输速率。蓝牙数据传输速率可达每条信道 721kbps，在普通应用场合下，无线数据传输足以胜任。

（3）超低功耗。通常蓝牙的硬件电路是 $1cm^3$ 的嵌入式微功率芯片，其功率为毫瓦级，不超过 100mW，满足传感器应用。

（4）抗干扰能力强，保密性强。

2. 基本组成

蓝牙的实现依托硬件电路和软件程序。蓝牙技术体系如图 6-27 所示。

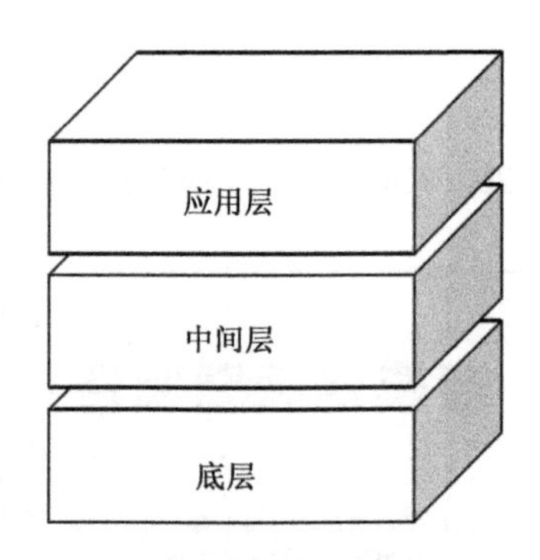

图 6-27　蓝牙技术体系

底层构成支撑蓝牙技术的主要硬件，包括射频（RF）、基带单元、链路管理。底层硬件如图 6-28 所示。

中间层构成支撑蓝牙技术的软件，包括逻辑链路控制和适配协议（L2CAP）、服务发现协议、串口仿真协议和通信协议等。

应用层对应各种应用“剖面”。每种应用剖面与 SIG 定义的蓝牙技术的基本应用模型对应，通过定义“剖面”规范基本应用模型在使用时的功能和使用协议，使不同厂家生产的不同蓝牙产品在同种应用中可以互通。目前一共定义了 13 个“剖面”，包括文件传输、数据同步、局域网接入等。

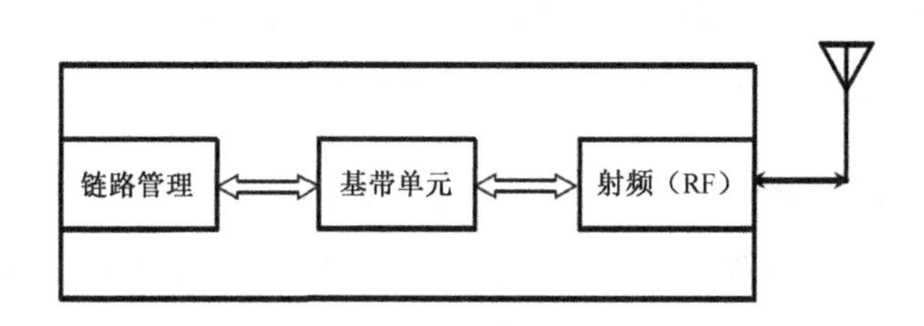

图 6-28　底层硬件

3. 自供电蓝牙传感器

收集环境中的光照能量的蓝牙传感器包括光电转换模块、能量收集电路等，自供电蓝牙传感器的典型结构如图 6-29 所示。能量收集电路通过光电转换模块收集环境中的光照能量，将其储存在电容中，当光照较强时，光照能量在供给信号检测、数据处理和数据收发外有剩余，此时可对充电电池进行充电，储存多余能量；当光照较弱时，收集的光照能量不能满足传感器工作需要，充电电池向传感器供电。

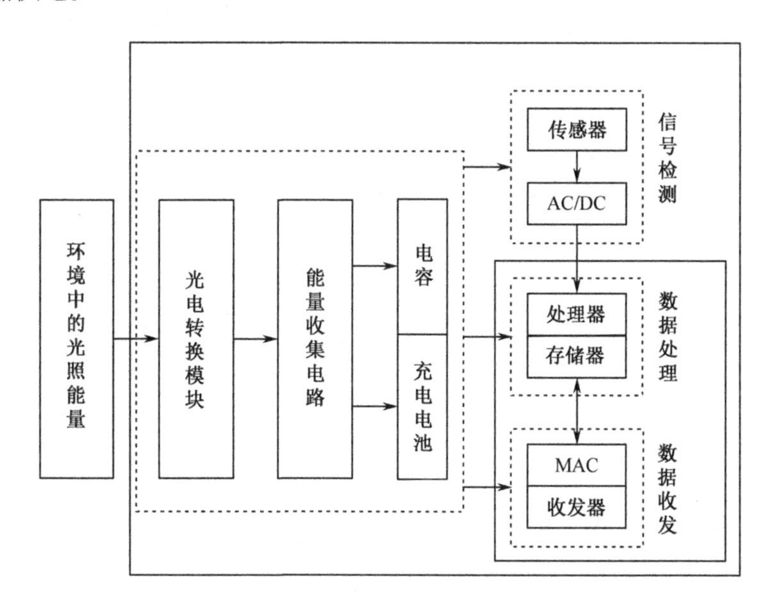

图 6-29　自供电蓝牙传感器的典型结构

低功耗蓝牙既具备蓝牙的特点又具备 ZigBee 的特点，同时还具有一些独有的特点。低能耗蓝牙规范在功耗、数据安全性、数据纠错、身份验证等方面对蓝牙规范和其他无线传输的缺点进行了改进。考虑体积、成本、性能等因素，选用集成芯片 NRF51822，该芯片不仅集成了低功耗蓝牙收发通道，还集成了低功耗微处理器，可以降低系统功耗、缩小系统体积、简化系统。

6.3.3 ZigBee

ZigBee 技术的特点是近距离、低复杂度、自组织、低功耗、低成本，其可以工作在 2.4GHz（全球流行）、868MHz（欧洲流行）和 915MHz（美国流行）频段，分别具有最高 250kbps、20kbps 和 40kbps 的传输速率，其传输距离为 50～200 米，还可以继续增加。ZigBee 的具体信息如图 6-30 所示。

ZigBee 网络由 3 种设备组成：协调器、路由器和传感节点。ZigBee 支持星型、树型和网状网络拓扑结构。网络拓扑结构如图 6-31 所示。在星型网络拓扑结构中，协调器负责网络设备的初始化和维护，传感节点直接与协调器通信，能提供路由消息、安全管理和其他服务；在树型和网状网络拓扑结构中，协调器负责建立网络和选定参数，需要通过路由器扩展网络。

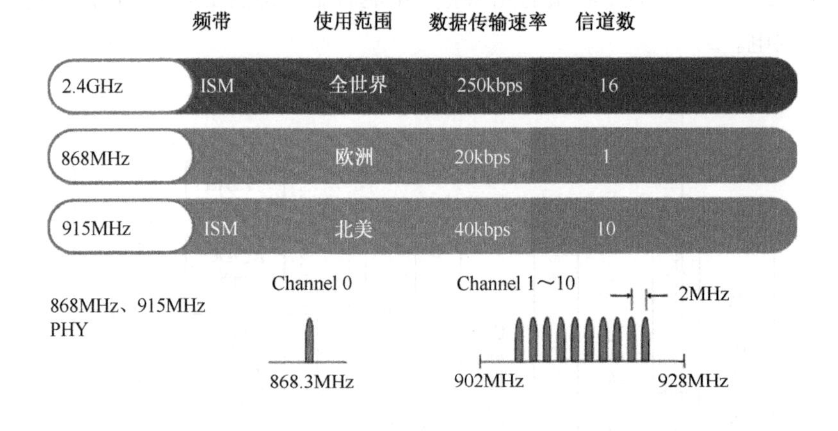

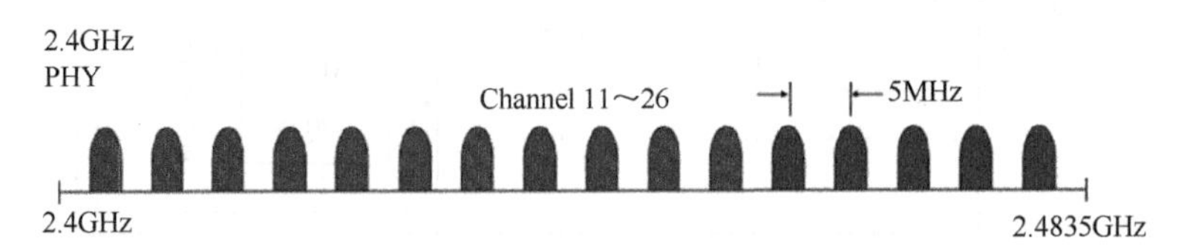

图 6-30　ZigBee 的具体信息

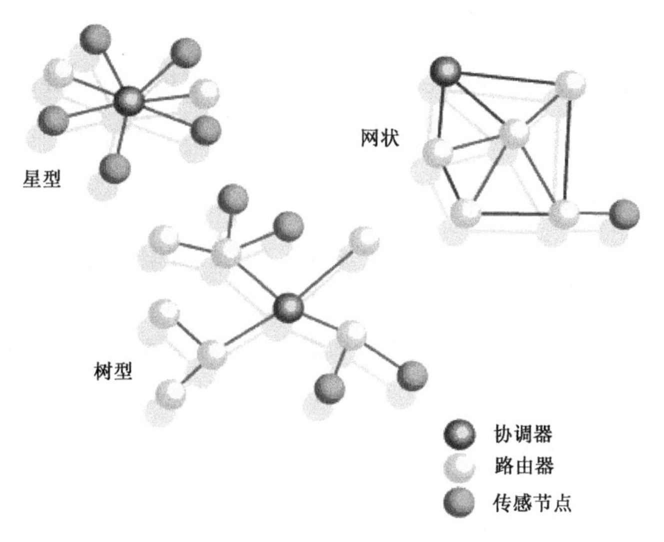

图 6-31　网络拓扑结构

协调器可以选择工作信道和网络标识符、建立 WPAN 网络。其主要作用是启动和配置网络，一个 WPAN 网络内部只能有一个协调器，协调器不能休眠，对计算能力要求高，能量消耗大。

路由器允许其他设备作为子节点加入网络，支持多跳路由数据包，协助其休眠子节点进行网络通信。因为路由器的存在直接决定了网络拓扑结构，所以路由器不能休眠。协调器和路由器需要较大的计算量和电力供应。电路结构比传感节点复杂，测试工作量大。

传感节点负责采集传感器数据，并通过网络上传数据。因为其不影响网络结构，所以可以工作在长时间休眠和周期性唤醒模式，既能节约能量，又能保持与网络的连接，仅依靠电池供电就能工作很长时间。

网络需要一个汇聚点，即中心节点。中心节点不能休眠，不可替代，通信量大，要求有较大带宽。其不仅具备 ZigBee 协议处理能力，还必须具备计算机接口，但自身不具备传感功能。中心节点往往远离网络，也可能远离信息处理计算机。

ZigBee 标准定义了网络层、安全层、应用层及各种应用产品的资料（Profile）；而 IEEE 802.15.4 标准定义了物理层及 MAC 层。

6.3.4　无线接口技术

IEEE 802.11 标准是无线局域网标准，主要用于解决办公室局域网和校园网

中用户与用户终端的无线接入问题，业务主要限于数据存取，工作频率为2.4GHz～2.4835GHz。在开放性区域的通信距离可达300米，在封闭性区域的通信距离为76～122米，便于与现有网络整合。

6.3.5 LoRa

LoRa是基于LPWAN（低功耗广域网）的无线数据传输技术，拥有超长通信距离及超低功耗，LoRa的灵敏度高，具有较强的抗干扰能力。

LoRa技术主要在物联网、需要电池供电的无线局域网和广域网中发挥着巨大作用。LoRa工作在1GHz以下频段，该频段的特点是传输距离长且功耗低，大大降低了设备对电源的依赖性，可以通过其他能量收集方式供电。虽然LoRa可以进行长距离低功耗的传输，但其无法保证具有较高的数据传输速率，传输速率仅为0.018kbps～37.5kbps，适用于对数据传输速率要求不高的系统。

LoRa基于CSS技术，传统的无线传输都使用FSK技术实现低功耗。基于CSS技术既可以保留移频键控的低功耗特点，还可以扩大通信范围。LoRa调制包括可变循环纠错方案，可以通过冗余来提高通信的鲁棒性。当6个正交扩频因子变化时，有效数据率也会变化。因为扩频调制技术的每个扩频因子正交分布，所以多个传输信号占用一个信道也不会互相干扰。LoRa在选择性方面也具有很大优势，低成本的物料和高灵敏度使器件的链路预算达到了行业领先水平。

LoRa可以进行远距离、低功耗的数据传输。当通信距离为15千米时，其接收电流仅为10mA。根据不同的系统需要可以配置集成网关或集中器，以支持多个信道并行处理数据。低功耗、远距离、高性能及支持大规模组网的能力使LoRa在物联网中得到广泛应用。

6.3.6 NB-IoT

窄带物联网（Narrow Band Internet of Things，NB-IoT）支持包交换的频分半双工数据传输模式，基于蜂窝网络的基站部署，其上行传输采用单载波频分多址技术，分别在3.75kHz和15kHz的带宽中进行单通道低速和双通道高速数据传输；其下行传输在实际应用的180kHz带宽中，使用正交频分多址技术，数据传输速率为250kbps左右。在窄带传输中，NB-IoT的功率谱密度增益可达164dB，信道传输采用重复发送和低阶调制等可靠传输机制，采用空闲、节电、不连续接收的模式实现低功耗部署，采用双向鉴权和空中接口加密技术，以确保数据的安全传输，主要应用于智能环境监测、智能抄表、智能家居、物流跟踪

等场景。NB-IoT 可直接部署于 GSM 网络、UMTS 网络或 LTE 网络中，可以降低部署成本、实现平滑升级。

万物互联的网络技术可以在任意时间、任意地点监测与网络连接的终端设备的状态，因此容量大、覆盖范围广、功耗低、传输距离远是其基本要求，针对这些要求的一系列新兴网络技术也在发展中寻求机遇，NB-IoT 就是在这种情况下迅速发展壮大起来的。3GPP（3rd Generation Partnership Project）在 Release 13 中制定了 NB-IoT 的物联技术协议标准，并设计了与其对应的终端设备 Cat-NB1，其采用独立的空口连接技术使整体网络技术更加成熟、稳定，更能满足现阶段万物互联的网络技术需求。

1. 数据传输机制

为了简化 NB-IoT 网络结构与节约成本，NB-IoT 基于 LTE 信令流程对控制面传输功能和用户面传输功能进行了优化。

在控制面传输功能优化方面，引入了一种针对 NB-IoT 的新型数据通信模式——non-IP 模式，该模式不需要 IP 协议栈，也没有 IP 分组头，不仅提高了数据传输效率，还提高了网络的安全性。针对 non-IP 模式增加了 SCEF（Service Capability Exposure Function）网络单元，控制面传输不经过基站，直接通过非接入层传输非 IP 数据包，提高了传输的安全性。

在用户面传输功能优化方面，使用了挂起恢复传输模式，以减少与外部数据的空口指令交互，在建立连接至传输空闲状态时，NB-IoT 的终端设备将保存与基站连接时由无线控制资源分配的 IP 地址、端口号等标志性配置信息，省去了空口加密重新建立连接等信令流程，最大限度地降低功耗。NB-IoT 支持多载波传输，支持上行和下行的最大重传次数分别为 128 和 2048 次，多次重传可提高自适应异步增益，从而在整体上使 NB-IoT 得到优化。

2. 频谱资源的分配

由于适用于物联网，NB-IoT 受到国内各运营商的青睐，并各自划分相应的频段来部署自己的网络，NB-IoT 采用包交换的频分半双工数据传输模式，将上行频段和下行频段分开。中国联通部署了上行频段 909MHz～915MHz、下行频段 954MHz～960MHz、频宽 6MHz，以及上行频段 1745MHz～1765MHz、下行频段 1840MHz～1860MHz、频宽 20MHz 的网络；中国电信部署了上行频段 825MHz～840MHz、下行频段 870MHz～885MHz、频宽 15MHz 的网络；中国移动部署了上行频段 890MHz～900MHz、下行频段 934MHz～944MHz、频宽 10MHz，以及上行频段 1725MHz～1735MHz、下行频段 1820MHz～1830MHz、频宽 10MHz 的网络。各运营商利用自身优势部署 NB-IoT，这样的良性竞争环境能够促进其应用与发展，推动物联网技术的突破，既解决实际应用问题，又为生活提供方便。

3. 物理层性能

NB-IoT 支持 3 种部署方式：①在已有的 GSM/GERAN 的无线入网频谱中替换原有载波的独立部署方式；②基于未被 LTE 载波利用的频段的保护带部署方式；③采用 LTE 载波内部拥有的频段的带内部署方式。其下行链路帧结构、多址方式等基本沿用了原有的 LTE 结构，只是在充分利用带宽扩大信号的覆盖范围时重新简化了下行物理信道、窄带同步信号及窄带参考信号的相关设计，并在下行传输中使用了周期性传输间隔，以避免进行大规模传输时数据阻塞，支持重传模式也使下行传输的覆盖范围扩大。

NB-IoT 网络的上行链路支持单载波或多载波传输，物联网终端和连接基站会根据预先设定的信息进行相应的配置，以保证数据传输安全可靠，上行传输的多址技术均在单载波频分多址技术的基础上进行数据帧结构设计。为了扩大上行传输的覆盖范围，使用重复传输模式，增大上行传输间隔，便于切换上行和下行传输链路，以补偿长时间连续传输导致的终端晶振频率偏移。NB-IoT 的终端设备通过具有覆盖等级（信号强度）的随机接入流程与无线资源控制层建立连接，会产生与自身数据量和功率冗余相关的数据状态标志，以使连接基站分配相应的无线控制资源。

4. 入网性能

NB-IoT 的入网流程与 LTE 网络的入网流程基本一致，先通过信号搜索可接入网络的频率和标志，接着获得系统信息，准备就绪后启动随机接入流程，与无线控制资源建立连接，如果物联网终端传输数据或返回无线控制资源的空闲状态，则使用覆盖等级不同的随机接入流程。

NB-IoT 简化了协议栈，并定义了一种新型无线承载逻辑信道，只保留了独立于 LTE 网络的 8 个系统信息块的信息类型。物联网终端设备具有一定的移动性，当进入其他基站需要重新入网时，终端设备会发送无线控制资源的 RRC 广播消息并持续搜索 Suitable Cell 信号，搜索到该信号后，结合自身的信号强度和基站当前的连接数量决定是否发起连接请求，如果允许接入新基站，则通过具有覆盖等级标志的随机接入流程与新基站建立连接。

6.4　电力载波通信技术

电力载波通信是电力系统特有的基本通信方式，指利用现有电力线通过载波方式对模拟信号或数字信号进行高速传输的技术。该技术可以利用已有的电力网络进行通信，不需要重新布线，且电力网络分布广，接入方便。

低压电力线不是专门用于传输通信数据的，其拓扑结构和物理特性与传统的传输介质（如双绞线、同轴电缆、光纤等）不同。在传输信号时，其信道特性相当复杂，负载多、噪声干扰强，存在衰减和延时，通信环境相当恶劣。其工作频率为10kHz～500kHz，电力载波通信的关键是要提高抗干扰能力，稳定可靠地传输数据。电力载波通信电路如图 6-32 所示。

1. 发送路径

子板使用 4 路 PWM 通道生成近似正弦波。PWM 通道之间存在相位偏移，其瞬态幅值的叠加结果与阶梯正弦波类似。使用带通滤波器对该阶梯正弦波进行滤波，可以得到相对纯净的正弦波，需要的滤波量取决于 PWM 通道数。使用的 PWM 通道数越多，需要的滤波量越少。基于 PWM 通道的模拟信号生成如图 6-33 所示。

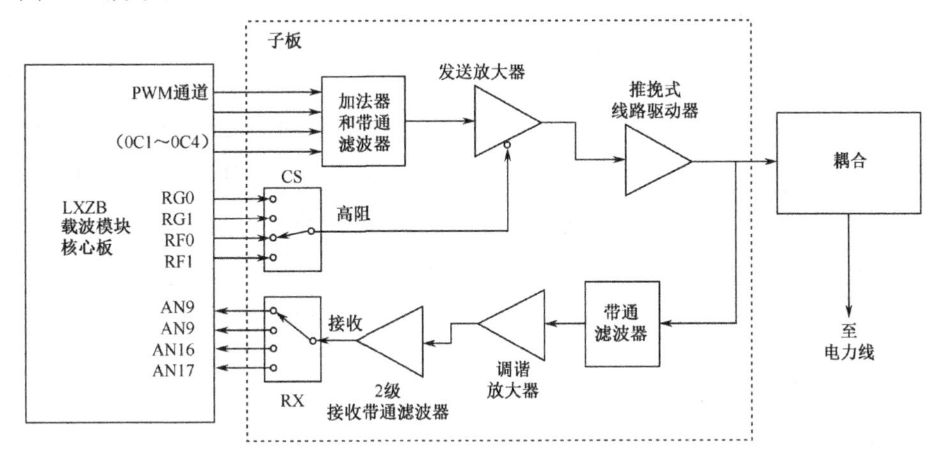

图 6-32　电力载波通信电路

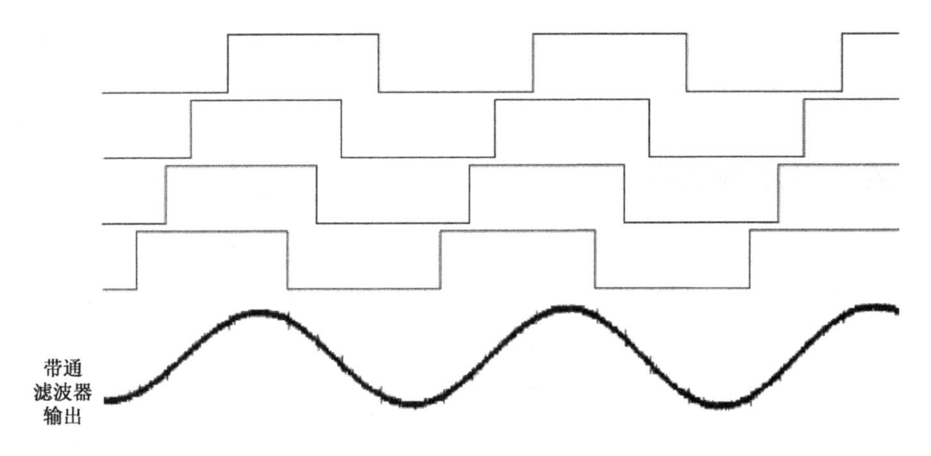

图 6-33 基于 PWM 通道的模拟信号生成

将信号传输至线路驱动器（通过采用推挽式配置的晶体管实现），线路驱动器的输出通过 HV 适配器电缆耦合至电力线。

2. 接收路径

HV 适配器电缆接收电力线上的调制信号并通过带通滤波器滤除噪声和干扰信号。将滤波后的信号送到调谐放大器（通过采用共射极配置的晶体管放大器实现），通过 MCP6282 运放两侧的高增益 2 级有源带通滤波器对放大后的信号进行滤波，将结果传输至 A/D 转换器。

6.5 体域网通信技术

2012 年，致力于实现短距离无线通信标准化的 IEEE 802.15 工作组正式批准了由人体周边传感器及器件构建的短距离无线通信标准（IEEE 802.15.6 标准），实现了体域网（Body Area Network，BAN）通信的标准化。

IEEE 802.15.6 标准广泛应用于穿戴式电子装置、植入装置及人体周围电子设备，可形成以人体为中心的个人区域网（Personal Area Network，PAN）。

体域网通信技术是一种以人体为信号传输介质的数据通信技术，将人体作为数据传输的“导线”，实现高速通信。在信源端，通过耦合电极将信号施加于人体表面，使其在人体内传输；在信宿端，通过高灵敏度接收器检测由人体传输的信号，进而实现以人体为信号传输介质的通信。体域网通信技术的应用示意图如图 6-34 所示。由于其远低于国际电信联盟（International Telecommunication

Union，ITU）允许的电场强度，因此无须担心安全问题。

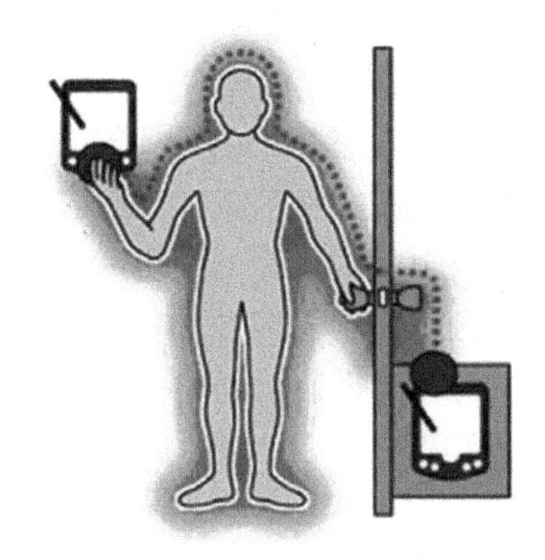

图 6-34　体域网通信技术的应用示意图

体域网通信技术通过人体建立通信信号的传输通道，可以在不连接电缆的情况下，实现穿戴式电子装置的网络连接，从而构建一种以人体为中心的新型军用体域网。采用有线方式和无线方式的穿戴式电子装置的对比如图 6-35 所示。未来可以通过体域网通信技术获取人体内微型传感器的信息，实现对生理信息的实时、网络化监测。

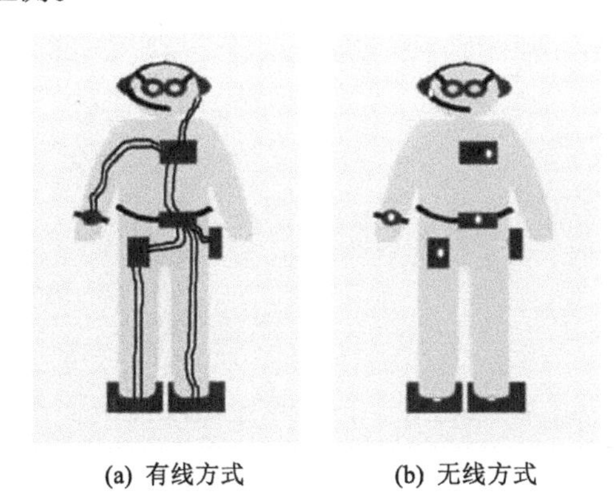

(a) 有线方式　　(b) 无线方式

图 6-35　采用有线方式和无线方式的穿戴式电子装置的对比

与目前已有的蓝牙、ZigBee 等短距离无线通信技术相比，体域网通信技术具有以下优势。

（1）高质量信号传输。由于体域网通信技术以人体为“导线”，相当于一种特殊的“有线通信”，避免了敌方军事电子信息系统或战场条件下的无线电磁干扰问题，提高了信号传输质量。

（2）较高的安全性。信号在人体内传输，几乎不对外辐射，可以避免出现信号拦截等安全问题。当多人体通信时，通信过程均在通信参与者的监视下进行，人体脱离接触则中止通信，保障了通信安全。

（3）较高的传输速率。目前，蓝牙、ZigBee 等短距离无线通信技术的传输速率相对较低，难以满足军用通信系统的高速数据传输需求。而基于电光调制的人体通信系统的传输速率已达 10Mbps，理论上可达 Gbps 级。

（4）通过人体接触即可建立与外部网络的连接。在人体之间、人体与外部介质（人体通信技术也适用于动物、金属、水等其他介质）相互接触的瞬间，即建立信号传输通道。因此，可以通过人的接触、抓取、坐立、行走等自然的运动，完成通信网络接入。

（5）即使同时有多用户通信，也不会出现带宽问题。在由多人构成的体域网中，由于以人体为信号传输介质，加入一个人体通信网络用户，就意味着同时在网络中增加了一个物理传输通道（人体）。因此，网络传输速率不受影响。

作为一种新型通信技术，体域网通信技术在短距离无线通信领域具有巨大应用前景。

第 7 章

智能传感器的信号处理技术

随着大规模集成电路的飞速发展，以及数字信号处理理论和技术的成熟与完善，数字信号处理逐渐取代模拟信号处理，成为重要的信号处理技术。

信号处理的主要任务是对信号进行采样接收、频谱分析、域变换、综合和估值识别等。与模拟信号处理系统相比，数字信号处理系统具有更高的灵活性、稳定性，以及高精度，便于大规模集成。

数字信号处理指利用计算机或专用处理设备对数字信号进行分析、变换、综合、估计与识别的过程。作为数字信号处理的重要组成部分，滤波技术的主要任务是从带有噪声干扰的信号中提取有用信号。

7.1 滤波技术

滤波一词源于通信理论，是从含有干扰的接收信号中提取有用信号的技术。"接收信号"相当于被观测的随机过程，"有用信号"相当于被估计的随机过程，可以认为滤波是用当前和过去的观测值估计当前信号的过程。可以通过滤波器实现上述滤波功能，可以认为滤波器是一种频率选择器，其将输入信号的某些频率成分进行压缩、放大，从而改变信号的频谱结构。

根据系统输入和输出信号的特性可以将滤波器分为模拟滤波器和数字滤波器。模拟滤波器由电阻、电容、电感及有源器件等构成，会产生电压漂移、温度漂移和噪声等不稳定因素，精度不高；数字滤波器要求系统的输入和输出信号均为数字信号，通过对输入信号进行数值运算来实现滤波，精度更高、更灵活可靠。

可以将滤波器分为经典滤波器和现代滤波器。经典滤波器主要包括低通、高通、带通、带阻滤波器；现代滤波器建立在随机信号处理的基础上，在有用信号和干扰信号互相重叠的情况下，按照随机信号内部的一些统计分布规律（如自相关函数、功率谱等）得到一套最佳估值算法，以提取有用信号，包括维纳滤波器、卡尔曼滤波器、匹配滤波器和自适应滤波器等。

7.1.1 经典滤波器

经典滤波器要求输入信号中有用信号的频率成分和希望滤除信号的频率成分各占有不同的频段，这可以通过合适的选频滤波器实现。当输入信号中含有干扰信号，且有用信号和干扰信号不重叠时，可通过选频滤除干扰得到有用信号。

1. 经典滤波器的分类

在电路中，滤波器的主要作用是使有用信号有效通过，并使无用信号衰减。按频率通带的范围，可以将经典滤波器分为低通滤波器、高通滤波器、带通滤波器和带阻滤波器。4 种经典滤波器如图 7-1 所示。

从图 7-1(a)中可以看出，理想低通滤波器允许直流和频率低于截止频率的信号通过，且信号没有功率损失，频率高于截止频率的信号则会被彻底阻断，通带与阻带之间没有过渡带；从图 7-1(b)中可以看出，理想高通滤波器与理想低通滤波器的频率响应刚好相反；从图 7-1(c)中可以看出，理想带通滤波器的中心频率位于信号通带的中心，在中心频率左右的某范围内为信号通带，在该范围外的信号不能通过；从图 7-1(d)中可以看出，理想带阻滤波器的频率响应与理想带通滤波器相反。

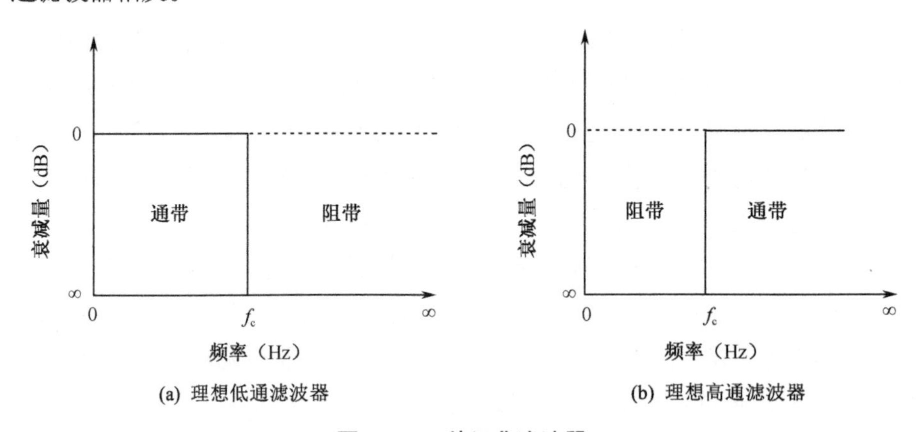

图 7-1 4 种经典滤波器

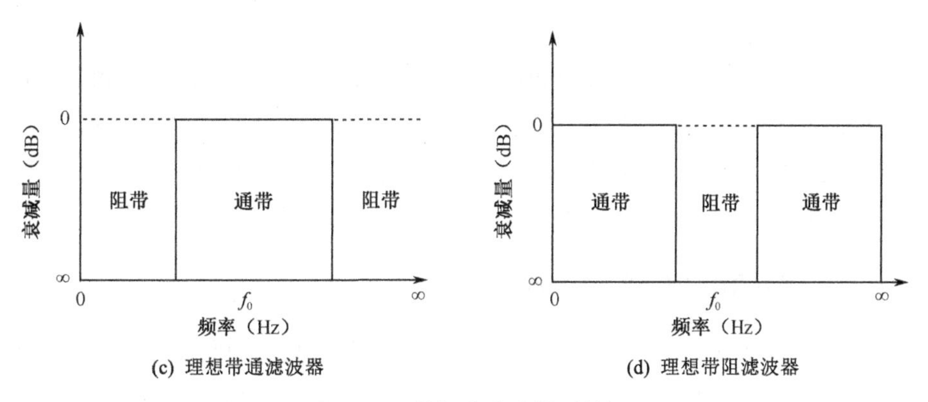

(c) 理想带通滤波器　　(d) 理想带阻滤波器

图 7-1　4 种经典滤波器（续）

2. 滤波器的主要指标

滤波器的主要指标包括中心频率（ f_0 ）和截止频率（ f_c ）、带宽（ Δf ）、插入损耗（ L_A ）、品质因数（ Q值）等。

1）中心频率和截止频率

中心频率用 f_0 表示，带通滤波器在中心频率附近的某范围内允许信号通过，带阻滤波器则与之相反。对于低通滤波器和高通滤波器来说，相关指标为截止频率，用 f_c 表示。

2）带宽

通常将带宽定义为 3dB 衰减对应的上限截止频率 f_H 和下限截止频率 f_L 的差，表示为

$$\mathrm{BW} = f_H - f_L \tag{7-1}$$

3）插入损耗

要使信号在滤波器通带范围内实现无失真传输，必须保证信号在通带内任意频率处的衰减幅度相同。零衰减和完全保持同一衰减幅度是不可能实现的，因此在实际工程中，为追求一个合适的衰减幅度及波动范围，通常采用插入损耗（ L_A ）来衡量通带内的损耗水平。

$$L_A = 10\log\left(\frac{P_{in}}{P_L}\right) = -10\log\left(1-|\varGamma_{in}|^2\right) = 10\log\left(\frac{1}{|S_{21}|^2}\right) \tag{7-2}$$

式中，P_L 是滤波器向负载输出的功率，P_{in} 是滤波器从信号源得到的输入功率，$|\varGamma_{in}|$ 是从信号源向滤波器看去的反射系数。

4）品质因数

品质因数（Q 值）是衡量滤波器性能的重要指标，分为有载 Q 值和无载 Q 值。Q 值定义为在谐振频率下，平均储能和一个周期内的平均储能消耗之比。滤波器的无载 Q 值表征滤波器自身特性，有载 Q 值表征滤波器带负载的损耗特性；滤波器的无载 Q 值越高，滤波器特性越好，带特定负载的损耗越小。

3. 巴特沃斯滤波器的设计方法

巴特沃斯滤波器是一种具有通带内最大平坦振幅特性的低通滤波器，在线性相位、衰减斜率和加载特性 3 个方面具有特性均衡的优点，在通信领域已有广泛应用。

巴特沃斯滤波器的幅度平方函数为

$$\left|H_a(\mathrm{j}\omega)\right|^2=\left|\frac{1}{\sqrt{1+(\omega/\omega_c)^{2N}}}\right|^2 \tag{7-3}$$

式中，N 为滤波器的阶数，ω_c 为低通滤波器的截止频率。当 $\omega=\omega_c$ 时，$\left|H_a(\mathrm{j}\omega)\right|^2=\frac{1}{2}$，因此 ω_c 为滤波器的半功率点。巴特沃斯滤波器的幅频特性如图 7-2 所示，其具有以下特点。

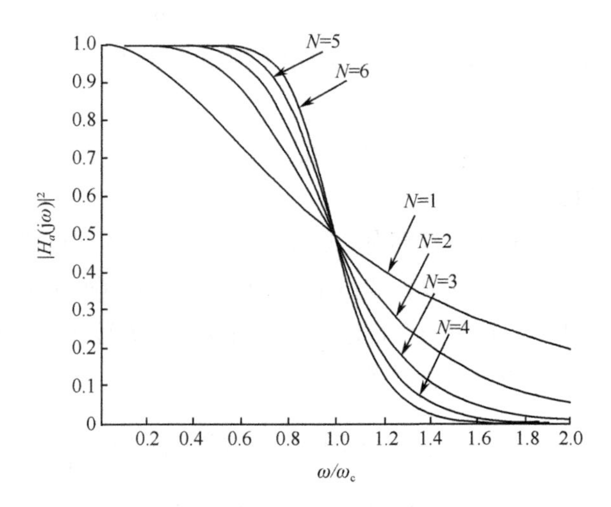

图 7-2 巴特沃斯滤波器的幅频特性

（1）最大平坦性：可以证明，当 $\omega=0$ 时，其前 $2N-1$ 阶导数都等于零，这表示巴特沃斯滤波器在 $\omega=0$ 附近非常平坦。

（2）通带、阻带下降的单调性：该滤波器具有良好的相频特性。

（3）−3dB 的不变性：N越大，特性曲线越陡峭，越接近理想特性曲线。但不管N是多少，幅频特性都通过−3dB 点（截止频率）。

1）**极点分布**

将$\left|H_a(\mathrm{j}\omega)\right|^2$变换得到

$$H_a(S)H_a(-S)=\frac{1}{1+\left(\dfrac{S}{\mathrm{j}\omega_\mathrm{c}}\right)^{2N}} \tag{7-4}$$

极点S_k表示为

$$S_k=(-1)^{\frac{1}{2N}}(\mathrm{j}\omega_\mathrm{c})=\omega_\mathrm{c}\mathrm{e}^{\mathrm{j}\pi\left(\frac{1}{2}+\frac{2k+1}{2N}\right)} \tag{7-5}$$

为形成稳定的滤波器，2N 个极点中左半平面的 N 个极点构成$H_a(S)$，右半平面的N个极点构成$H_a(-S)$。$H_a(S)$为

$$H_a(S)=\frac{\omega_\mathrm{c}^N}{\prod\limits_{k=0}^{N-1}(S-S_k)} \tag{7-6}$$

设N=6，则极点有 12 个，分别为

$$\begin{aligned}
&S_0=\omega_\mathrm{c}\mathrm{e}^{\mathrm{j}\pi\frac{7}{12}},\ S_1=\omega_\mathrm{c}\mathrm{e}^{\mathrm{j}\pi\frac{9}{12}}\\
&S_2=\omega_\mathrm{c}\mathrm{e}^{\mathrm{j}\pi\frac{11}{12}},\ S_3=\omega_\mathrm{c}\mathrm{e}^{-\mathrm{j}\pi\frac{11}{12}}\\
&S_4=\omega_\mathrm{c}\mathrm{e}^{-\mathrm{j}\pi\frac{9}{12}},\ S_5=\omega_\mathrm{c}\mathrm{e}^{-\mathrm{j}\pi\frac{7}{12}}\\
&S_6=\omega_\mathrm{c}\mathrm{e}^{-\mathrm{j}\pi\frac{5}{12}},\ S_7=\omega_\mathrm{c}\mathrm{e}^{-\mathrm{j}\pi\frac{3}{12}}\\
&S_8=\omega_\mathrm{c}\mathrm{e}^{-\mathrm{j}\pi\frac{1}{12}},\ S_9=\omega_\mathrm{c}\mathrm{e}^{\mathrm{j}\pi\frac{1}{12}}\\
&S_{10}=\omega_\mathrm{c}\mathrm{e}^{\mathrm{j}\pi\frac{3}{12}},\ S_{11}=\omega_\mathrm{c}\mathrm{e}^{\mathrm{j}\pi\frac{5}{12}}
\end{aligned} \tag{7-7}$$

六阶巴特沃斯滤波器的极点分布如图 7-3 所示。

取左半平面的极点 S_0、S_1、S_2、S_3、S_4、S_5组成$H_a(S)$。

$$H_a(S)=\frac{\omega_\mathrm{c}^6}{\left(S+\omega_\mathrm{c}\mathrm{e}^{\mathrm{j}\pi\frac{7}{12}}\right)\left(S+\omega_\mathrm{c}\mathrm{e}^{\mathrm{j}\pi\frac{9}{12}}\right)\left(S+\omega_\mathrm{c}\mathrm{e}^{\mathrm{j}\pi\frac{11}{12}}\right)\left(S+\omega_\mathrm{c}\mathrm{e}^{-\mathrm{j}\pi\frac{11}{12}}\right)\left(S+\omega_\mathrm{c}\mathrm{e}^{-\mathrm{j}\pi\frac{9}{12}}\right)\left(S+\omega_\mathrm{c}\mathrm{e}^{-\mathrm{j}\pi\frac{7}{12}}\right)} \tag{7-8}$$

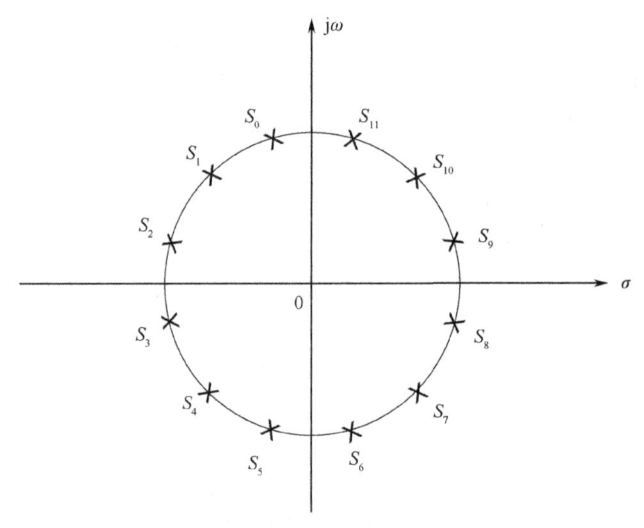

图 7-3　六阶巴特沃斯滤波器的极点分布

2）频率归一化

对截止频率ω_c进行归一化，归一化后的$H_a(S)$为

$$H_a(S)=\frac{1}{\prod_{k=0}^{N-1}\left(\frac{S}{\omega_c}-\frac{S_k}{\omega_c}\right)} \tag{7-9}$$

式中，$S/\omega_c = j\omega/\omega_c$。令$\lambda=\omega/\omega_c$，$\lambda$为归一化频率；令$p=j\lambda$，$p$为归一化复变量，则归一化传输函数为

$$H_a(p)=\frac{1}{\prod_{k=0}^{N-1}(p-p_k)} \tag{7-10}$$

式中，p_k为归一化极点，表示为

$$p_k=e^{j\pi\left(\frac{1}{2}+\frac{2k+1}{2N}\right)} \tag{7-11}$$

将式（7-11）代入式（7-10），得到

$$H_a(p)=\frac{1}{b_0+b_1p+\cdots+b_{N-1}p^{N-1}+p^N} \tag{7-12}$$

归一化巴特沃斯滤波器的极点、系数、分母分别如表 7-1、表 7-2 和表 7-3 所示。

表 7-1　归一化巴特沃斯滤波器的极点

阶数 N	$P_{0,N-1}$	$P_{1,N-2}$	$P_{2,N-3}$	$P_{3,N-4}$	P_4
1	−1.0000				
2	−0.7071±j0.7071				
3	−0.5000±j0.8660	−1.0000			
4	−0.3827±j0.9239	−0.9239±j0.3827			
5	−0.3090±j0.9511	−0.8090±j0.5878	−1.0000		
6	−0.2588±j0.9659	−0.7071±j0.7071	−0.9659±j0.2588		
7	−0.2225±j0.9749	−0.6235±j0.7818	−0.9010±j0.4339	−1.0000	
8	0.1951±j0.9808	0.5555±j0.8315	−0.8315±j0.5556	−0.9808±j0.1951	
9	−0.1736±j0.9848	−0.5000±j0.8660	−0.7660±j0.6428	−0.9397±j0.3420	−1.0000

表 7-2　归一化巴特沃斯滤波器的系数

阶数 N	b_0	b_1	b_2	b_3	b_4	b_5	b_6	b_7	b_8
1	1.0000								
2	1.0000	1.4142							
3	1.0000	2.0000	2.0000						
4	1.0000	2.6131	3.4142	2.613					
5	1.0000	3.2361	5.2361	5.2361	3.2361				
6	1.0000	3.8637	7.4641	9.1416	7.4641	3.8637			
7	1.0000	4.4940	10.0978	14.5918	14.5918	10.0978	4.4940		
8	1.0000	5.1258	13.1371	21.8462	25.6884	21.8462	13.1371	5.1258	
9	1.0000	5.7588	16.5817	31.1634	41.9864	41.9864	31.1634	16.5817	5.7588

表 7-3　归一化巴特沃斯滤波器的分母

阶数 N	$B(p)=B_1(p)B_2(p)B_3(p)B_4(p)B_5(p)$
1	$(p+1)$
2	$(p^2+1.4142p+1)$
3	$(p^2+p+1)(p+1)$
4	$(p^2+0.7654p+1)(p^2+1.8478p+1)$
5	$(p^2+0.6180p+1)(p^2+1.6180p+1)(p+1)$
6	$(p^2+0.5176p+1)(p^2+1.4142p+1)(p^2+1.9319p+1)$

续表

阶数 N	$B(p)=B_1(p)B_2(p)B_3(p)B_4(p)B_5(p)$
7	$(p^2+0.4450p+1)(p^2+1.2470p+1)(p^2+1.8019p+1)(p+1)$
8	$(p^2+0.3902p+1)(p^2+1.1111p+1)(p^2+1.6629p+1)(p^2+1.9616p+1)$
9	$(p^2+0.3473p+1)(p^2+p+1)(p^2+1.5321p+1)(p^2+1.8794p+1)(p+1)$

3）阶数 N 的确定

阶数 N 的大小主要影响幅频特性变化的速度，其由技术指标确定。将 $\omega=\omega_p$ 代入式（7-4），得到

$$1+\left(\frac{\omega_p}{\omega_c}\right)^{2N}=10^{\frac{a_p}{10}} \tag{7-13}$$

将 $\omega=\omega_S$ 代入式（7-4），得到

$$1+\left(\frac{\omega_S}{\omega_c}\right)^{2N}=10^{\frac{a_S}{10}} \tag{7-14}$$

由式（7-13）和式（7-14）得到

$$\left(\frac{\omega_p}{\omega_S}\right)^{N}=\sqrt{\frac{10^{\frac{a_p}{10}}-1}{10^{\frac{a_S}{10}}-1}} \tag{7-15}$$

令 $\lambda_{Sp}=\dfrac{\omega_S}{\omega_p}$， $k_{Sp}=\sqrt{\dfrac{10^{\frac{a_p}{10}}-1}{10^{\frac{a_S}{10}}-1}}$，则 N 为

$$N=-\frac{\lg k_{Sp}}{\lg \lambda_{Sp}} \tag{7-16}$$

用式（7-16）求出的 N 可能有小数部分，应取大于等于 N 的最小整数。如果技术指标中没有给出 ω_c，可以利用式（7-13）或式（7-14）得到。

由式（7-13）得到

$$\omega_c=\omega_p\left(10^{0.1a_p}-1\right)^{-\frac{1}{2N}} \tag{7-17}$$

由式（7-14）得到

$$\omega_c=\omega_S\left(10^{0.1a_S}-1\right)^{-\frac{1}{2N}} \tag{7-18}$$

综上所述，巴特沃斯滤波器的设计步骤如下。

（1）根据技术指标 ω_p、a_p、ω_S 和 a_S，利用式（7-16）求出滤波器的阶数 N。

（2）利用式（7-11）求出归一化极点 p_k，将 p_k 代入式（7-10），得到归一化传输函数 $H_a(p)$。

（3）对 $H_a(p)$ 去归一化。将 $p = S/\omega_c$ 代入 $H_a(p)$，得到实际的滤波器传输函数 $H_a(S)$。

7.1.2　数字滤波

在概念上，数字滤波和模拟滤波没有区别，区别在于两者的输入和输出信号形式及滤波方式。模拟滤波主要利用电阻、电容、电感、晶体管等来改变信号的频谱成分，数字滤波则利用算法来改变信号的频谱成分。虽然可以通过 A/D 转换器或 D/A 转换器来实现用数字滤波器处理模拟信号或用模拟滤波器处理数字信号，但随着数字信号处理技术的发展，数字滤波器逐渐表现出许多模拟滤波器不具备的优点。因此，数字滤波技术越来越受到人们的关注。

数字滤波技术指在软件中对采集到的数据进行消除干扰的处理的技术。一般来说，除了在硬件中采取抗干扰措施，还要在软件中进行数字滤波，以进一步消除附加在数据中的各种干扰，使采集到的数据能够真实反映现场的实际情况。这里介绍的是可以在工控软件中应用的一般数字滤波技术，其能够满足一般数据处理需要。

1. 算术平均值法

算数平均值法在一个周期内的不同时间点采样，然后求平均值，这种方法可以有效消除周期性干扰。可以将这种方法推广为对连续的几个周期进行平均，将测点前后某范围内的平均值作为该点的值。算数平均值法如图 7-4 所示。

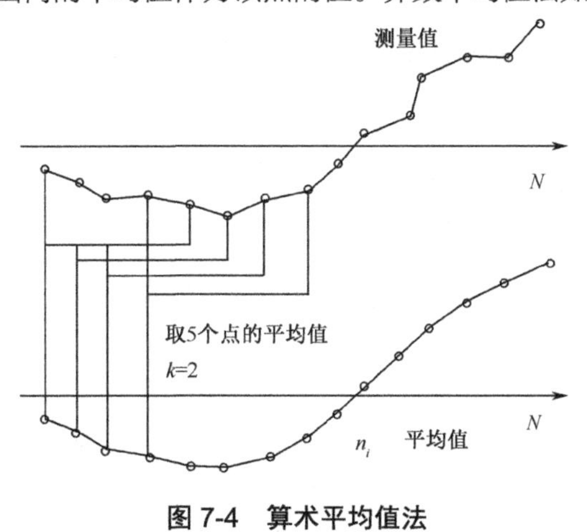

图 7-4　算术平均值法

N 个数字信号测试点序列为

$$\{f_1, f_2, f_3, \cdots, f_n\} \tag{7-19}$$

则 i 点的值为

$$g_i = \frac{1}{5}(f_{i-2} + f_{i-1} + f_i + f_{i+1} + f_{i+2}) \tag{7-20}$$

此时，i 点的值为其与其前后各 k 个点的平均值，即 i 点的新值 g_i 为包括 i 点在内的 $2k$+1 个点的平均值，将其称为平滑值，则有

$$g_i = \frac{1}{2k+1}(f_{i-k} + f_{i-k+1} + \cdots + f_i + \cdots + f_{i+k-1} + f_{i+k}) \tag{7-21}$$

即

$$g_i = \frac{1}{2k+1}\sum_{j=-k}^{k} f_{i+j} \tag{7-22}$$

在横轴的两端有不能计算平滑值的部分，要注意 i 的取值范围（i=1+k, 2+k, 3+k, ⋯, N+k）。不同 k 值下的平滑曲线如图 7-5 所示。由从图 7-5 可知，k 值越大，波形越平滑，k 值过小则平滑效果较差，k 值过大则波形过于平坦，因此 k 值的大小要根据频率而变化。

对于频率较高、幅值不大的干扰，算术平均值法可在一定程度上将其滤除；对于成分较多、频率不高的干扰，则效果不佳。

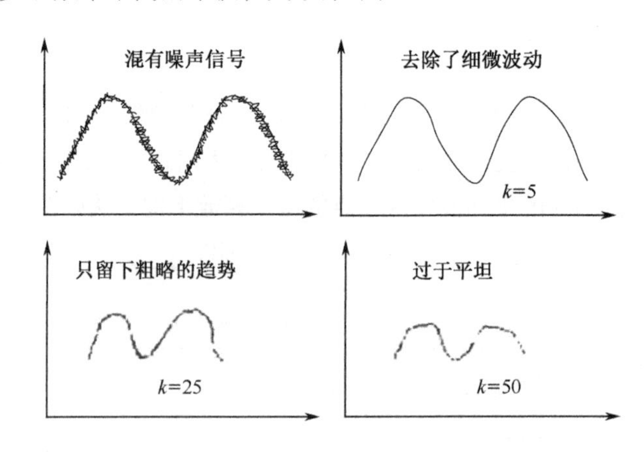

图 7-5　不同 k 值下的平滑曲线

2. 加权平均值法

算术平均值法对采样值给出相同的加权系数，即 1/N。但在一些情况下，为了改善滤波效果及提高灵敏度，需要提高新采样值在平均值中的比重，即对各

采样位取不同的比例再相加，将该方法称为加权平均值法，其表达式为

$$Y_n = \sum_{i=1}^{n} C_i x_i \tag{7-23}$$

式中，$0 < C_1 < C_2 < \cdots < C_n$ 且 $C_1 + C_2 + \cdots + C_n = 1$。

加权因子 C 的选取可根据具体情况确定，一般采样值越靠后，其比重越高，这样可以提高新采样值在平均值中的比例，以迅速反映系统当前所受干扰的严重程度，提高系统对正常变化的灵敏度及对干扰的灵敏度。

采用加权平均值法需要不断计算各加权系数，增加了计算量，降低了控制速度，因此其不如算术平均值法应用广泛。

3. 滑动平均值法

滑动平均值法将 N 个采样数据看成一列，列的长度固定为 N，每进行一次新的采样，就将新的采样结果放入队尾，并去掉队首的一个数据，这样在队列中始终有 N 个“最新”数据。滑动平均值法的优点是能快速处理信号，输入一个值就能输出一个值，不像算数平均值法那样输入 N 个值才能输出一个值，因此滑动平均值法适用于高速数据采集系统。

采用滑动平均值法时，信号不会突变，这种方法具有一定的局限性，其将所有的信号突变都看作干扰。这种方法可以在一些比较特殊的场合中应用，在使用时需要改变相应的数据处理过程，如 PID 参数。采用滑动平均值法的表达式为

$$Y_n = Q_1 X_n + Q_2 X_{n-1} + Q_3 X_{n-2} \tag{7-24}$$

式中，$Q_1 + Q_2 + Q_3 = 1$ 且 $Q_1 > Q_2 > Q_3$。

滑动平均值法的滤波效果较好，克服了算术平均值法和加权平均值法计算和输出慢、滤波周期长等缺点。

4. 中值滤波法

中值滤波法对某被测参数连续采样 N 次（一般 N 为奇数），对 N 个采样值从小到大或从大到小排序，将其中间值作为本次采样值。设有 $x_1, x_2, \cdots, x_n$ 共 N 个数，计算流程如下。

（1）利用排序算法对 x_i 排序，得到新的数列 $y_1, y_2, \cdots, y_n$。

（2）计算 $N/2$，能整除则说明 N 是偶数，不能整除则说明 N 是奇数，取 $N/2$ 的整数部分，设为 k。

（3）计算所求数值。当 N 为偶数时，$z=\frac{(y_k+y_{k+1})}{2}$；当 N 为奇数时，$z=y_k$。

中值滤波法对于去掉偶然因素引起的波动或采样器不稳定造成的误差所引起的脉冲干扰比较有效，对温度、液位等变化缓慢的参数具有较好的滤波效果，但对流量、速度等快速变化的参数一般不适用。

另外，中值滤波法在模式识别图像处理中应用较多，对需要检分的数据进行中值滤波能得到比较理想的结果。

5. 程序判断滤波法

当随机干扰、误检或变送器不稳定等引起采样信号严重失真时，可以采用程序判断滤波法。该方法根据经验确定两次采样输入信号可能出现的最大偏差 ΔY，如果相邻两次采样信号的差大于 ΔY，则表明该采样信号是干扰信号，应该去掉；如果小于 ΔY，则表明没有受到干扰，可以将其作为本次采样值。

可以将程序判断滤波法分为限幅滤波和限速滤波两种。

1）限幅滤波

限幅滤波将相邻两次采样值相减，求出其增量的绝对值，并与最大允许偏差 ΔY 比较，如果小于等于 ΔY，则保留本次采样值；如果大于 ΔY，则取上一次采样值作为本次采样值，即 $|Y_n-Y_{n-1}|\leqslant\Delta Y$，则 $Y_n=Y_n$；$|Y_n-Y_{n-1}|>\Delta Y$，则 $Y_n=Y_{n-1}$。Y_n 为第 n 次采样值，Y_{n-1} 为第 n-1 次采样值。

限幅滤波的优点是能有效克服偶然因素引起的干扰，缺点是无法抑制周期性干扰、平滑度低。

2）限速滤波

设相邻采样时刻 t_1、t_2、t_3 的采样值分别为 Y_1、Y_2、Y_3。

当 $|Y_2-Y_1|\leqslant\Delta Y$ 时，将 Y_2 作为滤波输出值。

当 $|Y_2-Y_1|>\Delta Y$ 时，不采用 Y_2，但保留其值，取第三次采样值 Y_3。

当 $|Y_3-Y_2|\leqslant\Delta Y$ 时，将 Y_3 作为滤波输出值。

当 $|Y_3-Y_2|>\Delta Y$ 时，将 $(Y_3+Y_2)/2$ 作为滤波输出值。

限速滤波既照顾了滤波输出值的实时性，又照顾了其变化的连续性。程序判断滤波法适用于变化较慢的参数，如温度、液位等。其关键在于最大允许误差 ΔY 的选取，如果 ΔY 过大，干扰会"趁机而入"；如果 ΔY 过小，某些有用信号则会被"拒之门外"，使采样效率降低。通常 ΔY 根据经验数据获得，在必要时可通过实验得出。

程序判断滤波法的滤波结果基本上很平稳，不会出现过大或过高的波形，这是由其特点决定的。其优点是简单、快速；缺点是信号失真的情况比较严重，不能完全反映信号的真实变化，且不好确定其临界值，当临界值需要改变时很不方便。

6. 防脉冲干扰平均滤波法

前面提到的算术平均值法和中值滤波法各有优缺点，前者不易消除由脉冲干扰引起的采样值偏差，后者受采样点数限制，应用范围缩小。如果将两者结合，则可以取长补短，即通过中值滤波法滤除脉冲干扰，再对剩下的采样值进行算术平均。

如果 $X_1 \leqslant X_2 \leqslant X_3 \leqslant \cdots \leqslant X_n$（$3 \leqslant n \leqslant 14$），则

$$Y = \frac{X_2 + X_3 + \cdots + X_n}{n-2} \tag{7-25}$$

防脉冲干扰平均滤波法具有算术平均值法和中值滤波法的优点，既可以滤除脉冲干扰，又可以对采样值进行平滑加工，在快速和慢速系统中都能削弱干扰，提高控制质量。当采样点数为 3 时，该方法即中值滤波法。该方法的缺点是测量速度较慢。

该方法能显示信号原有波形，波形总体比较平稳，但滤波后噪声大，且滤波效率低、速度慢，不适用于高速数据采集系统。

7. 一阶滞后滤波法

算术平均值法属于静态滤波方法，主要适用于参数变化比较快的情况，如压力、流量等，对于参数慢速随机变化的情况来说，在短时间内连续采样求平均值的方法的滤波效果不好。因此，通常采用动态滤波方法，如一阶滞后滤波法，其表达式为

$$Y_n = (1-a)X_n + aY_{n-1} \tag{7-26}$$

式中，X_n 为第 n 次采样值，Y_{n-1} 为上次滤波输出值，Y_n 为第 n 次采样后的滤波输出值，t 为滤波环节的时间常数，a 为滤波平滑系数，$a \approx t/(t+T)$，T 为采样周期。

通常，采样周期 T 远小于滤波环节的时间常数 t，t 和 T 可以根据具体情况确定，只要被滤波的信号不产生明显的波纹即可。

一阶滞后滤波法又称惯性滤波法，其优点是对周期性干扰有良好的抑制作用，适用于波动频率较高的场合，能很好地消除周期性干扰，但也存在相位滞

后、灵敏度低的问题，其滞后程度取决于 a 值大小，不能消除滤波频率高于采样频率 1/2 的干扰信号。

通过一阶滞后滤波法得到的信号波形比较平稳，且各点的间隔较小，滤波速度较快，适用于高速数据采集系统。其缺点是不能完全避免偶然性干扰的影响，且基数不好确定，需要经过大量实践才能得出大概的基数，如果在此过程中有其他方面需要改动，则需要重新计算基数，因此不适用于变化较快的数据采集系统。

8. 加权递推平均滤波法

加权递推平均滤波法对不同时刻的数据取不同的权值。通常越接近当前时刻的数据，取的权值越大。其优点是适用于有较大纯滞后时间常数的对象和采样周期较短的系统，缺点是对于纯滞后时间常数较小、采样周期较长、变化缓慢的信号来说，不能迅速反映系统当前所受干扰的严重程度，滤波效果差。

加权递推平均滤波法不能完全滤除脉冲干扰，这些干扰会出现在滤波后的输出结果中，其致命弱点是采样和计算周期很长、效率很低，不适用于高速数据采集系统，而且权值的计算和处理也非常复杂。

7.1.3 自适应滤波

自适应滤波的概念源于固定系数滤波，计算有用信号和噪声的频率。自适应滤波可以根据算法自动调整滤波参数，其主要特点是不需要输入之前的信号、计算量小，多用于实时处理系统。

1. 自适应滤波的基本原理

自适应滤波的基本原理如图 7-6 所示。

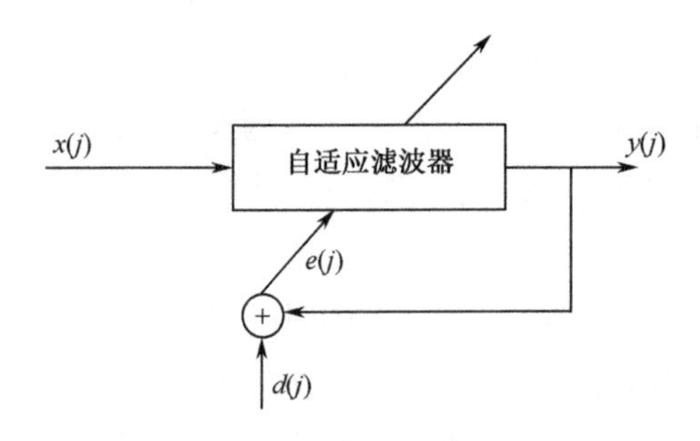

图 7-6 自适应滤波的基本原理

在图 7-6 中，$x(j)$ 表示 j 时刻的输入信号，$y(j)$ 表示 j 时刻的输出信号，$d(j)$ 表示 j 时刻的参考信号或期望响应信号，误差信号 $e(j)$ 为 $d(j)$ 与 $y(j)$ 的差。自适应滤波器的滤波参数受误差信号 $e(j)$ 的控制，根据 $e(j)$ 的值自动调整，以适应下一时刻的输入信号 $x(j+1)$，使输出信号 $y(j+1)$ 接近于所期望的参考信号 $d(j+1)$。

可以将自适应滤波器分为线性自适应滤波器和非线性自适应滤波器。非线性自适应滤波器包括 Volterra 滤波器和基于神经网络的自适应滤波器，非线性自适应滤波器具有较强的信号处理能力。但是，非线性自适应滤波器的计算较复杂，实际应用最多的是线性自适应滤波器。

2. 几种典型的自适应滤波算法

自适应滤波算法广泛应用于系统辨识、回波消除、自适应谱线增强、自适应信道均衡、语音线性预测、自适应天线阵等领域，寻求收敛速度快、计算复杂度低、数值稳定性好的自适应滤波算法是研究人员不断努力的目标。虽然线性自适应滤波器和相应的算法因具有结构简单、计算复杂度低的优点而得到了广泛应用，但其对信号的处理能力有限，在应用中受到了一定的限制。非线性自适应滤波器（如 Volterra 滤波器和基于神经网络的自适应滤波器）具有更强的信号处理能力，已成为研究热点。几种典型的自适应滤波算法如下。

1）LMS 算法

最小均方（Least Mean Square，LMS）算法应用广泛，具有在平稳环境中收敛性好、计算复杂度低、稳定性好等优点。LMS 算法基于最小均方误差，使输出值与估计值之间的均方误差最小。

作为自适应滤波算法中的一个重要参数及不确定因素，阶长对算法的性能有很大影响。阶长与收敛速度正相关，与稳定性负相关。因此，寻找阶长的最佳值是 LMS 算法研究的难点之一。

自适应滤波模型如图 7-7 所示。

基于最速下降法的 LMS 算法的迭代公式为

$$e(n)=d(n)-\boldsymbol{X}^{\mathrm{T}}(n)\boldsymbol{W}(n) \tag{7-27}$$

$$\boldsymbol{W}(n+1)=\boldsymbol{W}(n)+2ue(n)\boldsymbol{X}(n) \tag{7-28}$$

$\boldsymbol{W}(n)$ 为自适应滤波器在 n 时刻的权系数向量，$\boldsymbol{X}(n)=[x(n), x(n-1),\cdots,x(n-L+1)]^{\mathrm{T}}$ 为 n 时刻的输入信号系数向量，L 为自适应滤波器的长度，$d(n)$ 为期望输出信号，$v(n)$ 为干扰信号，$e(n)$ 为误差信号，u 为步长因子。

LMS 算法收敛的条件为 $0<u<1/\lambda_{\max}$，$\lambda_{\max}$ 为输入信号自相关矩阵的最大特征值。

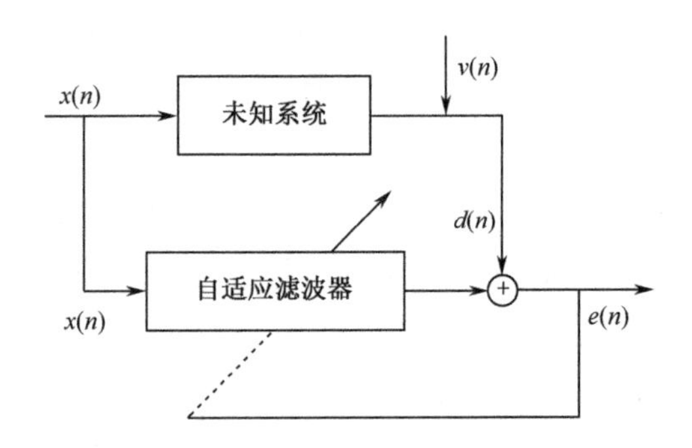

图 7-7　自适应滤波模型

收敛速度、时变系统跟踪速度及稳态失调是衡量自适应滤波算法优劣的 3 个重要指标。由于主输入端不可避免地存在干扰噪声，自适应滤波算法将产生参数失调噪声。干扰信号 $v(n)$ 越大，产生的失调噪声越大。

减小步长因子 u 可以减小自适应滤波算法的稳态失调噪声，提高算法的收敛精度，但减小步长因子 u 将使算法的收敛速度和跟踪速度降低。因此，固定步长的自适应滤波算法在收敛速度、时变系统跟踪速度与收敛精度方面对算法调整步长因子 u 的要求存在矛盾。为了解决这一问题，人们提出了许多变步长自适应滤波算法。R. D. Gitlin 提出了一种变步长自适应滤波算法，使步长因子 $u(n)$ 随迭代次数的增加而逐渐减小；Yasukawa 提出了一种变步长自适应滤波算法，使步长因子 $u(n)$ 与误差信号 $e(n)$ 成正比；Gitlin 等提出了一种时间平均估值梯度的自适应滤波算法。

变步长自适应滤波算法的步长调整原则是在初始收敛阶段或未知系统参数发生变化时，步长因子应较大，以使收敛速度和时变系统跟踪速度更快；当算法收敛后，不管主输入端干扰信号 $v(n)$ 有多大，都应使步长因子较小，以减少稳态失调噪声。根据这一调整原则，可以采用 Sigmoid 函数变步长 LMS 算法（SVSLMS），$u(n)$ 是 $e(n)$ 的 Sigmoid 函数，则有

$$u(n)=\beta\left\{\frac{1}{1+\exp[-a\,|\,e(n)\,|]}-0.5\right\} \tag{7-29}$$

SVSLMS 算法能同时获得较快的收敛速度、跟踪速度和较小的稳态误差。然而，Sigmoid 函数过于复杂，且在 $e(n)$ 接近零时变化过大，不具有缓慢变化的特性，使得 SVSLMS 算法在自适应稳态阶段仍有较大的步长变化。

2）RLS 算法

递归最小二乘（Recursive Least Squares，RLS）算法在每次获取数据时都要对之前的所有数据进行计算，使其平方误差的加权和最小。显然，随着时间的推移，计算量逐渐增大，实时性较差。但对于有大量计算能力且对实时性要求较低的系统来说，该算法的收敛速度快、精度高、稳定性强，适用于非平稳信号。

RLS 算法通过控制 $\boldsymbol{W}(n)$，使估计误差的加权平方和 $J(n)=\sum_{i=1}^{n}\lambda^{n-1}\cdot|e(i)|^2$ 最小。RLS 算法对输入信号的自相关矩阵 $\boldsymbol{R}_{XX}(n)$ 的逆进行递推估计更新，其收敛速度快，收敛性能与输入信号的频谱特性无关。但 RLS 算法的计算复杂度很高，所需的存储量极大，不利于实现；如果被估计的自相关矩阵 $\boldsymbol{R}_{XX}(n)$ 的逆失去了正定特性，还将引起算法发散。为了降低 RLS 算法的计算复杂度，并保留 RLS 算法收敛速度快的特点，快速 RLS（Fast RLS）算法和快速递推最小二乘格型（Fast Recursive Least Squares Lattice）算法等被提出。这些算法的计算复杂度低于 RLS 算法，但它们都存在数值稳定性问题。快速 RLS 算法在快速递推最小二乘格型算法的基础上得到。格型滤波器与直接形式的 FIR 滤波器可以通过滤波器系数转换相互实现。格型参数为反射系数，直接形式的 FIR 滤波器的长度是固定的，长度变化则会形成一组新的滤波器系数，新的滤波器系数与旧的滤波器系数完全不同。格型滤波器是次序递推的，因此其级数的变化不影响其他级的反射系数。快速递推最小二乘格型算法将最小二乘原则应用于求解最佳前向预测器系数和最佳后向预测器系数，进行时间更新、阶次更新及联合过程估计。快速递推最小二乘格型算法与 RLS 算法的收敛速度基本相同，但快速递推最小二乘格型算法的计算复杂度和精度高于 RLS 算法，其对舍入误差的不敏感性优于 LMS 算法。

3）变换域自适应滤波算法

LMS 算法对强相关信号的收敛性较差，因为 LMS 算法的收敛性依赖输入信号自相关矩阵的特征值发散程度，输入信号自相关矩阵的特征值发散程度越小，LMS 算法的收敛性越好。对输入信号做某些正交变换后，输入信号自相关矩阵的特征值发散程度会变小。于是，Dentino 等于 1979 年提出了变换域自适应滤波算法，其基本思想是将时域信号转换成变换域信号，在变换域中应用滤波算法；Narayan 等对变换域自适应滤波算法进行了全面总结。变换域自适应滤波算法的基本步骤为：①选择正交变换，将时域信号转换成变换域信号；②用能量的平方根将信号归一化；③采用某自适应滤波算法进行滤波。

设输入信号为

$$X(n)=\left[x(n),x(n-1),\cdots,x(n-N+1)\right]^{\mathrm{T}} \tag{7-30}$$

滤波器的输出信号为

$$y(n)=W^{\mathrm{T}}(n)X(n) \tag{7-31}$$

误差信号为

$$e(n)=d(n)-y(n) \tag{7-32}$$

权系数向量的迭代方程为

$$W(n+1)=W(n)+2ue(n)P^{-1}(n)X(n) \tag{7-33}$$

$$P(n)=\mathrm{diag}\left[P(n,0)P(n,1)\cdots P(n,N-1)\right] \tag{7-34}$$

$$P(n,l)=\beta P(n-1,l)+(1-\beta)X^{\mathrm{T}}(n,1)X(n,1),\ l=0,1,\cdots,N-1 \tag{7-35}$$

令 $A^2=P(n)$，则权系数向量的迭代方程为

$$W(n+1)=W(n)+2ue(n)A^{-2}X(n) \tag{7-36}$$

小波变换也被应用于变换域自适应滤波，其通常采用两种形式：一是小波子带自适应滤波，其相当于将输入信号和期望响应信号在多分辨率空间中进行自适应滤波后，变换为时域输出信号；二是小波变换域自适应滤波，其用小波的多分辨率空间信号表示输入信号，并将其作为自适应滤波器的输入，而不对期望响应信号进行小波变换。

7.2 采样技术

7.2.1 Nyquist 采样定理

设有频率带限信号 $x(t)$，其频率限制为 $(0,f_{\mathrm{H}})$，如果以不小于 $2f_{\mathrm{H}}$ 的采样频率 f_s 对 $x(t)$ 进行采样，得到时间离散的采样信号 $x(n)=x(nT_s)$（$T_s=1/f_s$ 为采样间隔），则原信号 $x(t)$ 将被所得到的采样信号 $x(n)$ 完全确定。

假设某信号频谱的最高频率为 f_{H}，如果采样频率 f_s 大于等于 $2f_{\mathrm{H}}$，则可以用采样信号恢复原信号，且不产生失真，将 $2f_{\mathrm{H}}$ 称为 Nyquist 频率。

采样定理满足了最低采样频率，即在信号频谱最高频率所对应的一个周期内，至少进行两次采样。这样不必传输信号本身，只需要传输信号的离散采样，即可根据其在接收端恢复原来的连续信号。

7.2.2 过采样技术

过采样技术出现在 20 世纪中期，随着 Σ-Δ 调制器及噪声整形技术的提出

和发展，1964 年，噪声整形和过采样的概念被具体阐明。

随着集成电路工艺的发展，出现了用过采样技术降低 A/D 转换对模拟滤波器的精度要求的情况，随后又出现了一股持续研究过采样 Σ-Δ 转换技术的热潮，在 CMOS 工艺上结合过采样和 Σ-Δ 转换技术实现高分辨率 A/D 转换器。与此同时，在智能仪器、信号处理及工业自动控制等领域，工程师和设计者试图不增加成本，而利用过采样技术进一步提高低精度 A/D 转换器的分辨率，下面介绍过采样技术的原理。

通常由连续时间信号获得离散时间信号的典型方法是等间隔采样，即周期采样。连续时间信号 $x_a(t)$ 得到的样本序列按如下关系构成

$$x[n]=x_a(nT),\quad -\infty<n<+\infty \tag{7-37}$$

式中，T 为等间隔采样的采样周期，$f=1/T$ 为采样频率。连续时间信号的采样过程就是连续时间信号的离散化过程，相当于在连续的模拟信号中加入周期关断的开关，并控制其导通和关断。连续时间信号的采样过程如图 7-8 所示。

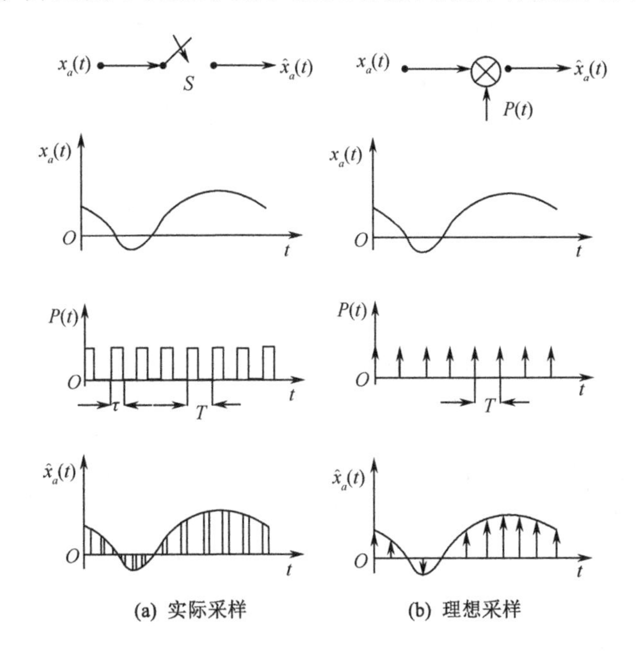

图 7-8　连续时间信号的采样过程

7.2.3　欠采样技术

由于采样频率 f_s 必须大于等于信号最高频率 f_H 的两倍，当被测信号的频率上限高于 A/D 转换器的最高采样频率时，假设被测信号的频率上限为 70MHz，

此时的采样频率至少为 140MHz，显然直接采样并不可行，因此提出了欠采样技术。

对第一奈奎斯特区域外的信号所进行的采样处理通常被称为欠采样或谐波采样，即不满足 $f_s \geqslant 2f_H$ 条件的一种采样方式。

7.2.4 延迟欠采样技术

延迟欠采样技术的基本原理如图 7-9 所示。

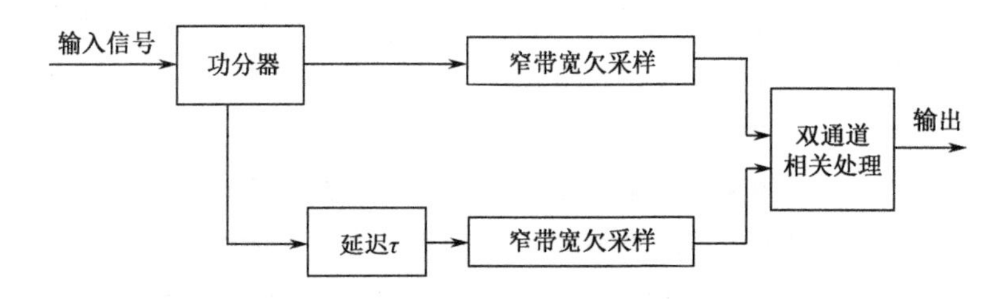

图 7-9 延迟欠采样技术的基本原理

延迟欠采样技术将输入信号分成两路，一路经过延迟，另一路不经过延迟，使用 A/D 转换器分别对两路信号进行数字化。在实际设计中，可以采用延迟时钟脉冲的方法，也可以直接延迟射频信号。

信号经过数字化后通过 FFT 运算进行处理，用 $X_{ru}(k)$ 和 $X_{iu}(k)$ 分别表示未延迟情况下信号的实部和虚部，用 $X_{rd}(k)$ 和 $X_{id}(k)$ 表示延迟情况下信号的实部和虚部，可以得到未延迟通道输出信号的幅度为

$$X_u(k) = \left[X_{ru}(k)^2 + X_{iu}(k)^2\right]^{\frac{1}{2}} \tag{7-38}$$

两路输出信号应具有相同的幅度。用 $X_u(k_m)$ 表示未延迟通道频率分量的最大幅度。需要注意的是，输入频率并不一定要准确位于某频率上。延迟通道和未延迟通道输出信号的相位差为

$$\theta(k_m) = \theta_d - \theta_u = 2\pi f(k_m)\tau \tag{7-39}$$

$$\theta_d = \arctan\left[\frac{X_{id}(k_m)}{X_{rd}(k_m)}\right] \tag{7-40}$$

$$\theta_u = \arctan\left[\frac{X_{iu}(k_m)}{X_{ru}(k_m)}\right] \tag{7-41}$$

由式（7-39）可以得到输入信号的频率为

$$f(k_m) = \frac{\theta_d - \theta_u}{2\pi\tau} \tag{7-42}$$

需要注意的是，相位法测频只适用于信号载频不变的情况。

7.3　数据融合技术

7.3.1　概率论统计方法

1. 贝叶斯估计法

贝叶斯估计法是进行复杂系统可靠性研究的有效方法，其可以很好地刻画不确定性。在数据不足、不确定性较大的情况下，使用贝叶斯估计法可以获得比较准确的模型参数，并对部件和系统进行可靠性评估。

1）基本理论

贝叶斯理论认为，不管过去、未来或现在发生什么事情，只要没有掌握全部信息，该事情就存在不确定性，只是程度不同。即使是人们公认的常理、规律甚至定律，也不是完全确定的。当人们掌握更多信息时，认知会有更新。

人们用概率描述不确定性，其反映了人们对事物的置信度，因为带有一定主观认知，所以称其为主观概率。主观概率可以广义描述人们对随机变量的认识程度。

2）统计原理

对于事件 A 和 B，已知 $P(B)\neq 0$，则有

$$P(A|B)=\frac{P(B|A)P(A)}{P(B)} \tag{7-43}$$

式中，$P(A)$ 为事件 A 的先验概率，$P(A|B)$ 为给出事件 B 后事件的 A 的后验分布，$P(B|A)/P(B)$ 为事件 B 发生对事件 A 的支持程度，即似然函数，通常可以将 $P(B)$ 看成常数，则有

$$P(A|B)\propto P(B|A)P(A) \tag{7-44}$$

贝叶斯推断过程如图 7-10 所示。

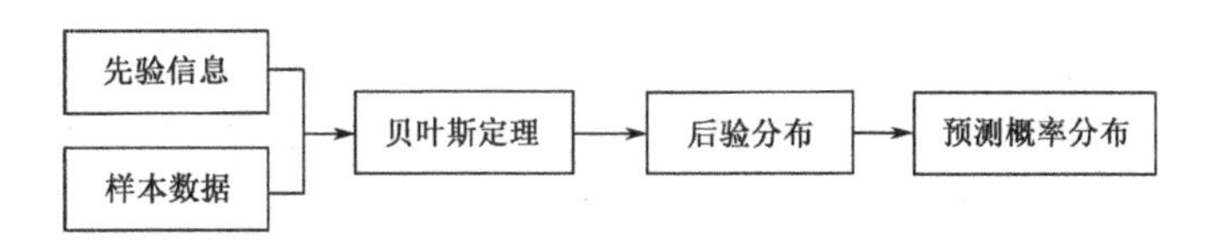

图 7-10　贝叶斯推断过程

结合先验信息和样本数据，推断统计量的后验分布，将后验分布的均值作

为估计值，对概率分布进行预测。

3）先验分布和后验分布

先验分布是贝叶斯理论研究的重点内容之一。如果先验分布的形式与后验分布相似，则将先验分布称为共轭先验分布，其优点是代数计算方便、表达式简单，随着计算机技术的应用和发展，这种共轭形式不再受限。

通常后验分布为联合概率分布，一般情况下后验分布比较复杂，很难直接对后验分布进行计算，采用蒙特卡罗法可以有效解决这一问题。

4）威布尔分布

威布尔分布广泛应用于可靠性测试及生物医学应用等领域。威布尔分布族是指数的简单扩展，它可以模拟数据呈现单调危险率的行为情况，因此可以适应 3 种情况：增加、减少和不变。

常见的两种威布尔分布为两参数和三参数，这两种经典的威尔布分布在很多地方具有相似性。

三参数威布尔分布的可靠性特征如下。

累积分布函数为

$$F(x)=1-\exp\left[-\left(\frac{x-r}{\eta}\right)^{m}\right] \tag{7-45}$$

概率密度函数为

$$f(x)=\frac{m}{\eta}\left(\frac{x-r}{\eta}\right)^{(m-1)}\exp\left[-\left(\frac{x-r}{\eta}\right)^{m}\right] \tag{7-46}$$

可靠度函数为

$$R(x)=1-F(x)=\exp\left[-\left(\frac{x-r}{\eta}\right)^{m}\right] \tag{7-47}$$

故障率函数为

$$\lambda(x)=\frac{m}{\eta}=\left(\frac{x-r}{\eta}\right)^{(m-1)} \tag{7-48}$$

式中，x 为时间，m 为形状参数，t 为尺度参数，r 为位置参数。

两参数威布尔分布的可靠性特征如下。

累积分布函数为

$$F(x)=1-\exp\left[-\left(\frac{x}{\eta}\right)^{m}\right] \tag{7-49}$$

概率密度函数为

$$f(x)=\frac{mx^{m-1}}{\eta^m}\exp\left[-\left(\frac{x}{\eta}\right)^m\right] \tag{7-50}$$

可靠度函数为

$$R(x)=1-F(x)=\exp\left[-\left(\frac{x}{\eta}\right)^m\right] \tag{7-51}$$

故障率函数为

$$\lambda(x)=\frac{mx^{m-1}}{\eta^m} \tag{7-52}$$

可以看出，两参数和三参数威布尔分布的区别在于有无位置参数 r 。

当 $m<1$ 时，故障率递减，主要应用于产品的早期失效分析。

当 $m=1$ 时，故障率为常数，此时威布尔模型退化成指数模型。产品失效由外界随机因素造成，主要指偶然故障，如工作短路、维修失误等。

当 $m>1$ 时，故障率递增，适用于设备损耗阶段（如磨损、老化失效等）建模。

威布尔分布具有很好的性质，可以描述递增、递减和恒定故障率的情况，与浴盆曲线的 3 个阶段对应。因此，寿命遵循浴盆曲线的元件可以采用威布尔分布进行分析。

5）贝叶斯估计法的步骤

贝叶斯估计法从先验信息和样本数据出发，将参数 θ 作为随机变量，θ 也可以是向量。选择正确的先验分布十分重要，可以假设威布尔分布的参数服从正态分布。

贝叶斯估计法的步骤如下。

（1）给出参数的初始值 $m^{(0)}$ 和 $t^{(0)}$ 。

（2）根据 m 的信息，选择建议密度函数为 $m^{(1)}\sim N(\mu_2,\sigma_2^2)$ 。

（3）根据后验分布计算 M-H 算法的接受概率，$p(\cdot|\cdot)$ 为后验分布，$J(\cdot|\cdot)$ 为建议密度函数，接受概率为

$$r=\frac{p(m^{(1)}\mid x)J(m^{(0)}\mid m^{(1)})}{J(m^{(1)}\mid m^{(0)})p(m^{(0)}\mid x)} \tag{7-53}$$

（4）随机抽取 $u\sim \text{unif}(0,1)$ ，如果 $r>u$ 则接受 $m^{(1)}$ ，否则 $m^{(1)}=m^{(0)}$ 。

（5）给定参数 $m^{(1)}$ 和 $t^{(0)}$ ，对参数 t 抽样。

（6）根据 t 的信息，选择建议密度函数为 $t\sim N(\mu_2,\sigma_2^2)$ 。

（7）计算参数的接受概率为

$$r = \frac{p(t^{(1)} \mid x) J(t^{(0)} \mid t^{(1)})}{J(t^{(1)} \mid t^{(0)}) p(t^{(0)} \mid x)} \tag{7-54}$$

（8）抽取 $u \sim \text{unif}(0,1)$，如果 $r > u$ 则接受 $t^{(1)}$，否则 $t^{(1)} = t^{(0)}$。

（9）将抽取的参数值作为新的初始值，依次重复步骤（2）到步骤（8）10000次，直至迭代依概率分布收敛到目标分布。

贝叶斯估计法对固定的分配因子进行替换，采用概率估计的思想。其要求苛刻，需要设定特定的环境，取得准确的先验分布，否则容易导致计算负荷变大，无法保证实时性达到工程要求。

2. 卡尔曼滤波法

卡尔曼滤波法能合理和充分地处理多种差异较大的传感器的信息，通过被测系统的模型及测量得到的信息完成对被测量的最优估计，能适应复杂多样的环境。其原理为最优估计理论。

根据测量得到的与状态 $\boldsymbol{x}(t)$ 有关的数据 $\boldsymbol{z}(t) = h[\boldsymbol{x}(t)] + \boldsymbol{v}(t)$ 得到 $\hat{\boldsymbol{x}}(t)$，将随机向量 $\boldsymbol{v}(t)$ 称为量测误差，将 $\hat{\boldsymbol{x}}(t)$ 称为 $\boldsymbol{x}(t)$ 的估计，将 $\boldsymbol{z}(t)$ 称为 $\boldsymbol{x}(t)$ 的量测。因为 $\hat{\boldsymbol{x}}(t)$ 是根据 $\boldsymbol{z}(t)$ 确定的，所以 $\hat{\boldsymbol{x}}(t)$ 是 $\boldsymbol{z}(t)$ 的函数。如果 $\hat{\boldsymbol{x}}(t)$ 是 $\boldsymbol{z}(t)$ 的线性函数，则称 $\hat{\boldsymbol{x}}(t)$ 为 $\boldsymbol{x}(t)$ 的线性估计。

卡尔曼滤波法是一种线性最小方差估计，其具有很多特点：①数据解算过程是递归的，可以采用迭代的方式解算当前时刻的信息；②需要的数据量少，只需要当前时刻的量测值与前一时刻的信息，不同时刻的量测值不需要被存储起来，存储空间较小。

卡尔曼滤波法是一种利用线性系统状态方程，通过系统输入输出观测数据，对系统状态进行最优估计的算法。由于观测数据中包括噪声和干扰，可以将最优估计看作滤波过程。最优估计指使经过解算的数据无限接近真实值的估计。

设 t_k 时刻的被估计状态 $\boldsymbol{X}_k$ 受系统噪声序列 $\boldsymbol{W}_{k-1}$ 驱动，则有

$$\boldsymbol{X}_k = \boldsymbol{\Phi}_{k,k-1} \boldsymbol{X}_{k-1} + \boldsymbol{W}_{k-1} \tag{7-55}$$

$\boldsymbol{X}_k$ 的量测满足线性关系，量测方程为

$$\boldsymbol{Z}_k = \boldsymbol{H}_k \boldsymbol{X}_k + \boldsymbol{V}_k \tag{7-56}$$

式中，$\boldsymbol{\Phi}_{k,k-1}$ 为 t_{k-1} 时刻至 t_k 时刻的一步转移矩阵；$\boldsymbol{H}_k$ 为量测矩阵；$\boldsymbol{V}_k$ 为量测噪声序列；$\boldsymbol{W}_k$ 为系统激励噪声序列。

$\boldsymbol{V}_k$ 和 $\boldsymbol{W}_k$ 具有下列性质

$$E(\boldsymbol{W}_k) = 0, \quad \text{cov}[\boldsymbol{W}_k, \boldsymbol{W}_j] = E[\boldsymbol{W}_k, \boldsymbol{W}_j^{\text{T}}] = \boldsymbol{Q}_k \delta_{kj} \tag{7-57}$$

$$E(\boldsymbol{V}_k)=0,\ \ \mathrm{cov}[\boldsymbol{V}_k,\boldsymbol{V}_j]=E[\boldsymbol{V}_k,\boldsymbol{V}_j^{\mathrm{T}}]=\boldsymbol{R}_k\delta_{kj} \tag{7-58}$$

$$\mathrm{cov}[\boldsymbol{W}_k,\boldsymbol{V}_j]=E[\boldsymbol{W}_k,\boldsymbol{V}_j^{\mathrm{T}}]=\boldsymbol{0} \tag{7-59}$$

式中，$\boldsymbol{Q}_k$ 为系统噪声序列方差矩阵，假设为非负定矩阵；$\boldsymbol{R}_k$ 为量测噪声序列方差矩阵，假设为正定矩阵。

如果满足以上性质，则 $\boldsymbol{X}_k$ 的估计 $\hat{\boldsymbol{X}}_k$ 可通过下列过程求解。

$$\hat{\boldsymbol{X}}_{k/k-1}=\boldsymbol{\Phi}_{k,k-1}\hat{\boldsymbol{X}}_{k-1} \tag{7-60}$$

$$\hat{\boldsymbol{X}}_k=\hat{\boldsymbol{X}}_{k/k-1}+\boldsymbol{K}_k(\boldsymbol{Z}_k-\boldsymbol{H}_k\hat{\boldsymbol{X}}_{k/k-1}) \tag{7-61}$$

滤波增益为

$$\boldsymbol{K}_k=\boldsymbol{P}_{k/k-1}\boldsymbol{H}_k^{\mathrm{T}}(\boldsymbol{H}_k\boldsymbol{P}_{k/k-1}\boldsymbol{H}_k^{\mathrm{T}}+\boldsymbol{R}_k)^{-1} \tag{7-62}$$

一步预测均方误差为

$$\boldsymbol{P}_{k,k-1}=\boldsymbol{\Phi}_{k,k-1}\boldsymbol{P}_{k-1}\boldsymbol{\Phi}_{k,k-1}^{\mathrm{T}}+\boldsymbol{\Gamma}_{k-1}\boldsymbol{Q}_{k-1}\boldsymbol{\Gamma}_{k-1}^{\mathrm{T}} \tag{7-63}$$

式中，$\boldsymbol{\Gamma}_{k-1}$ 为系统噪声驱动阵。估计均方误差为

$$\boldsymbol{P}_k=(\boldsymbol{I}-\boldsymbol{K}_k\boldsymbol{H}_k)\boldsymbol{P}_{k,k-1}(\boldsymbol{I}-\boldsymbol{K}_k\boldsymbol{H}_k)^{\mathrm{T}}+\boldsymbol{K}_k\boldsymbol{R}_k\boldsymbol{K}_k^{\mathrm{T}} \tag{7-64}$$

只要给定初值 $\hat{\boldsymbol{X}}_0$ 和 $\boldsymbol{P}_0$，根据 $\boldsymbol{Z}_k$ 可以递推计算得到 k 时刻的状态估计 $\hat{\boldsymbol{X}}_k$。

卡尔曼滤波法包括两个信息更新过程：时间更新过程和量测更新过程。

时间更新过程完成两项更新。一是利用 $k-1$ 时刻的信息，完成对 k 时刻的状态量的估计；二是计算一步预测均方误差，对这种预测的质量进行定量描述。

量测更新过程充分利用量测值和残差，从而得到被估计量的最优估计，减小估计误差。

因为卡尔曼滤波法具有以上特点，所以在实际工程中得到了广泛应用，但其也存在一定的缺陷。

（1）要求有精确的物理系统的数学模型。例如，必须构建合适的列车运动模型，使其符合真实的列车运动场景，减少数学模型不准确带来的误差。

（2）要求有精确的噪声统计。在离散方程中，将噪声设置为高斯白噪声，但在实际应用场景中，噪声一般是有色的，需要进行相应处理。

7.3.2　逻辑推理方法

1. D-S 证据理论

在客观世界中存在各种信息，我们在分析这些信息时不难发现，信息本身是随机的、不确定的和不完备的。通常我们所说的确认的信息只是在某些限定条件下的描述，并非全局意义上的确定。因此，在研究信息融合技术时，必须引

入一些客观因素。

D-S 证据理论广泛应用于决策层融合，其针对系统环境和先验概率已知的缺陷进行了改进，增强了实用性。

证据理论由 Dempster 提出，利用上、下界概率解决多值映射问题；Dempster 的学生 Shafer 进一步发展了证据理论，引入了 mass 函数（信任函数），形成了一套通过“证据”和“组合”来处理不确定性推理的数学方法，即 D-S 证据理论。

1）定义

定义 1：在 D-S 证据理论中，假设存在一个需要解决的问题，用 Θ 表示这个问题所能认知到的所有可能答案的完备集合。对于某个提问，在这个集合中有且仅有一个答案。即集合 Θ 中的所有元素都是两两互斥的。这个答案可以是数值变量，也可以是非数值变量。我们可以称集合 Θ 为识别框架（Frame of Discernment），即

$$\Theta=\{A_1,A_2,\cdots,A_n\} \tag{7-65}$$

式中，A_i 为识别框架 Θ 的元素，$1\leqslant i\leqslant n$。将由识别框架 Θ 的所有子集组成的集合称为 Θ 的幕集，表示为 2^Θ。当识别框架 Θ 中有 N 个元素时，幕集 2^Θ 中有 2^N 个元素。

定义 2：设 Θ 为识别框架，m 是从集合 2^Θ 到[0,1]的映射，$A\subseteq\Theta$ 且满足

$$\begin{cases} m(\phi)=0 \\ \sum\limits_{A\subseteq\Theta} m(A)=1 \end{cases} \tag{7-66}$$

则称 $m(A)$ 为基本信任分配函数或 mass 函数，其反映了证据对 A 的支持程度，$m(\phi)=0$ 反映了证据对空集不产生支持度。

对于在识别框架 Θ 下的任一子集 A，如果有 $m(A)>0$，则称 A 为证据的焦元，将焦元中包含的识别框架元素的个数称为该焦元的基。

定义 3：设 Θ 为识别框架，Bel 是从集合 2^Θ 到[0,1]的映射，A 表示识别框架 Θ 的任一子集，记作 $A\subseteq\Theta$，且满足

$$\mathrm{Bel}(A)=\sum_{B\subseteq A} m(B) \tag{7-67}$$

称 $\mathrm{Bel}(A)$ 为 A 的信任函数，从式（7-67）中可以看出，信任函数反映了证据对 A 为真的信任程度。

定义 4：设 Θ 为识别框架，Q 是从集合 2^Θ 到[0,1]的映射，A 表示识别框架 Θ 的任一子集，记作 $A\subseteq\Theta$，且满足

$$Q(A)=\sum_{A\subset B} m(B) \tag{7-68}$$

称 $Q(A)$ 为信任函数 Bel 的众信度函数，众信度函数反映了包含 A 的集合的所有基本信任分配函数的和。

信任函数只能表述对 A 的信任程度，不能反映对 A 的不确定程度，因此引入似然函数表征对 A 的不反对程度。

定义 5： 设 Θ 为识别框架，Pl 是从集合 2^{Θ} 到[0,1]的映射，A 表示识别框架 Θ 的任一子集，记作 $A\subseteq\Theta$，且满足

$$\mathrm{Pl}(A)=1-\mathrm{Bel}(\overline{A}) \tag{7-69}$$

$\mathrm{Pl}(A)$ 为似然函数，从式（7-69）中可以看出，似然函数是一个比信任函数更宽松的度量，两者可以相互转化。

从几何意义上看，信任函数 $\mathrm{Bel}(A)$ 描述了所有证据对 A 的信任度，似然函数 $\mathrm{Pl}(A)$ 表示所有与 A 相容的命题的信任度的和，两者构成了证据对 A 的不确定区间，众信度函数 $Q(A)$ 表示对 A 的所有结论本身的信任度的和。

2）D-S 证据合成规则

D-S 证据合成规则是一种处理多个证据的联合法则。在给定的识别框架下，可以基于不同的证据获得对应的信任函数。此时我们需要一个能融合这些结果的方法。假设这些证据不完全相悖，则可以利用 D-S 证据合成规则计算得到一个新的信任函数，该信任函数为原来多个信任函数的正交和。

定义 6： 设 Θ 为识别框架，m_i 是在这一识别框架下的某证据的基本信任分配函数，A_j 为证据的焦元，记作 $A_j\subseteq\Theta$，D-S 证据合成规则表示为

$$m(A)=\begin{cases}\dfrac{1}{1-K}\displaystyle\sum_{A_1\cap A_2\cap\cdots\cap A_n=A}\prod_{1\leqslant i\leqslant n} m_i(A_j)，\ A\neq\phi \\ 0，\ A=\phi\end{cases} \tag{7-70}$$

$$K=\sum_{A_1\cap A_2\cap\cdots\cap A_n=\phi}\prod_{1\leqslant i\leqslant n} m_i(A_j)，\ 0\leqslant K\leqslant 1 \tag{7-71}$$

式中，K 表示证据的冲突程度。

为了更好地理解 D-S 证据合成规则，下面对证据合成示例进行介绍。设 Θ 为识别框架，m_1 和 m_2 分别是在这一识别框架下的两个证据的基本信任分配函数，用 A_i 和 B_j 表示两个证据的焦元。m_1 和 m_2 的基本信任分配值分别如图 7-11 和图 7-12 所示。在图 7-11 和图 7-12 中，分别用一段长度表示基本信任分配函数 $m_1(A_i)$ 和 $m_2(B_j)$ 的值，总长度为 1 表示所有命题的基本信任分配函数的和为 1。

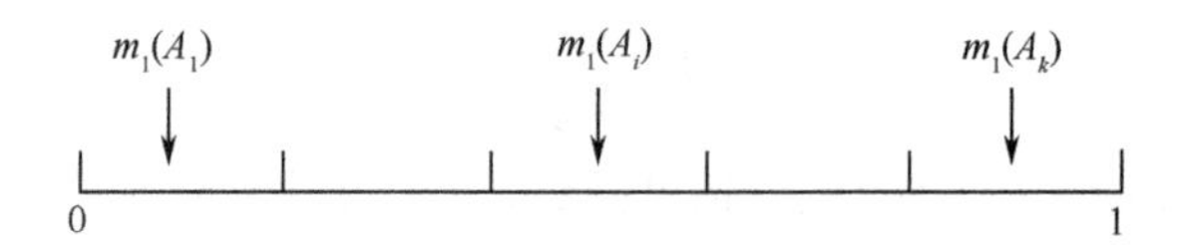

图 7-11　m_1 的基本信任分配值

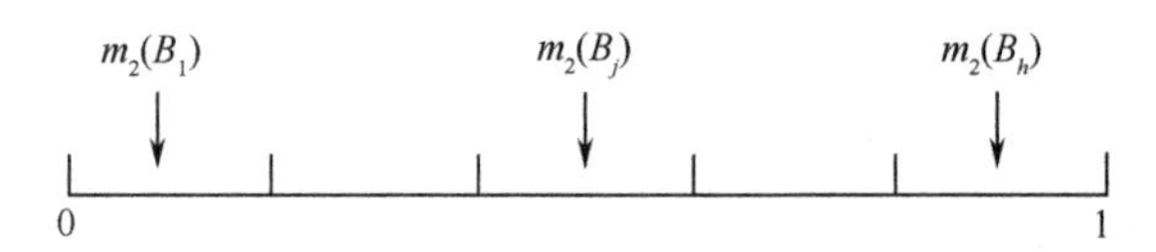

图 7-12　m_2 的基本信任分配值

D-S 证据合成规则如图 7-13 所示，图 7-13 将图 7-11 和图 7-12 结合。横坐标表示 m_1 分配到其对应焦元 A_i 上的基本信任分配值，纵坐标表示 m_2 分配到对应焦元 B_j 上的基本信任分配值，阴影部分表示同时分配到 A_i 和 B_j 上的基本信任分配值，用 $m_1(A_i)m_2(B_j)$ 表示。当 $A_i \cap B_j = A$ 时，m_1 和 m_2 的作用是将 $m_1(A_i)m_2(B_j)$ 分配到 A 上。为了使当 $A_i \cap B_j = \phi$ 时分配到空集上的信任分配值为 0，需要把 $\sum_{A \cap B_i = \phi} m_1(A_i)m_2(B_j)$ 丢弃，丢弃这部分值后，总的信任值会小于 1，因此需要在每个信任分配值上乘以系数 $1/(1-K)$，从而使总的信任值为 1。

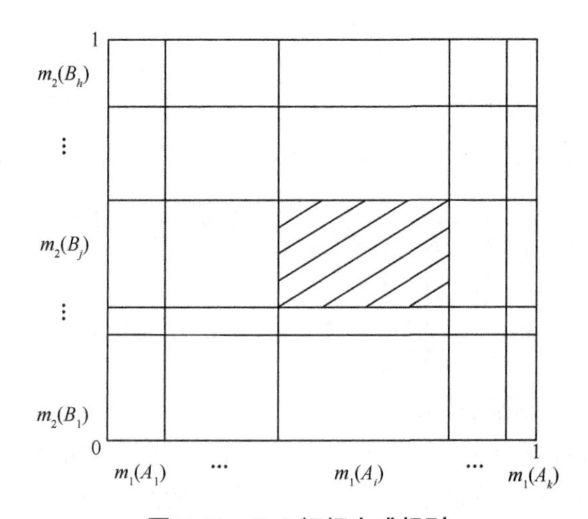

图 7-13　D-S 证据合成规则

3）证据合成规则的基本性质

证据合成规则的基本性质主要有交换律、结合律、极化性等，下面对其进行介绍。

（1）交换律表示为

$$m_1 \oplus m_2 = m_2 \oplus m_1 \tag{7-72}$$

因为 D-S 证据合成规则采用的是乘性策略，所以在两组证据的合成过程中，证据的顺序不影响证据合成结果。

（2）结合律表示为

$$m_1 \oplus m_2 \oplus m_3 = (m_1 \oplus m_2) \oplus m_3 = m_1 \oplus (m_2 \oplus m_3) \tag{7-73}$$

从式（7-73）中可以看到，当多个证据合成时，可以变换成多次两两证据合成，每个证据参与合成的顺序不影响合成结果。

（3）极化性表示为

$$m_1 \oplus m_2 \geqslant m_1 \tag{7-74}$$

式（7-74）表明，相同的证据合成后，会对结果进行放大，即对支持的命题更支持，对否定的命题更否定。参与的证据越多，该性质越明显。

2. 模糊逻辑

1）概念

相对于二值逻辑而言，模糊逻辑是一种多值逻辑。在日常生活中，人们经常用严格的确定性标准衡量某事物，但也有对不确定性的模糊概念的应用。例如，“今天天气很暖和”中“暖和”这个概念在普通的确定性逻辑中，需要事先定义一个明确的界限概念，如高于 25℃算暖和；但在模糊逻辑中，对边界没有明确规定，而是侧重于灵活的过渡性，在模糊逻辑中，24.5℃在一定程度上也算暖和。与普通的确定性逻辑相比，模糊逻辑更灵活，同时反映了事件的不确定性。因此，模糊逻辑适合处理本身具有随机性特点的噪声问题。

2）模糊集合和隶属函数

用 $\overline{A}$ 表示模糊集合，与普通集合 A 相区别，用隶属函数 $\mu_{\overline{A}}(x)$ 表示取值为[0,1]的特征函数，隶属函数表示在全论域中元素 x 对与整个模糊集合的隶属程度。

模糊集合和隶属函数可表示为在给定论域 U 中，$\mu_{\overline{A}}$ 为 U 在[0,1]的映射，$\mu_{\overline{A}}: U \to [0,1]$，$x \to \mu_{\overline{A}}(x)$，$x \in U$，则模糊集合 $\overline{A}$ 是 U 的子集。对于任意 $x \in U$，都有 $\mu_{\overline{A}}(x) \in [0,1]$，则称其为 $\overline{A}$ 的隶属函数。

根据定义可知，$\mu_{\overline{A}}(x)$ 的值越接近 1，说明 x 属于集合 $\overline{A}$ 的程度越高；$\mu_{\overline{A}}(x)$ 的值越接近于 0，说明 x 属于集合 $\overline{A}$ 的程度越低。

7.3.3　神经网络方法

1. BP 神经网络概述

BP（Back Propagation）神经网络的基本结构是神经元，神经元具有非线性映射能力，神经元结构如图 7-14 所示。

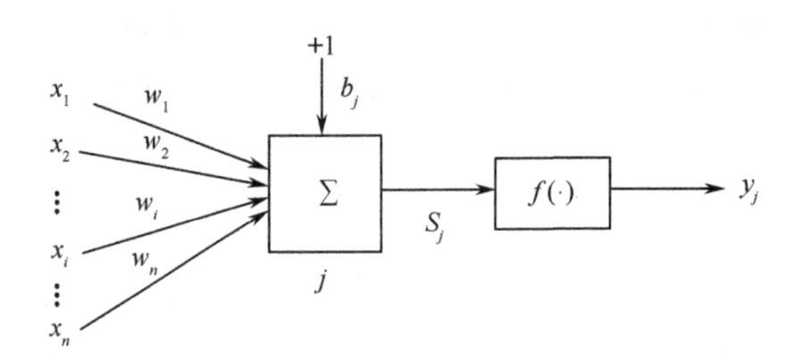

图 7-14　神经元结构

在图 7-14 中，$\{x_1, x_2, \cdots, x_i, \cdots, x_n\}$ 为输入，$\{w_1, w_2, \cdots, w_i, \cdots, w_n\}$ 为权值，y_j 为第 j 个神经元的输出，b_j 为 j 第个神经元的阈值，$f(\cdot)$ 为激活函数，表达式为

$$y_j = f\left(\sum_{i=1}^{n} x_i w_i + b_j\right) \tag{7-75}$$

BP 算法又称反向传播算法，基本思想是通过网络误差函数的极小值来调整权值分布，使神经网络收敛于稳定状态，从而使网络在接受未知输入时给出适当的输出。

BP 神经网络的训练过程主要分为两步，第一步是正向传播，第二步是误差反向传播。正向传播如图 7-15 所示。

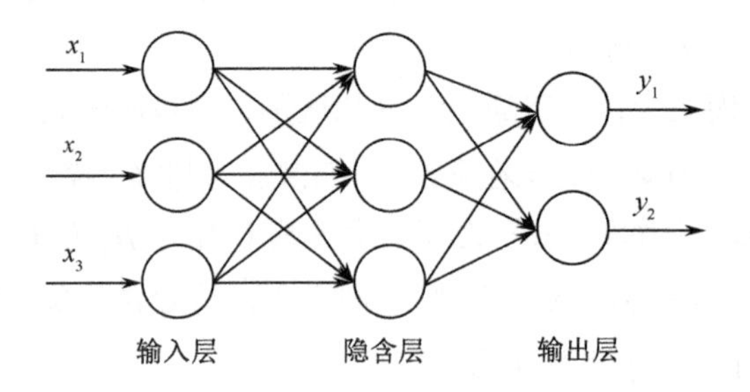

图 7-15　正向传播

误差反向传播过程对实际输出与期望输出进行比较，将得到的误差反向传回网络，利用它调整各层中的权值和阈值，以减小误差。

基本的 BP 神经网络由输入层、隐含层、输出层构成，假设输入层有 n 个节

点，隐含层有 l 个节点，输出层有 m 个节点，输入层到隐含层的权值为 w_{ij}，隐含层到输出层的权值为 w_{jk}，输入层到隐含层的阈值为 a_j，隐含层到输出层的阈值为 b_k；学习速率（又称步长）为 μ。具体流程如下（假设输入层、隐含层、输出层各有一层）。

（1）初始化权值和阈值，迭代步长为 μ。

（2）数据正向传播，将样本 $X=\{x_1,x_2,\cdots,x_n\}$ 输入神经网络，计算隐含层输出 H_j 和输出层输出 O_k。

$$H_j=f\left(\sum_{i=1}^{n}w_{ij}x_i+a_j\right) \tag{7-76}$$

$$O_k=f\left(\sum_{j=1}^{l}H_j w_{jk}+b_k\right) \tag{7-77}$$

式中，$f(\cdot)$ 为激励函数，常见的激励函数有 Sigmoid 函数、tanh 函数和 ReLU 函数。

① Sigmoid 函数如图 7-16 所示，表达式为

$$S(x)=\frac{1}{1+\mathrm{e}^{-x}} \tag{7-78}$$

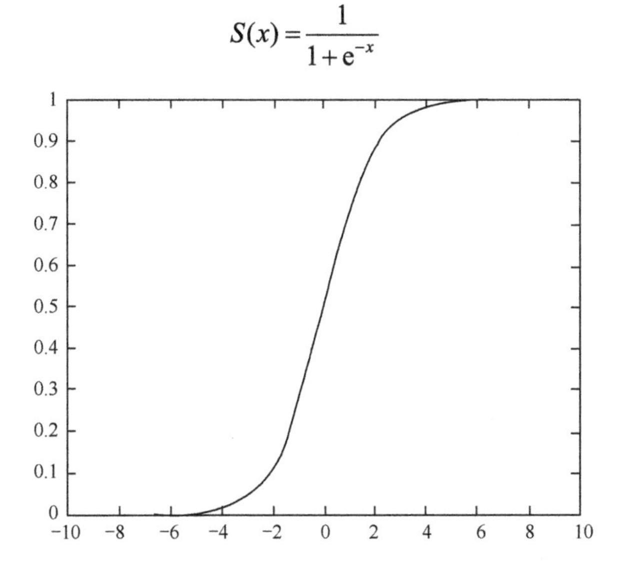

图 7-16　Sigmoid 函数

②tanh 函数如图 7-17 所示，表达式为

$$\tanh x=\frac{\sinh x}{\cosh x} \tag{7-79}$$

$$\sinh x=\frac{\mathrm{e}^{x}-\mathrm{e}^{-x}}{2} \tag{7-80}$$

$$\cosh x = \frac{e^x + e^{-x}}{2} \tag{7-81}$$

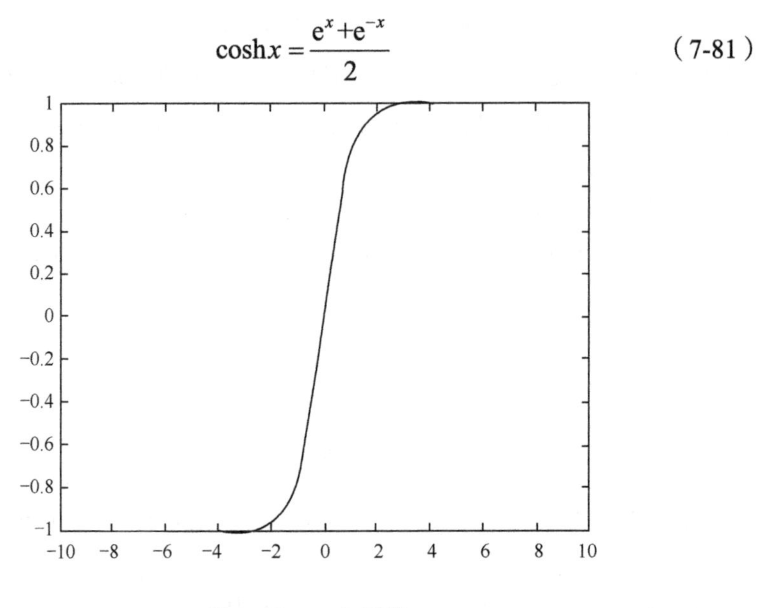

图 7-17 tanh 函数

③ReLU 函数如图 7-18 所示，表达式为

$$f(x) = \max(x, 0) = \begin{cases} 0, & x \leqslant 0 \\ x, & x > 0 \end{cases} \tag{7-82}$$

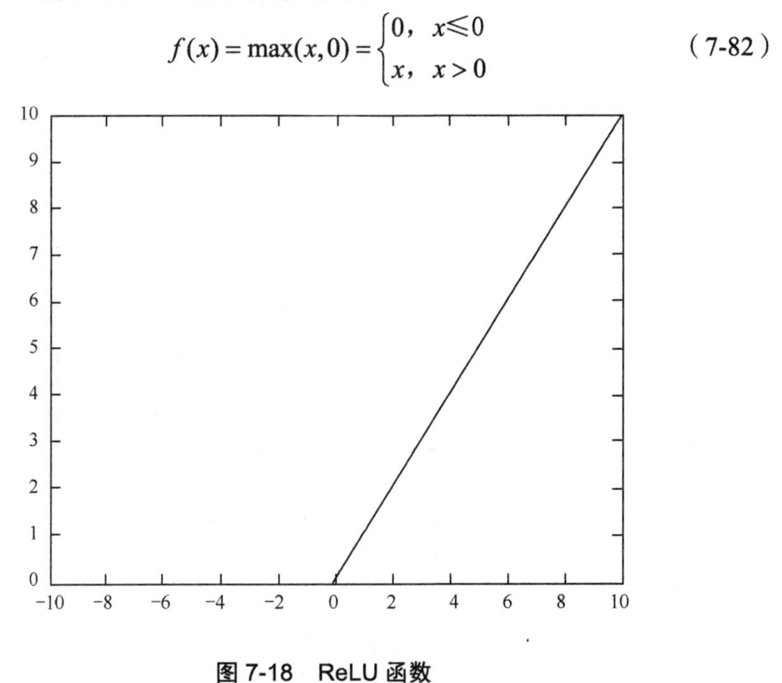

图 7-18 ReLU 函数

从图 7-16、图 7-17 和图 7-18 中可以看出，当 Sigmoid 函数接近 0 和 1，

tanh 函数接近-1 和 1 时，梯度接近 0，会导致梯度消失或收敛速度慢，此时可以使用 ReLU 函数。

（3）均方误差为

$$E=\frac{1}{2}\sum_{k=1}^{m}(Y_k-O_k)^2 \tag{7-83}$$

式中，Y_k为期望输出，$Y_k-O_k=e_k$，则式（7-83）可写为

$$E=\frac{1}{2}\sum_{k=1}^{m}e_k^2 \tag{7-84}$$

当$E\leqslant\varepsilon$或达到最大迭代次数时，停止迭代，否则继续执行下一步。

（4）计算权值和阈值的变化量，权值更新为

$$\begin{cases}w_{jk}=w_{jk}+\mu H_j e_k\\ w_{ij}=w_{ij}+\mu H_j(1-H_j)x_j\sum\limits_{k=1}^{m}w_{jk}e_k\end{cases} \tag{7-85}$$

$$\begin{cases}b_k=b_k+\mu e\\ a_j=a_j+\mu H_j\left(1-H_j\right)\sum\limits_{k=1}^{m}w_{jk}e_k\end{cases} \tag{7-86}$$

误差反向传播的目标是使误差函数得到最小值，这里通过梯度下降法实现。隐含层到输出层权值更新为

$$\frac{\partial E}{\partial w_{jk}}=\sum_{k=1}^{m}\left(Y_k-O_k\right)\left(-\frac{\partial O_k}{\partial w_{jk}}\right)=-e_k H_j \tag{7-87}$$

输入层到隐含层权值更新为

$$\frac{\partial E}{\partial w_{ij}}=\frac{\partial E}{\partial H_j}\frac{\partial H_j}{\partial w_{ij}} \tag{7-88}$$

式中

$$\frac{\partial E}{\partial H_j}=-\sum_{k=1}^{m}(Y_k-O_k)w_{jk}=-\sum_{k=1}^{m}w_{jk}e_k \tag{7-89}$$

$$\begin{aligned}\frac{\partial H_j}{\partial w_{ij}}&=\frac{\partial f\left(\sum\limits_{i=1}^{n}w_{ij}x_i+a_j\right)}{\partial w_{ij}}\\&=f\left(\sum_{i=1}^{n}w_{ij}x_i+a_j\right)\left[1-f\left(\sum_{i=1}^{n}w_{ij}x_i+a_j\right)\right]\frac{\partial\left(\sum\limits_{i=1}^{n}w_{ij}x_i+a_j\right)}{\partial w_{ij}}\\&=H_j(1-H_j)x_i\end{aligned} \tag{7-90}$$

阈值更新过程与权值更新过程类似，这里不再赘述。

（5）迭代步骤（2）、步骤（3）和步骤（4）。

BP 神经网络的误差反向传播有多种算法可以实现，随机梯度下降法最简单。

2. BP 神经网络的缺陷

BP 神经网络能进行自学习，根据带有标签的数据集自动提取近似求解规则，并具有一定的泛化能力。

BP 神经网络也具有一定的局限性，表现为两个方面。

一方面，BP 算法的学习速度很慢，主要原因包括：①求解的目标函数十分复杂，BP 算法的实质是梯度下降法，在训练过程中会产生振荡，导致效率低；②存在饱和现象，在神经元输出接近 0 或 1 的情况下，会出现平坦区，导致误差值几乎不变，训练过程基本停止。

另一方面，网络训练失败的可能性较大，主要原因包括：①从数学的角度看，BP 算法需要解决的问题是十分复杂的非线性问题，而 BP 算法只是一种局部寻优算法，因此其有很大概率会收敛到局部最优；②训练集的选取对实验结果有重要影响，往往数据集越大效果越好，但现实情况往往是用小数据集拟合大模型，选取代表性样本十分困难。

7.3.4 基于特征抽取的融合方法

1. 主成分分析

主成分分析（Principal Component Analysis，PCA）是一种综合统计方法，其将复杂冗余的高维数据线性组合，转化成低维主成分，各主成分之间没有线性关系，可以在避免重叠的基础上反映原始数据中的大部分信息。作为一种高效的数据降维技术，主成分分析在信息提取方面有很多应用。

主成分分析通过正交化去除变量之间的相关性，既可以保留原数据的大部分信息，又可以对其进行重组，并剔除冗余和重复的部分，得到互不相关的几个主成分，达到降维的目的。主成分分析的主要步骤如下。

1）观测样本矩阵的构建

根据收集到的数据形成 $n \times p$ 的矩阵，n 为被分析数据的数量，p 为观测样本变量的数量。

$$\boldsymbol{X}=\begin{bmatrix}\boldsymbol{X}_1\\ \boldsymbol{X}_2\\ \vdots\\ \boldsymbol{X}_n\end{bmatrix}=\begin{bmatrix}x_{11} & x_{12} & \cdots & x_{1p}\\ x_{21} & x_{22} & \cdots & x_{2p}\\ \vdots & \vdots & & \vdots\\ x_{n1} & x_{n2} & \cdots & x_{np}\end{bmatrix}=(x_{ij})_{n\times p} \tag{7-91}$$

2）样本协方差矩阵的构建

$E\{[\boldsymbol{X}-E(\boldsymbol{X})][\boldsymbol{Y}-E(\boldsymbol{Y})]\}$ 为 $\boldsymbol{X}$ 与 $\boldsymbol{Y}$ 的协方差，记为 $\text{cov}(\boldsymbol{X},\boldsymbol{Y})$，即

$$\text{cov}(\boldsymbol{X},\boldsymbol{Y})=E\{[\boldsymbol{X}-E(\boldsymbol{X})][\boldsymbol{Y}-E(\boldsymbol{Y})]\} \tag{7-92}$$

计算 $\boldsymbol{X}=[\boldsymbol{X}_1,\boldsymbol{X}_2,\cdots,\boldsymbol{X}_n]^{\text{T}}$ 的协方差矩阵，形成对角线上元素均为 1 的对称矩阵 $\boldsymbol{C}$。

$$\boldsymbol{C}=\begin{bmatrix}\text{cov}(\boldsymbol{X}_1,\boldsymbol{X}_1) & \text{cov}(\boldsymbol{X}_1,\boldsymbol{X}_2) & \cdots & \text{cov}(\boldsymbol{X}_1,\boldsymbol{X}_n)\\ \text{cov}(\boldsymbol{X}_2,\boldsymbol{X}_1) & \text{cov}(\boldsymbol{X}_2,\boldsymbol{X}_2) & \cdots & \text{cov}(\boldsymbol{X}_2,\boldsymbol{X}_n)\\ \vdots & \vdots & & \vdots\\ \text{cov}(\boldsymbol{X}_n,\boldsymbol{X}_1) & \text{cov}(\boldsymbol{X}_n,\boldsymbol{X}_2) & \cdots & \text{cov}(\boldsymbol{X}_n,\boldsymbol{X}_n)\end{bmatrix} \tag{7-93}$$

3）特征分解

对矩阵 $\boldsymbol{C}$ 进行特征分解得

$$\boldsymbol{Q}^{\text{T}}\boldsymbol{C}\boldsymbol{Q}=\boldsymbol{\varLambda}=\begin{bmatrix}\lambda_1 & & & \\ & \lambda_2 & & \\ & & \ddots & \\ & & & \lambda_n\end{bmatrix} \tag{7-94}$$

$\boldsymbol{\varLambda}$ 是以 λ_i（$i=1,2,\cdots,n$）为特征值的对角矩阵，$\boldsymbol{Q}$ 是正交矩阵。根据大小对特征向量重新排序，得到新的矩阵

$$\boldsymbol{U}=\begin{bmatrix}u_{11} & u_{12} & \cdots & u_{1n}\\ u_{21} & u_{22} & \cdots & u_{2n}\\ \vdots & \vdots & & \vdots\\ u_{n1} & u_{n2} & \cdots & u_{nn}\end{bmatrix} \tag{7-95}$$

4）累计贡献率

累计贡献率是前 k 个特征值的和占全部特征值的和的比重，即

$$\rho=\frac{\sum_{i=1}^{k}\lambda_i}{\sum_{i=1}^{n}\lambda_i} \tag{7-96}$$

最终提取的主成分的数量不固定，而是按累计贡献率 ρ 达到一定比例来确定，一般要求满足 $\rho\geqslant 85\%$。当最大的 k 个特征值的累计贡献率达到要求时，可

以选取 k 个主成分。

5）计算主成分

主成分为

$$\boldsymbol{Z}=\boldsymbol{P}^{\mathrm{T}}\boldsymbol{X} \tag{7-97}$$

$\boldsymbol{P}$ 是由特征向量矩阵 $\boldsymbol{U}$ 的前 k 列构成的矩阵，即由与满足要求的前 k 个特征值对应的特征向量组成的矩阵。计算得到 k 个主成分为

$$\begin{cases} z_1 = u_{11}x_{11} + u_{12}x_{12} + \cdots + u_{1n}x_{1n} \\ z_2 = u_{21}x_{21} + u_{22}x_{22} + \cdots + u_{2n}x_{2n} \\ \qquad\vdots \\ z_k = u_{k1}x_{k1} + u_{k2}x_{k2} + \cdots + u_{kn}x_{kn} \end{cases} \tag{7-98}$$

2. 核主成分分析

核主成分分析（Kernel Principle Component Analysis，KPCA）是一种新的非线性主成分分析方法，是主成分分析的非线性扩展，能有效捕捉数据的非线性特征。

KPCA 的基本思想是通过非线性映射将非线性可分的原始数据空间变换到线性可分的高维特征空间，在这个新的空间中完成主成分分析，为避免出现“维数灾难”，引用 SVM 中的核方法，即用满足 Mercer 条件的核函数替换特征空间中样本的内积运算。

1）核方法简介

核方法是一系列先进非线性数据处理方法的总称，其共同特征是这些数据处理方法都应用了核映射。

核方法采用非线性映射将原始数据映射到特征空间，在特征空间进行对应的线性操作，核方法框架如图 7-19 所示。核方法运用了非线性映射，非线性映射往往非常复杂，需要大大提高非线性数据处理能力。

从本质上讲，核方法实现了数据空间、特征空间的非线性变换。设 $\boldsymbol{x}_i$ 和 $\boldsymbol{x}_j$ 为数据空间中的样本点，数据空间到特征空间的映射函数为 $\boldsymbol{\Phi}(\cdot)$，核方法的基础是实现向量的内积变换

$$(x_i, x_j) \to K(x_i, x_j) = \Phi(x_i) \cdot \Phi(x_j) \tag{7-99}$$

通常函数 $\boldsymbol{\Phi}(\cdot)$ 较复杂，而运算过程中实际应用到的核函数则较为简单。核函数必须满足 Mercer 条件。

Mercer 条件：对于任意给定的对称函数 $K(x,y)$，该函数是某特征空间中内

积运算的充分必要条件是对于任意的不恒为 0 的函数 $g(x)$（$\int g(x)^2 \mathrm{d}x < \infty$），有

$$\int K(x,y)g(x)g(y)\mathrm{d}x\mathrm{d}y \geqslant 0 \tag{7-100}$$

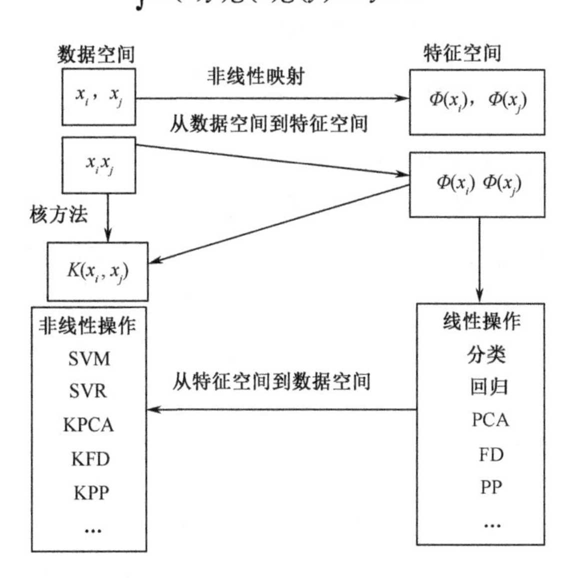

图 7-19　核方法框架

Mercer 条件其实不难满足。考虑到核方法的基础是实现一种由数据空间到特征空间的非线性映射，假设数据空间中有

$$x_i \in R^{d_L} \tag{7-101}$$

对任意对称、连续且满足 Mercer 条件的函数 $K(x_i,x_j)$，存在一个 Hilbert 空间 H，对映射 $\boldsymbol{\Phi}$：$R^{d_L} \to H$ 有

$$K(x_i,x_j)=\sum_{n=1}^{d_F}\boldsymbol{\Phi}(x_i)\boldsymbol{\Phi}(y_j) \tag{7-102}$$

式中，d_F 是 H 空间的维数。

数据空间的核函数实际上与特征空间的内积等价。在核方法的各种实际应用中，只需要应用特征空间的内积，不需要了解映射 $\boldsymbol{\Phi}$ 的具体形式。换句话说，在使用核方法时只需要考虑如何选定一个适当的核函数，不需要关心与之对应的映射 $\boldsymbol{\Phi}$ 可能具有的复杂表达式。

目前，在模式识别领域应用比较广泛的核函数有以下几种形式。

（1）线性核函数（可视为特例）为

$$K(x_i,x_j)=x_i x_j \tag{7-103}$$

（2）p 阶多项式核函数为

$$K(x_i,x_j)=(x_ix_j+1)^p \tag{7-104}$$

（3）高斯径向基函数（RBF）核函数

$$K(x_i,x_j)=\exp\left(-\frac{\|x_i-x_j\|}{\sigma^2}\right) \tag{7-105}$$

（4）多层感知器（MLP）核函数

$$K(x_i,x_j)=\tanh[v(x_i,x_j)+c] \tag{7-106}$$

设总样本数为 n，由核函数计算得到一个 n 维对称正定核矩阵 $\boldsymbol{K}$，其元素为

$$K_{ij}=k(x_i,x_j) \tag{7-107}$$

核矩阵 $\boldsymbol{K}$ 在核方法中具有重要作用，基于核方法的非线性学习算法通常需要先计算核矩阵，核矩阵的计算复杂度仅与总样本数 n 有关，与样本的特征维数无关。对于高维有限样本来说，核矩阵较小，对核矩阵的计算复杂度较低。

综上所述，核方法具有以下优点。

（1）核方法将样本映射到特征空间，使在数据空间中线性不可分的样本具有更好的可分性。在特征空间中进行线性鉴别分析等价于在数据空间中进行非线性鉴别分析。

（2）在特征空间中将与非线性映射函数 $\boldsymbol{\Phi}(x)$有关的运算转化成内积运算，不需要知道 $\boldsymbol{\Phi}(x)$的具体形式。

（3）核矩阵的计算复杂度仅与总样本数 n 有关，与样本的特征维数无关，因此核方法非常适用于对高维有限样本的学习。

实际上，在核方法的应用中，核函数的选择及相关参数的确定是关键，目前相关理论还不够丰富。

2）KPCA 的特性

KPCA 就是在特征空间中进行主成分分析，在特征空间中，其具有与 PCA 相同的特性，如在特征空间中，各主成分不相关，大部分能量集中在几个最大的主成分上；与 PCA 不同的是，由于采用非线性映射，在原始数据空间中，非线性主成分可能没有明确含义，且高维特征空间中的图像向量在原始数据空间中可能没有对应图像，因此不能像 PCA 那样重建图像。

在降维和特征提取方面，与 PCA 相比，KPCA 能够抽取更多主成分。如果训练样本的数量 m 大于样本维数 n，对于 PCA 来说，最多能获得 n 个主成分，而 KPCA 能获得 $m-1$ 个非线性主成分。

另外，从核函数的选择来看，PCA 是 KPCA 的特例。当核函数 $K(x,y)=(x,y)$

时，KPCA 就变成了 PCA；从具体的映射方式来看，没有必要了解非线性映射的具体形式，通过选择适当的核函数，就可以方便地计算非线性问题，使非线性算法得到简化。

3. 线性判别分析

1）概述

在 $\{\Omega_1, \Omega_2\}$ 两类问题中，用 $\boldsymbol{x}=(x_1,x_2,\cdots,x_m)^{\mathrm{T}}$ 表示 m 维空间中的样本，则线性分类器的判别函数可以表示为

$$g(\boldsymbol{x})=\boldsymbol{w}^{\mathrm{T}}\boldsymbol{x}+w_0 \tag{7-108}$$

式中，$\boldsymbol{w}=(w_1,w_2,\cdots,w_m)^{\mathrm{T}}$ 为决策平面的法向量，判别规则为

$$\begin{cases} g(\boldsymbol{x})>0，决策x\in\Omega_1 \\ g(\boldsymbol{x})<0，决策x\in\Omega_2 \\ g(\boldsymbol{x})=0，拒绝决策 \end{cases} \tag{7-109}$$

$g(\boldsymbol{x})=0$ 表示样本刚好位于决策平面上，无法决策。判别函数的几何意义如图 7-20 所示。

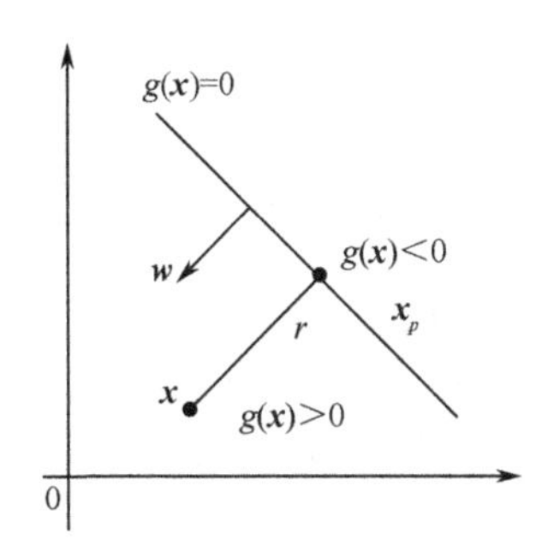

图 7-20　判别函数的几何意义

由图 7-24 可得 $\boldsymbol{x}=\boldsymbol{x}_p+\boldsymbol{w}/\|\boldsymbol{w}\|$，$\boldsymbol{x}_p$ 是 $\boldsymbol{x}$ 在 H 平面上的投影向量，r 是相应的算术距离，r 为正表示 $\boldsymbol{x}$ 在平面的正侧，r 为负表示 $\boldsymbol{x}$ 在平面的负侧。由于 $g(\boldsymbol{x}_p)=0$，有 $g(\boldsymbol{x})=\boldsymbol{w}^{\mathrm{T}}\boldsymbol{x}+w_0=r\|\boldsymbol{w}\|$，即 $r=g(\boldsymbol{x})/\|\boldsymbol{w}\|$。因此，判别函数 $g(\boldsymbol{x})$ 的值代表在特征空间中 $\boldsymbol{x}$ 到超平面的代数距离，大于 0 表示 $\boldsymbol{x}$ 在超平面的正侧，小于 0 表示 $\boldsymbol{x}$ 在超平面的负侧。

2）Fisher 判别式基础

两类问题的线性分类可以看作按 $\boldsymbol{w}$ 将所有样本投影到一维空间，以阈值 θ 为边界对样本进行分类。然而，投影方向不同使样本的可分性有很大不同。二维

样本投影到一维空间的示意图如图 7-21 所示，在图 7-21 中，三角形和圆形分别代表不同类别的样本，从图 7-21 中可以看出，在某方向投影可分的样本在其他方向投影不可分。Fisher 判别式的目的是寻找这样的投影方向，使不同类别的样本能最大限度地分开。

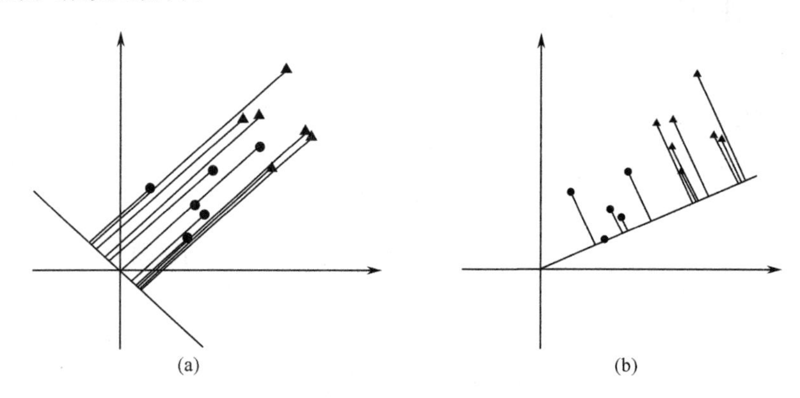

图 7-21　二维样本投影到一维空间的示意图

如何寻找这样的投影方向呢？可以定义一个准则函数，通过最大化或最小化准则来寻找需要的权向量。将样本投影到一维空间后，其均值和类内散布都是一个值而不是一个向量，用 $\mu_w^{(1)}$ 和 $\mu_w^{(2)}$ 表示两类样本的投影均值，用 $\tilde{s}_1$ 和 $\tilde{s}_2$ 表示两类样本在投影方向上的类内散布，定义准则函数为

$$J(\boldsymbol{w})=\frac{|\mu_w^{(1)}-\mu_w^{(2)}|^2}{\tilde{s}_1^2+\tilde{s}_2^2} \tag{7-110}$$

分子部分表示使两类投影均值之差尽可能大，从而使两类样本尽可能分离，分母部分表示使投影后的样本尽可能聚集。

已知原空间的样本，需要求投影方向 $\boldsymbol{w}$ ，即决策平面的法向量。我们需要使这些变量出现在准则函数中，也就是需要将 $\mu_w^{(1)}$ 和 $\mu_w^{(2)}$ 、$\tilde{s}_1$ 和 $\tilde{s}_2$ 转化为原空间的变量，用 $\boldsymbol{u}_1$ 和 $\boldsymbol{u}_2$ 表示原样本空间中两类样本的均值向量，即

$$\boldsymbol{u}_i=\frac{1}{N_j}\sum_{\boldsymbol{x}_j\in\omega_i}\boldsymbol{x}_j \tag{7-111}$$

得到投影方向上的变量和原始空间上的变量间的关系为

$$\mu_w^{(i)}=\boldsymbol{w}^{\mathrm{T}}\boldsymbol{u}_i \tag{7-112}$$

$$\tilde{s}_i^2=\sum_{\boldsymbol{x}\in\omega_i}(\boldsymbol{w}^{\mathrm{T}}\boldsymbol{x}-\mu_w^{(i)})^2=\sum_{\boldsymbol{x}\in\omega_i}\boldsymbol{w}^{\mathrm{T}}(\boldsymbol{x}-\boldsymbol{u}_i)(\boldsymbol{x}-\boldsymbol{u}_i)^{\mathrm{T}} \tag{7-113}$$

分子和分母部分可分别表示为

$$\left|\mu_w^{(1)} - \mu_w^{(2)}\right|^2 = (\boldsymbol{w}^{\mathrm{T}}\boldsymbol{u}_1 - \boldsymbol{w}^{\mathrm{T}}\boldsymbol{u}_2)^2 = \boldsymbol{w}^{\mathrm{T}}(\boldsymbol{u}_1 - \boldsymbol{u}_2)(\boldsymbol{u}_1 - \boldsymbol{u}_2)^{\mathrm{T}}\boldsymbol{w} \quad (7\text{-}114)$$

$$\tilde{s}_1^2 + \tilde{s}_2^2 = \sum_{\boldsymbol{x}\in\omega_1} \boldsymbol{w}^{\mathrm{T}}(\boldsymbol{x} - \boldsymbol{u}_1)(\boldsymbol{x} - \boldsymbol{u}_1)^{\mathrm{T}} w + \sum_{\boldsymbol{x}\in\omega_2} \boldsymbol{w}^{\mathrm{T}}(\boldsymbol{x} - \boldsymbol{u}_2)(\boldsymbol{x} - \boldsymbol{u}_2)^{\mathrm{T}}\boldsymbol{w} \quad (7\text{-}115)$$

为方便表示，定义类间散度矩阵$\boldsymbol{S}_B$和各类的类内散度矩阵$\boldsymbol{S}_i$分别为

$$\boldsymbol{S}_B = (\boldsymbol{u}_1 - \boldsymbol{u}_2)(\boldsymbol{u}_1 - \boldsymbol{u}_2)^{\mathrm{T}} \quad (7\text{-}116)$$

$$\boldsymbol{S}_i = \sum_{\boldsymbol{x}\in\omega_i} (\boldsymbol{x} - \boldsymbol{u}_i)(\boldsymbol{x} - \boldsymbol{u}_i)^{\mathrm{T}} \quad (7\text{-}117)$$

总类内散度矩阵为

$$\boldsymbol{S}_W = \boldsymbol{S}_1 + \boldsymbol{S}_2 \quad (7\text{-}118)$$

将式（7-116）、式（7-117）、式（7-118）分别代入式（7-114）、式（7-115），可得

$$\begin{cases} \left|\mu_w^{(1)} - \mu_w^{(2)}\right|^2 = \boldsymbol{w}^{\mathrm{T}}\boldsymbol{S}_B\boldsymbol{w} \\ \tilde{s}_1^2 + \tilde{s}_2^2 = \boldsymbol{w}^{\mathrm{T}}\boldsymbol{S}_W\boldsymbol{w} \end{cases} \quad (7\text{-}119)$$

于是准则函数可以写成关于 $\boldsymbol{w}$ 的表达式

$$J(\boldsymbol{w}) = \frac{\boldsymbol{w}^{\mathrm{T}}\boldsymbol{S}_B\boldsymbol{w}}{\boldsymbol{w}^{\mathrm{T}}\boldsymbol{S}_W\boldsymbol{w}} \quad (7\text{-}120)$$

要使$J(\boldsymbol{w})$最大，根据式（7-120）有

$$\boldsymbol{S}_B\boldsymbol{w} = \lambda\boldsymbol{S}_W\boldsymbol{w} \quad (7\text{-}121)$$

化简式（7-121），在可逆的情况下不考虑向量的模，得到权向量为

$$\boldsymbol{w} = \boldsymbol{S}_W^{-1}(\boldsymbol{u}_1 - \boldsymbol{u}_2) \quad (7\text{-}122)$$

从式（7-122）中可以看出，权向量只受类内散布矩阵和两个投影均值向量的影响。但是，至此只确定了一个最佳投影方向，而最终决定决策平面位置的是阈值θ，不同的阈值对分类器的最终性能也有很大影响。通常将总样本均值的投影作为阈值，即

$$\theta_1 = \frac{N_1\mu_w^{(1)} + N_2\mu_w^{(2)}}{N_1 + N_2} = \mu_w \quad (7\text{-}123)$$

θ_1为总样本均值在 $\boldsymbol{w}$ 方向上的投影，当样本数不平衡（$N_1 >> N_2$）时，$\theta_1 \approx \mu_w^{(1)}$，对多数类非常不利。设第 p 个训练样本$\boldsymbol{x}_p$的期望输出为d_p，所有训练样本的误差平方和为

$$E(\boldsymbol{w},\theta) = \sum_{p=1}^{N_1+N_2} [d_p - g(\boldsymbol{x}_p)]^2 = \sum_{p=1}^{N_1+N_2} [d_p - (\boldsymbol{w}^{\mathrm{T}}\boldsymbol{x}_p - \theta)]^2 \quad (7\text{-}124)$$

令$\partial E(\boldsymbol{w},\theta)/\partial\theta = 0$，可得

$$\theta=\frac{N_1\mu_w^{(1)}+N_2\mu_w^{(2)}}{N_1+N_2}-\frac{1}{N_1+N_2}\sum_{p=1}^{N_1+N_2}d_p \tag{7-125}$$

令ε为一个充分小的正数，当$\boldsymbol{x}_p$属于Ω_1时，$d_p\to\varepsilon$，当$\boldsymbol{x}_p$属于Ω_2时，$d_p\to-\varepsilon$，则有

$$\theta=\frac{N_1\mu_w^{(1)}+N_2\mu_w^{(2)}}{N_1+N_2}-\frac{1}{N_1+N_2}\lim_{\varepsilon\to 0}\sum_{p=1}^{N_1+N_2}\varepsilon\approx\frac{N_1\mu_w^{(1)}+N_2\mu_w^{(2)}}{N_1+N_2}=\theta_1 \tag{7-126}$$

$\varepsilon\to 0$表示所有样本都落在投影平面上，与实际情况不符，所以采用阈值θ_1的分类效果可能不会很好。

4. 独立成分分析

独立成分分析（Independent Component Analysis，ICA）是一种盲源分离方法，能在混合信道参数未知的情况下分离出源信号。其基本思路是利用源信号的统计特性，选择合适的非线性函数，构建相应的目标函数，并通过优化算法求解目标函数的极值点，达到求解分离矩阵及分离源信号的目的。该方法广泛应用于语音识别、生物医学、无线通信等领域。

目标函数的选择决定了方法的统计特性，如一致性、鲁棒性等。算法的选择决定了方法的收敛速度和数值稳定性等。

1）非高斯性最大化估计方法

（1）目标函数

独立同分布随机变量和的极限是高斯随机变量，互相独立的随机变量混合后非高斯性降低。由于混合矩阵可逆，源信号可以表示为观测信号的线性和。为估计独立的源信号，需要找到适当的线性组合$\boldsymbol{b}$（在白化情况下记为$\boldsymbol{w}$），使组合后的信号$\boldsymbol{y}=\boldsymbol{w}^{\mathrm{T}}\boldsymbol{z}=\boldsymbol{b}^{\mathrm{T}}\boldsymbol{x}$的非高斯性最高。相关信息理论指出，在所有方差相同的随机变量中，高斯变量的微分熵最大。因此可以将微分熵或其标准化形式的负熵作为非高斯性的考量标准。

假设向量$\boldsymbol{y}$具有概率密度$P_{\boldsymbol{y}}(\boldsymbol{y})$，其微分熵为

$$H(\boldsymbol{y})=-\int P_{\boldsymbol{y}}(\boldsymbol{y})\log P_{\boldsymbol{y}}(\boldsymbol{y})\mathrm{d}\boldsymbol{y} \tag{7-127}$$

将其标准化，可以得到负熵为

$$J(\boldsymbol{y})=H(\boldsymbol{y}_{\text{gauss}})-H(\boldsymbol{y}) \tag{7-128}$$

式中，$\boldsymbol{y}_{\text{gauss}}$是与$\boldsymbol{y}$具有相同协方差矩阵的高斯随机向量。

直接使用负熵作为目标函数需要对$\boldsymbol{y}$的密度函数进行估计，不具有可行性。此外，在实际中，只需要考虑负熵是标量的情况。因此，可以选择合适的非线性

函数 G 来近似

$$J(\boldsymbol{y}) \propto [E\{G(\boldsymbol{y})\} - E\{G(\boldsymbol{v})\}]^2 \tag{7-129}$$

式中，$\boldsymbol{y}$ 和 $\boldsymbol{v}$ 是零均值、具有单位方差的随机变量，且 $\boldsymbol{v}$ 服从高斯分布。

（2）梯度算法与快速不动点算法

在白化数据的基础上，对式（7-130）关于 $\boldsymbol{w}$ 求梯度，再标准化 $\boldsymbol{w}$，使其为单位范数，得到梯度算法为

$$\Delta \boldsymbol{w} \propto \gamma E\{\boldsymbol{z}g(\boldsymbol{w}^{\mathrm{T}}\boldsymbol{z})\} \tag{7-130}$$

可以注意到，式（7-130）与 $E\{G(\boldsymbol{w}^{\mathrm{T}}\boldsymbol{z})\}$ 有相同的极值点，在 $\boldsymbol{w}$ 为单位范数的情况下，用牛顿法求解关于 $E\{G(\boldsymbol{w}^{\mathrm{T}}\boldsymbol{z})\}$ 的拉格朗日乘子式的极值点，得到基于负熵的快速不动点算法为

$$\boldsymbol{w} \leftarrow E\{\boldsymbol{z}g(\boldsymbol{w}\boldsymbol{z})\} - E\{g'(\boldsymbol{w}\boldsymbol{z})\}\boldsymbol{w} \tag{7-131}$$

上述算法每次运行只能得到一个独立成分或源信号的估计。要得到全部独立成分的估计，可以采用串行正交化方法，即多次运行算法，分别估计与每个独立成分对应的向量$\boldsymbol{w}$，并采用施密特正交化方法依次正交化，直到抽取完所有成分；也可以采用并行正交化方法，即同时分离所有独立成分，并通过特征值分解等方法同时正交化所有向量。

2）极大似然估计方法

（1）目标函数

极大似然估计方法是统计学中常用的估计方法，具有良好的渐进性，其基本思想是寻找使观测发生概率最大的参数。

考虑独立成分分析的基本模型

$$\boldsymbol{x} = \boldsymbol{A}\boldsymbol{s} \tag{7-132}$$

根据假设，源信号 $\boldsymbol{s}_1, \boldsymbol{s}_2, \cdots, \boldsymbol{s}_n$ 相互独立，则观测向量的概率密度为

$$P_{\boldsymbol{x}}(\boldsymbol{x}) = |\det(\boldsymbol{B})| P_{\boldsymbol{s}}(\boldsymbol{s}) = |\det(\boldsymbol{B})| \prod_{i=1}^{n} P_i(\boldsymbol{s}_i) \tag{7-133}$$

式中，矩阵 $\boldsymbol{B} = [\boldsymbol{b}_1, \boldsymbol{b}_2, \cdots, \boldsymbol{b}_n]^{\mathrm{T}}$ 是混合矩阵的逆矩阵，$P_i(\cdot)$ 是第 i 个源信号的密度函数。当有 M 个观测 $\boldsymbol{x}(1), \boldsymbol{x}(2), \cdots, \boldsymbol{x}(M)$ 时，似然函数为

$$L(\boldsymbol{B}) = \prod_{m=1}^{M} \prod_{i=1}^{n} P_i\left[\boldsymbol{b}_i^{\mathrm{T}} \boldsymbol{x}(m)\right] |\det(\boldsymbol{B})| \tag{7-134}$$

对应的似然函数的对数及其均值为

$$\log L(\boldsymbol{B}) = \sum_{m=1}^{M} \sum_{i=1}^{n} \log P_i\left[\boldsymbol{b}_i^{\mathrm{T}} \boldsymbol{x}(t)\right] + M \log|\det(\boldsymbol{B})| \tag{7-135}$$

$$\frac{1}{M}\log L(\boldsymbol{B})=E\left\{\sum_{i=1}^{n}\log P_i\left[\boldsymbol{b}_i^{\mathrm{T}}\boldsymbol{x}(t)\right]\right\}+\log\left|\det(\boldsymbol{B})\right| \tag{7-136}$$

概率密度函数 $P_i(\cdot)$ 未知，$P_i(\cdot)$ 的估计属于非参数估计，计算量大。用与独立成分分析具有相同非高斯性的密度函数代替原概率密度函数，即可通过优化算法极大化似然函数，得到极大似然估计。

（2）梯度算法与快速不动点算法

梯度算法为

$$\Delta\boldsymbol{B}\propto\left(\boldsymbol{B}^{\mathrm{T}}\right)^{-1}+E\left\{g\left(\boldsymbol{Bx}\right)\boldsymbol{x}^{\mathrm{T}}\right\} \tag{7-137}$$

采用牛顿法极大化对应的拉格朗日函数，得到快速不动点算法为

$$\boldsymbol{B}\leftarrow\boldsymbol{B}+\mathrm{diag}(\alpha_i)\left\{\mathrm{diag}(\beta_i)+E\left[g\left(\boldsymbol{Bx}\right)\left(\boldsymbol{Bx}\right)^{\mathrm{T}}\right]\right\}\boldsymbol{B} \tag{7-138}$$

式中

$$\begin{cases}\beta_i=-E\left[\left(\boldsymbol{b}_i^{\mathrm{T}}\boldsymbol{x}\right)g\left(\boldsymbol{b}_i^{\mathrm{T}}\boldsymbol{x}\right)\right]\\ \alpha_i=-1/\left\{\beta_i+E\left[g'\left(\boldsymbol{b}_i^{\mathrm{T}}\boldsymbol{x}\right)\right]\right\}\end{cases} \tag{7-139}$$

可以看出，快速不动点算法含有更多参数，不需要在迭代过程中通过统计特性选择其他非线性函数。与自然梯度算法相比，快速不动点算法的收敛速度更快。

3）极小化互信息估计算法

（1）目标函数

在信息论中，互信息是度量若干随机变量间依赖性的重要指标。对于可逆线性变换 $\boldsymbol{y}=\boldsymbol{Bx}$，通过极小化随机向量 $\boldsymbol{y}$ 的元素间的互信息求解分离矩阵 $\boldsymbol{B}$。

利用微分熵，可以定义随机变量 y_i 间的互信息为

$$I(y_1,y_2,\cdots,y_n)=\sum_{i=1}^{n}H(y_i)-H(\boldsymbol{y}) \tag{7-140}$$

式中，$H(\boldsymbol{y})$ 是微分熵。选择互信息为目标函数，需要对随机向量 $\boldsymbol{y}$ 及其分量 y_i 的概率密度做出合理的估计。

（2）互信息与非高斯性、极大似然估计

由互信息的定义可知

$$I(y_1,y_2,\cdots,y_n)=\sum_{i=1}^{n}H(y_i)-H(\boldsymbol{y})=C-\sum_{i=1}^{n}J(y_i) \tag{7-141}$$

式中，$J(y_i)$ 是随机变量 y_i 的负熵。可知极小化关于互信息的代价函数等价于极大化关于负熵的代价函数。

似然函数的均值形式为

$$\frac{1}{M}\log L(\boldsymbol{B})=E\left\{\sum_{i=1}^{n}\log P_i\left[\boldsymbol{b}_i^{\mathrm{T}}\boldsymbol{x}(t)\right]\right\}+\log\left|\det(\boldsymbol{B})\right| \qquad (7\text{-}142)$$

当源信号或独立成分的概率密度与 $\boldsymbol{b}_i^{\mathrm{T}}\boldsymbol{x}$ 的真实概率密度相同时，式（7-142）中的第一项代表所有分量的微分熵，第二项是一个常数。

（3）基于极小化互信息的算法

由于密度函数未知，直接从真实数据中估计互信息较为困难。根据上面的分析可知，负熵或似然函数可以作为互信息的近似。因此，基于极小化互信息的算法本质上与前面介绍的两类算法相同。

5. 典型相关分析

1）典型相关分析的基本思想

在实际中常常需要研究两组变量之间的关系。假设测得两组变量，典型相关分析（Canonical Correlation Analysis，CCA）就是要研究这两组变量之间的关系。讨论两组变量之间的关系的常用方法是讨论第一组中每个变量与第二组中每个变量的关系并得到相关系数，用这些相关系数反映两组变量之间的关系。但这样做既烦琐又抓不住要领。还可以采用与主成分分析类似的方法，对每组变量进行线性组合，称其为这组变量的综合变量，研究两组综合变量的关系，通过综合变量反映两组变量的关系，这种方法较简明又可以抓住主要关系。典型相关分析揭示了两组变量之间的内在关系，深刻地反映了这两组变量之间的线性相关情况。在实际中，往往只需要重点研究相关关系较大的几组典型变量，因为它们反映了大部分信息。

假设有 N 对变量 (x_i,y_i)，$i=1,2,\cdots,N$，$x_i\in R^p$，$y_i\in R^p$，典型相关分析的目的是找到一对投影方向 $\boldsymbol{\varphi}_x$ 和 $\boldsymbol{\varphi}_y$，使得 $\boldsymbol{\varphi}_x^{\mathrm{T}}(x_i-\overline{x})$ 和 $\boldsymbol{\varphi}_y^{\mathrm{T}}(y_i-\overline{y})$ 的相关系数 r 最大，相关系数 r 定义为

$$r=\frac{\boldsymbol{\varphi}_x^{\mathrm{T}}\boldsymbol{X}\boldsymbol{Y}^{\mathrm{T}}\boldsymbol{\varphi}_y^{\mathrm{T}}}{\sqrt{\boldsymbol{\varphi}_x^{\mathrm{T}}\boldsymbol{X}\boldsymbol{X}^{\mathrm{T}}\boldsymbol{\varphi}_x}\sqrt{\boldsymbol{\varphi}_y^{\mathrm{T}}\boldsymbol{Y}\boldsymbol{Y}^{\mathrm{T}}\boldsymbol{\varphi}_y}}=\frac{\boldsymbol{\varphi}_x^{\mathrm{T}}\boldsymbol{C}_{XY}\boldsymbol{\varphi}_y}{\sqrt{\boldsymbol{\varphi}_x^{\mathrm{T}}\boldsymbol{C}_{XX}\boldsymbol{\varphi}_x}\sqrt{\boldsymbol{\varphi}_y^{\mathrm{T}}\boldsymbol{C}_{YY}\boldsymbol{\varphi}_y}} \qquad (7\text{-}143)$$

式中，$\boldsymbol{X}=\left[x_1-\overline{x},\cdots,x_N-\overline{x}\right]$，$\boldsymbol{Y}=\left[y_1-\overline{y},\cdots,y_N-\overline{y}\right]$，$\overline{x}$ 和 $\overline{y}$ 分别为向量 $\boldsymbol{X}$ 和 $\boldsymbol{Y}$ 的均值，$\boldsymbol{C}_{XX}$ 和 $\boldsymbol{C}_{YY}$ 分别为 $\boldsymbol{X}$ 与 $\boldsymbol{Y}$ 的协方差矩阵，$\boldsymbol{C}_{XY}$ 为 $\boldsymbol{X}$ 与 $\boldsymbol{Y}$ 的互协方差矩阵。

2）典型相关分析用于特征融合的原理

随着计算机技术的发展，信息融合技术已成为一种新兴的数据处理技术。

融合有 3 个层次：像素级、特征级、决策级。特征级融合的优势明显，事实上，对同一模式抽取的不同特征向量总是反映模式的不同特性，对它们进行优化组合，既保留了参与融合的多特征的有效鉴别信息，又在一定程度上消除了冗余信息，对分类识别具有重要意义。

串行融合方法和并行融合方法是常见的特征融合方法。串行融合方法将两组特征首尾相连，生成新的特征向量，在更高维的向量空间中进行特征抽取；并行融合方法利用复向量将同一样本的两组特征向量合并，在复向量空间进行特征提取。两种特征融合方法均可以提高识别率。

设 $\boldsymbol{x}$ 与 $\boldsymbol{y}$ 分别表示运用不同方法抽取到的同一模式的两组特征向量，按照 CCA 的思想，提取 $\boldsymbol{x}$ 与 $\boldsymbol{y}$ 之间的典型相关特征，得到

$$\boldsymbol{X}^* = (\boldsymbol{\varphi}_{x1}, \boldsymbol{\varphi}_{x2}, \cdots, \boldsymbol{\varphi}_{xd})^{\mathrm{T}} \boldsymbol{x} = \boldsymbol{W}_x^{\mathrm{T}} \boldsymbol{x} \tag{7-144}$$

$$\boldsymbol{Y}^* = (\boldsymbol{\varphi}_{y1}, \boldsymbol{\varphi}_{y2}, \cdots, \boldsymbol{\varphi}_{yd})^{\mathrm{T}} \boldsymbol{y} = \boldsymbol{W}_y^{\mathrm{T}} \boldsymbol{y} \tag{7-145}$$

式中，$\boldsymbol{W}_x = (\boldsymbol{\varphi}_{x1}, \boldsymbol{\varphi}_{x2}, \cdots, \boldsymbol{\varphi}_{xd})$，$\boldsymbol{W}_y = (\boldsymbol{\varphi}_{y1}, \boldsymbol{\varphi}_{y2}, \cdots, \boldsymbol{\varphi}_{yd})$。

将以下两种线性变换作为投影后的组合特征，并用于分类。

$$\boldsymbol{Z}_1 = \begin{pmatrix} \boldsymbol{X}^* \\ \boldsymbol{Y}^* \end{pmatrix} = \begin{pmatrix} \boldsymbol{W}_x^{\mathrm{T}} \boldsymbol{x} \\ \boldsymbol{W}_y^{\mathrm{T}} \boldsymbol{y} \end{pmatrix} = \begin{pmatrix} \boldsymbol{W}_x & \boldsymbol{O} \\ \boldsymbol{O} & \boldsymbol{W}_y \end{pmatrix} \begin{pmatrix} \boldsymbol{x} \\ \boldsymbol{y} \end{pmatrix} \tag{7-146}$$

$$\boldsymbol{Z}_2 = \boldsymbol{X}^* + \boldsymbol{Y}^* = \boldsymbol{W}_x^{\mathrm{T}} \boldsymbol{x} + \boldsymbol{W}_y^{\mathrm{T}} \boldsymbol{y} = \begin{pmatrix} \boldsymbol{W}_x \\ \boldsymbol{W}_y \end{pmatrix} \begin{pmatrix} \boldsymbol{x} \\ \boldsymbol{y} \end{pmatrix}^{\mathrm{T}} \tag{7-147}$$

变换矩阵分别为

$$\boldsymbol{W}_1 = \begin{pmatrix} \boldsymbol{W}_x & \boldsymbol{O} \\ \boldsymbol{O} & \boldsymbol{W}_y \end{pmatrix} \tag{7-148}$$

$$\boldsymbol{W}_2 = \begin{pmatrix} \boldsymbol{W}_x \\ \boldsymbol{W}_y \end{pmatrix} \tag{7-149}$$

定义 7： $\boldsymbol{\varphi}_{xi}$ 和 $\boldsymbol{\varphi}_{yi}$ 分别为 $\boldsymbol{x}$ 与 $\boldsymbol{y}$ 的第 i 对典型投影向量；$\boldsymbol{\varphi}_{xi}^{\mathrm{T}} \boldsymbol{x}$ 和 $\boldsymbol{\varphi}_{yi}^{\mathrm{T}} \boldsymbol{y}$ 分别为 $\boldsymbol{x}$ 与 $\boldsymbol{y}$ 的第 i 对典型相关特征分量；$\boldsymbol{W}_x$ 和 $\boldsymbol{W}_y$ 为典型投影矩阵；$\boldsymbol{Z}_1$ 和 $\boldsymbol{Z}_2$ 为组合典型相关特征向量。

定义 8： 将线性变换式（7-146）和式（7-147）分别称为特征融合策略 1（FFS1）和特征融合策略 2（FFS2）。

通过以上两组特征融合策略，可以抽取模式样本组合的典型相关特征向量，并将其用于模式分类。

7.3.5　基于搜索的融合方法

1. 遗传算法

遗传算法（Genetic Algorithm，GA）是借鉴生物的自然选择和遗传进化机制开发的一种全局优化自适应概率搜索算法，其广泛应用于工程设计优化、系统辨识和控制、机器学习、图像处理和智能信息处理等领域。

1）遗传算法概述

遗传算法是模拟达尔文的遗传选择和自然淘汰的生物进化过程的计算模型，1975 年由密歇根大学的 J. Holland 教授提出。遗传算法将“适者生存”的进化理论引入串结构，并在串之间进行有组织且随机的信息交换。通过遗传操作，使优良品质被不断保留、组合，从而得到更好的个体。子代个体中包含父代个体的大量信息，并在总体上胜过父代个体，从而使种群进化，不断接近最优解。

与其他优化算法相比，遗传算法具有以下特点。

（1）将搜索过程作用在编码后的个体上，不直接作用在参数（优化问题的参变量）上，这一特点使遗传算法的应用领域较广。

（2）现行的大多数优化算法都基于线性、凸性、可微性等要求，而遗传算法只需要适应度信息，不需要导数等其他辅助信息，对问题的依赖性较小，因而具有非线性，适用范围广。

（3）在搜索中用到的是随机的规则，而不是确定的规则；在搜索时采用启发式搜索，而不是盲目的穷举，因而具有较高的搜索效率。遗传算法从一组初始点开始搜索，而不是从某单一初始点开始搜索，其给出一组优化解，而不是一个优化解，并能在解空间内充分搜索，具有全局优化能力。

（4）遗传算法仅用适应度函数评估个体，无须搜索空间的知识和其他辅助信息。遗传算法的适应度函数不仅不受连续可微的约束，其定义域还可以任意设定。

（5）遗传算法的基本作用对象是多个可行解的集合，而非单个可行解，具有很强的可并行性，可以通过并行计算来提高计算速度，因而更适用于大规模复杂问题的优化。

2）遗传算法的基本流程

遗传算法从随机产生的初始种群出发，通过选择（使优秀个体有更多机会传给子代）、交叉（体现优秀个体间的信息交换）、变异（引入新个体，保持种群的多样性）操作种群逐代进化到搜索空间中的最优点附近，直至收敛到最优解。

遗传算法不直接作用于问题空间，而是作用于编码空间，且遗传操作非常简单，因此遗传算法具有简单、通用、鲁棒性强等特点。

遗传算法的基本流程如图 7-22 所示。

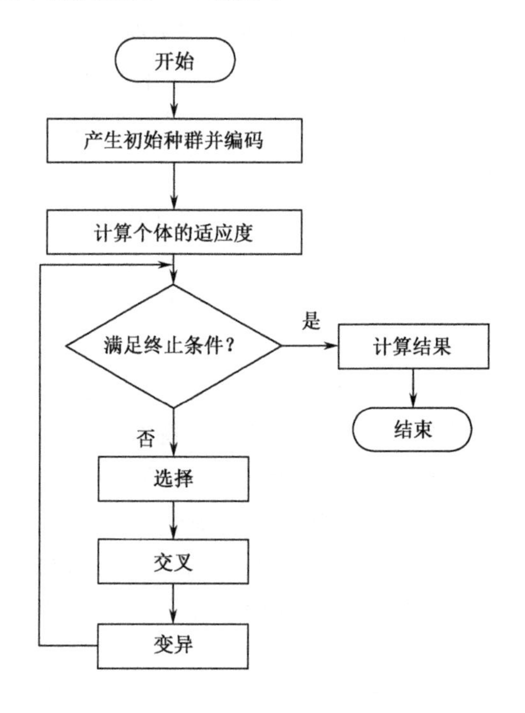

图 7-22　遗传算法的基本流程

遗传算法本质上是一种利用随机搜索技术（不是随机搜索方法）进行有指导的搜索的算法。其对参数空间编码，将随机选择作为工具，对种群个体施加遗传操作，并以适应度函数为依据，引导搜索过程向更高效的方向发展。与 3 类传统方法（解析法、枚举法、随机搜索法）相比，遗传算法不需要函数可导、连续等条件，仅要求适应度函数为可比较的正值。另外，对于大搜索空间问题，遗传算法能在相对较短的时间内达到最优解。遗传算法的特点可以从它与传统搜索方法的对比，以及它与若干搜索方法和自律分布系统的亲近关系充分体现出来，遗传算法适用于解决高维、总体很大的复杂非线性问题。

3）遗传算法的数学基础

作为一种智能搜索算法，遗传算法采用五大要素来控制算法的搜索方向，包括参数编码、初始种群的设定、适应度函数的设计、遗传操作的设计和控制参数的设定。Holland 的模式定理是描述遗传算法动力学机理的基本定理，奠定了

遗传算法的数学基础。

定义 9：将基于三值字符集{0,1,*}产生的能描述具有某些结构相似性的 0、1 字符串集的字符串称为模式。

例如，当染色体长度为 4 时，模式 0*1*描述了在位置 1 为“0”，位置 3 为“1”的所有字符串：{0010}、{0011}、{0110}、{0111}。

定义 10：将在模式 H 中确定位置的数量称为该模式的阶数，记为 $O(H)$。

定义 11：将模式中第一个确定位置和最后一个确定位置之间的距离称为该模式的定义距，记为 $\delta(x)$。

例如，模式 01**1 的阶数为 3，定义距为 4；模式*1**的阶数为 1，定义距为 0。显然阶数越高，样本数越少，确定性越强。可以证明，选择操作采用并行方式控制适应度高的模式数量呈指数级增长，而适应度低的模式呈指数级减少；选择和交叉操作使适应度高于种群平均适应度、短定义距的模式呈指数级增长。对 3 项操作数进行综合考虑得到模式定理。

模式定理：在遗传操作数选择、交叉和变异的作用下，具有低阶、短定义距及平均适应度高于种群适应度的模式在子代中将得到指数级增长。

模式定理是遗传算法的理论基础。根据模式定理，低阶、短定义距、高平均适应度的模式越来越多。

作为一种新的全局优化搜索算法，遗传算法凭借简单、鲁棒性强、易于并行化、应用范围广等特点，成为一种解决复杂问题的新思路、新方法，并广泛应用于函数优化、自动控制、图像识别、机器学习、优化调度等领域。

2. 粒子群优化算法

粒子群优化（Particle Swarm Optimization，PSO）算法是 Kennedy 和 Eberhart 于 1995 年提出的一种随机并行优化算法，其原理简单、易于实现、收敛速度快，且求解的目标函数不必具有可微、连续等特性，因此受到了很多学者的关注。迄今为止，PSO 算法在单目标优化、约束优化、动态优化、多目标优化等方面得到了广泛应用与发展。

PSO 算法源于对鸟类在自然界中寻找食物的研究，将算法中的每个解看作搜索区域中的一只鸟，并将其抽象为体积和质量均为零的粒子，每个粒子都有速度、方向和距离，还有适应值，该值由目标函数决定，用于评估粒子的品质。粒子知道自己所处的位置，还知道自己到目前为止发现的最佳位置（称为个体最优解 pbest）及整个群体的最佳位置（称为全局最优解 gbest），粒子通过这两个值来决定自己下一步去向。

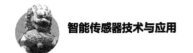

算法先初始化一组随机粒子，即随机解，这些粒子不断跟随最优粒子进行探索，通过迭代逐渐找出最优值。在每次迭代中，粒子找到 pbest 和 gbest 后，按照式（7-150）进行更新。

$$\begin{cases} v(t+1) = wv(t)+c_1r_1\left[\text{pbest}(t) - x(t)\right]+c_2r_2\left[\text{gbest}(t) - x(t)\right] \\ x(t+1) = x(t)+v(t+1) \end{cases} \tag{7-150}$$

式中，$v(t)$、$x(t)$、$\text{pbest}(t)$、$\text{gbest}(t)$ 分别表示第 t 次迭代时粒子的速度、位置、个体最优位置、全局最优位置；w 为惯性权值；c_1、c_2 为学习因子；r_1、r_2 是取值为 0～1 的随机数。

由式（7-150）可知，粒子的运动轨迹受以下影响：一是粒子的运动惯性，体现了粒子当前的速度对下次飞行的影响；二是自我认知，表明粒子受历史经验的影响，不断调整和修正飞行轨迹，飞向个体最优解所在的位置，通过这种自我学习的方法，使粒子具有全局搜索能力，避免算法“早熟”；三是群体认知，表明粒子通过向其他个体学习群体知识，飞向全局最优解所在的位置。

粒子位置的更新方式如图 7-23 所示。

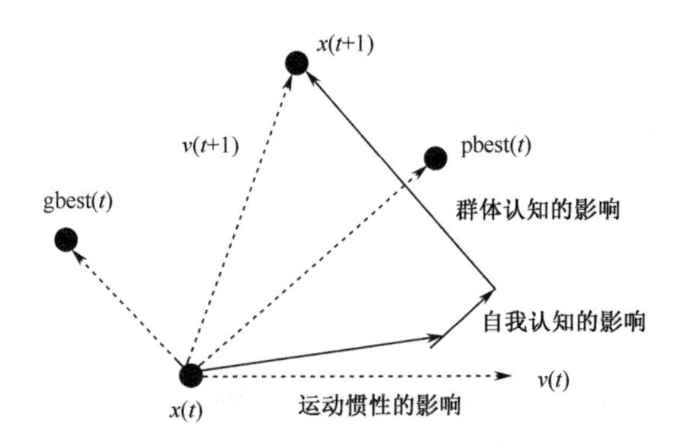

图 7-23 粒子位置的更新方式

粒子群优化算法流程如图 7-24 所示。

由于 PSO 算法存在早熟收敛问题，为了提高种群的多样性，以获得更好的优化性能，众多学者提出了多种改进策略，主要包括参数调整、采用拓扑结构、提出各种混合 PSO 算法等，这些改进策略不同程度地提高了算法的性能。如今，粒子群优化算法的相关研究工作已取得重大突破，在不同的研究领域得到了广泛应用。

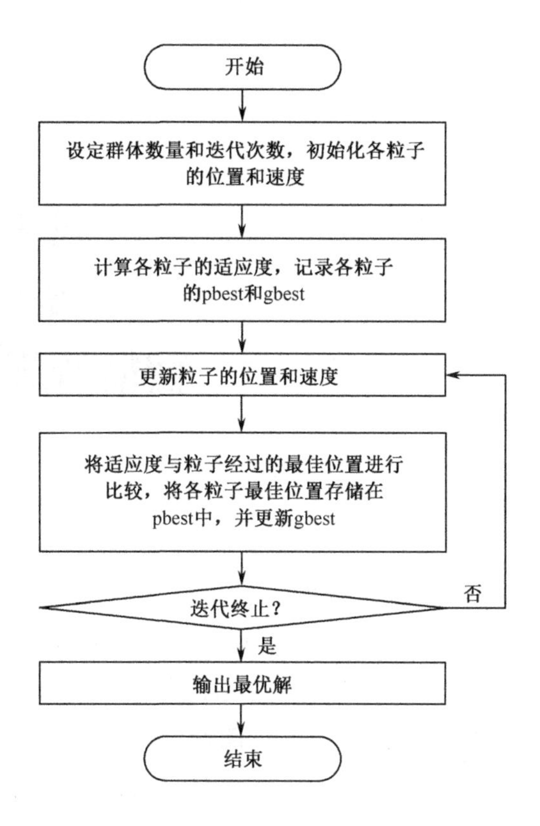

图 7-24　粒子群优化算法流程

第 8 章

智能传感器的民用

8.1 智慧城市

智慧城市是运用物联网、云计算、大数据、空间地理信息集成等新一代信息技术，促进城市规划、建设、管理和服务智慧化的新理念和新模式。建设智慧城市，对加快工业化、信息化、城镇化、农业现代化融合，提升城市可持续发展能力具有重要意义。智慧城市建设框架如图 8-1 所示。

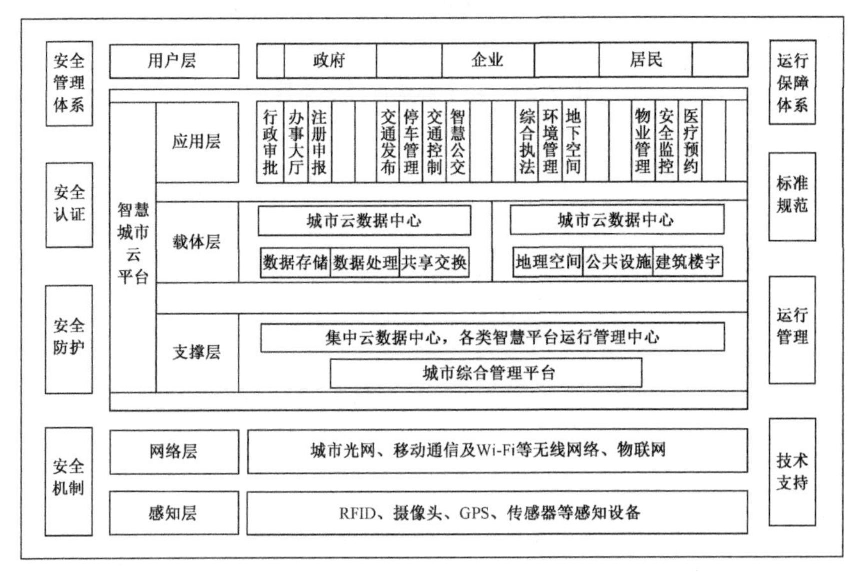

图 8-1　智慧城市建设框架

智慧政务基于城市政务专网，提供各种行政业务的一站式审批、办理，加强横向业务联系，集中联合审批，提高跨部门行政审批效率，简化办事流程。

智慧教育聚焦建设和完善校园网工程，重点建设教育综合信息网、网络学校、数字化课件、教学资源库、虚拟图书馆、教学综合管理系统、远程教育系统等资源共享数据库及共享应用平台。

智慧公共服务体系通过提升城市建设和管理的规范化、精准化和智能化水平，利用智慧平台促进建筑的信息化发展，有效促进城市公共资源在全市范围共享，积极推进城市人流、物流、信息流、资金流的协调高效运行。

智慧环境借助物联网技术将感应器和装备嵌入各种环境监控对象（物体）中，通过超级计算机和云计算整合环保领域物联网，以更加精细和动态的方式实现环境管理的智慧决策。

北斗高精度位置服务云平台是基于北斗卫星导航定位技术建设的综合性高精度位置服务体系，融合大数据、高性能云计算和海量云存储技术，为政府部门、行业用户、大众用户提供基于高精度位置的定位、导航、监控、调度和分析决策支持服务。

智慧城市是信息社会中城市发展的一个高级形态，我国将逐步建立健全中国智慧城市国家标准体系。其中，共性、关键性标准涵盖的主要领域包括数据与服务融合平台、主数据、数据挖掘分析、跨系统信息交互、信息资源管理与信息系统运维等。未来的智慧城市建设会逐步扩展到智慧旅游、智慧社区、智慧交通等领域。

8.2　车联网

车联网是由车辆位置、行驶速度、行驶路线等构成的信息交互网络，是一种向环保、节能、安全等方向发展的车网联合技术。其通过 RFID、摄像头、传感器、GPS 及图像处理设备等，实现对所有车辆、道路、交通环境的信息采集；按照一定的通信协议和标准，在基础设施之间进行无线通信或信息交换；控制中心采用计算机技术提取、分析和处理车辆数据，并根据不同用户需求，对所有车辆的运行状态进行有效监管及提供辅助服务，实现对人、车、路的智能监控、调度和管理。车联网是物联网技术在交通领域的典型应用，是信息社会和汽车社会融合的结果。

车联网以无线自组织网络技术、移动传感器技术、大规模并行计算技术为基础，进行车与车、车与路侧基础设施，以及车与智能指挥中心之间的即时信息交换，促进人、车、路三位一体协调发展。车联网、物联网和智能交通系统的交叉关系如图 8-2 所示。车联网是物联网在交通领域的应用和延伸，在系统上具备物联网的结构，在功能上满足智能交通对交通安全、系统效率、能源环保等的综合要求。车联网的目的是实现车辆之间、车辆与基础设施之间的实时交互，辅助驾驶，并在整个路网层面实现智能交通管理控制、车辆智能化控制和动态信息服务。

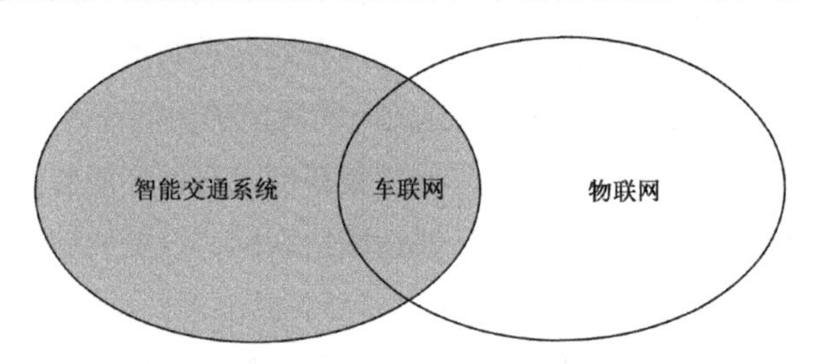

图 8-2　车联网、物联网和智能交通系统的交叉关系

车联网是物联网在交通领域的应用和延伸，其与物联网具有相似架构。物联网包括层次化网络体系结构和非层次化网络体系结构。因此，借鉴物联网的层次化网络体系结构，将车联网分为感知层、网络层和应用层，车联网系统架构如图 8-3 所示。

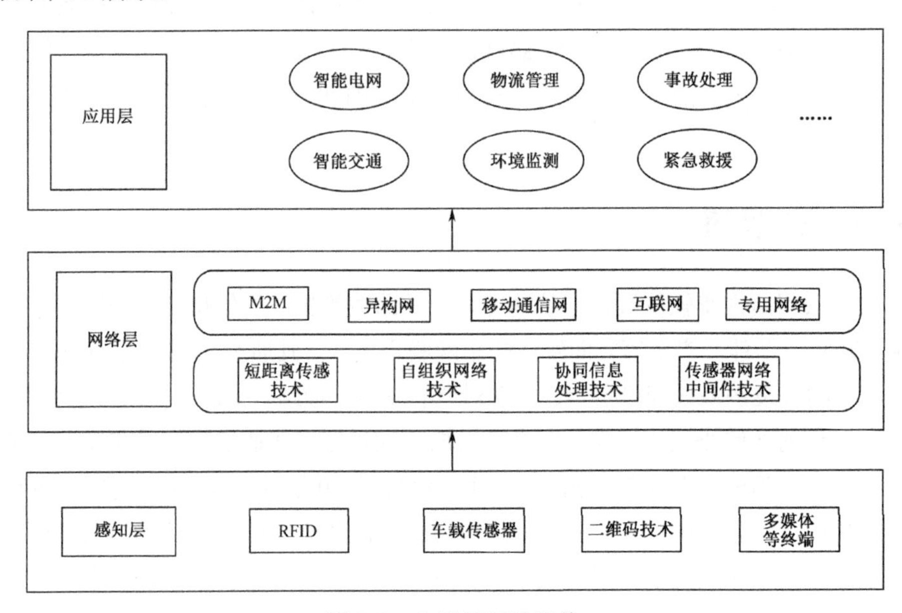

图 8-3　车联网系统架构

8.3 智能粮仓

智慧粮仓围绕建立全国粮食收储质量追溯及安全监测预警和粮食质量安全信息服务云平台开展具体研究工作，研究内容包括在线仓储环境参数监测、储粮状态评估、装备制造、感知数据传输、大数据云平台建设、风险预警模型建立、安全信息服务技术优化等。

粮情由温度、湿度、水分、虫、霉等因素决定，由于粮情监测参数多、数据量大，传统的单一传感器很难获得全面、丰富的信息，无法满足整体掌握粮食存储环境的需要。因此，采用多传感器监测粮情已成为新的趋势。开展在线仓储环境监测传感器及装备制造技术研究，可实现高可靠、高性能、多功能感知与信号处理能力，解决了原有传感器任务只能循环运行，不能根据任务的紧急程度进行优先级调度的问题，并改良嵌入式操作系统，使其代码更短、占用空间更小、调用更合理。通过基于光纤、移动互联网的粮情监测感知接口提供的通信接口与软件协议，将数据传输至储粮堆临界风险预警及控制系统，实现本地参数汇总风险预警，为系统控制提供数据支撑。上述过程重点解决本地数据采集、处理、通信、控制问题，通过互联网实现与远程云平台数据接口的通信，而大数据分析系统基于统计大数据实现反欺诈技术与应用系统、粮情监测预警和智能分析决策系统的研制，粮食质量安全信息服务平台为整个系统提供数据管理与安全信息服务支撑。系统集成与示范应用如图 8-4 所示。

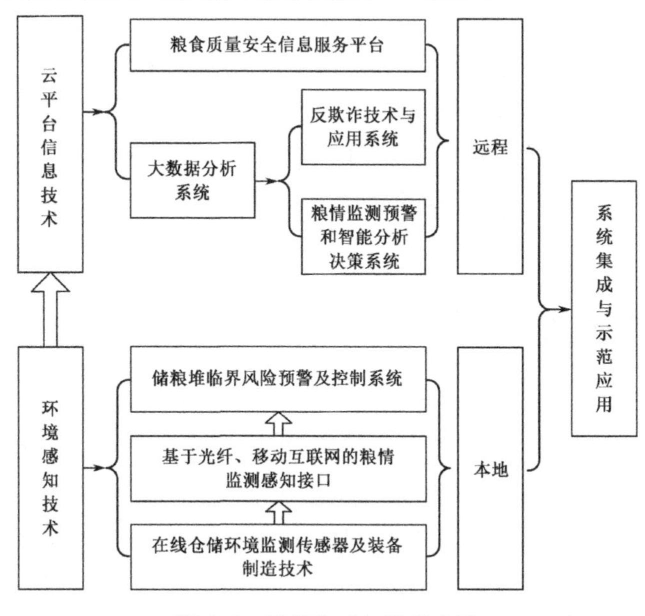

图 8-4　系统集成与示范应用

智能粮仓针对智能化的集成式温湿度传感器、粮食水分传感器、二氧化碳传感器和磷化氢传感器的新原理和新技术进行开发，通过分布在粮仓中的传感器，得到粮仓的环境信息，将环境信息转换成数据信息，通过 ZigBee 等在监测终端呈现数据信息，为粮仓环境智能监测及虫害、霉菌情况评估与预测提供数据支撑。通过基于光纤、移动互联网和无线传感器网络的多接口通信提供软硬件支持。系统硬件为传感器和汇聚节点终端设备提供接口组件，使传感器与预警控制系统组成本地网络，网络内部将有线通信和无线通信结合，网络对外通过光纤连接骨干网，进行数据传输，同时为移动互联网 App 提供接口支持。传感器实时获取粮仓温度、湿度、水分、虫、霉等信号，以图和表的形式在计算机上进行显示和保存，根据检测数据提供粮堆环境变化趋势，确定报警值，并对控制参数进行计算，依据控制规则完成降温、抽湿，对机械进行动态智能控制；将数据传输至粮食质量安全信息服务平台；提供来自虚拟环境的计算资源、存储资源、网络资源及相关服务；动态分配所需的 IT 资源，如 CPU、内存、存储空间、网络带宽等；实现资源抽象、资源监控、负载管理、数据管理、资源部署、安全管理等。

利用电磁脉冲原理，根据电磁波在介质中传播的频率测量其介电常数，从而得到粮食的含水量。通过测量真菌及昆虫的主要代谢气体 CO_2 来监测真菌及昆虫的活动。设计性能稳定、可靠并能节约内存空间的嵌入式操作系统，将传感器数据采集、A/D 转换、数据传输、卡尔曼滤波等功能设定为任务，由堆栈指针调用。配置智能传感器扩充模块，当有新的探知需求时，重新布置一套智能化环境监测传感装置不切实际，因此产生了对智能传感器扩充模块的需求。对于该模块来说，接入符合传感器标准信号的终端测量节点，就可以采集到符合智能化环境监测传感装置上传格式的数据，在节约成本的同时，提高了对环境的适应性。

8.4 智能家居

智能家居系统是集计算机技术、网络技术、微电子技术于一体的复杂系统，智能家居系统结构如图 8-5 所示，系统由智能家居控制中心、计算机、用户终端、智能家居云服务系统、无线传感器网络及智能家电终端组成。智能家居控制中心是系统的主控制器或中心路由，其可以通过无线传感器网络将数据指令传输至各智能家电终端，智能家电终端也可以通过无线传感器网络将数据回传至

智能家居控制中心，智能家居控制中心还可以将数据传输至计算机或智能家居云服务系统，用户可以进行访问和查询，当用户不在家时，可以直接通过移动终端操控家中电气设备通断，并监控各区域的安全状态，可以通过摄像头直接查看当前情况。

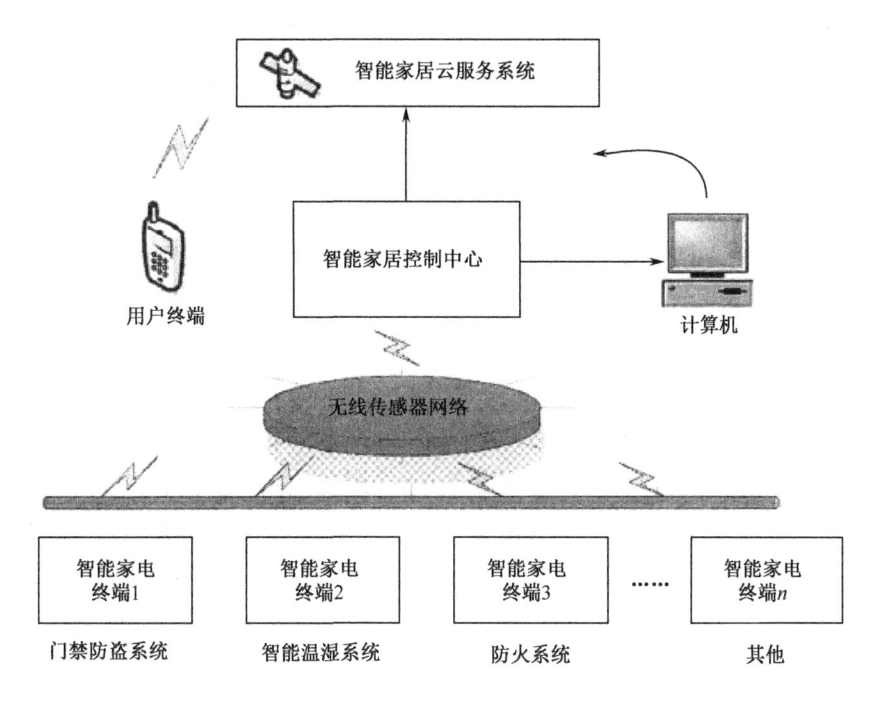

图 8-5　智能家居系统结构

8.5　智能制造

20 世纪 80 年代，智能制造被提出，随着制造技术与信息技术的不断进步，智能制造不断发展并被赋予新的内涵。目前，各国将智能制造视为提高制造业竞争力的关键手段，纷纷制定促进智能制造发展的相关政策，力图跟上智能制造的发展趋势。

2011 年，美国提出“先进制造业伙伴计划”，成立智能制造领导联盟，并发表了《实施 21 世纪智能制造》报告，给出了智能制造企业框架，指出智能制造企业能在柔性、敏捷及创新的制造环境中，优化生产性能和效率，有效串联业务与制造过程。2012 年，美国通用电气公司发布《工业互联网：突破智慧和机器的界限》。工业互联网由智能设备、智能系统和智能决策 3 要素构成，利用大数

据分析技术对采集的数据进行分析和可视化，由此产生的“智能信息”可以成为工业资产优化战略决策的一部分。2013 年 4 月，德国启动“工业 4.0”国家级战略规划，希望在新一轮工业革命中抢占有利地位。其战略核心是通过信息物理系统（CPS）实现人、设备与产品的实时联通和交流，从而构建灵活、个性化和数字化的制造模式。2015 年 5 月，中国发布《中国制造 2025》，加快推动 3D 打印、云计算、移动互联网等领域的突破和创新。智能制造对制造方式产生巨大影响，我国的制造业需要紧紧抓住这一重大机遇，通过智能制造进一步加快“两化”深度融合，进行传统行业的转型升级，全面提高企业生产管理的智能化水平。

智能制造系统的本质特征是个体制造单元的“自主性”与系统整体的“自组织能力”，基于该特征，可以提出适用于中小企业的分布式网络化 IMS 的基本架构。一方面，通过代理赋予各制造单元自主权，使其独立自治、功能完善；另一方面，通过代理之间的协同，赋予系统自组织能力。

基于以上架构，结合数控加工系统开发分布式网络化原型系统，该系统由系统经理节点、任务规划节点、设计节点和生产者节点组成。

系统经理节点包括数据库服务器和系统代理，数据库服务器负责管理数据库，可供有权限的节点进行数据的查询、读取、存储和检索等操作，并为各节点进行数据交换与共享提供场所；系统代理负责该系统的交互，其通过 Web 服务器发布该系统的主页，用户可以通过访问主页获得系统的有关信息，并根据自己的需求决定是否通过该系统满足这些需求，系统代理还负责监视该系统中各节点的交互，如记录和实时显示节点间发送和接受消息的情况、任务的执行情况等。

任务规划节点由任务经理和它的代理组成，其主要功能是对从网络中获取的任务进行规划，将其分解成若干子任务，再通过招标的方式将这些任务分配给各节点。

设计节点由 CAD 工具和它的代理组成，其能提供一个良好的人机界面，使设计人员能与计算机交互，共同完成设计任务。CAD 工具可以帮助设计人员根据用户要求进行产品设计；它的代理负责网络注册、取消注册、数据库管理、与其他节点交互、决定是否接受设计任务和向任务发送者提交任务等。

生产者节点实际上是研究开发的一个智能制造单元，由加工中心和它的代理组成。加工中心配置了智能自适应功能。数控系统通过智能控制器控制加工过程，可以充分发挥自动化设备的加工潜力，提高加工效率，其具有一定的自诊

断和自修复能力，可以提高设备的运行可靠性和安全性，并具有与外部环境交互的能力及开放式结构，可以支持系统的集成和扩展。

8.6 智慧医疗

随着人们生活水平的提高及科学技术的发展，人们越来越关注身体健康状况。当前，用于智慧医疗的可穿戴设备刚刚起步，还未出现重量级产品。大多数产品只能简单显示用户的运动状况或心率等，无法满足消费者的需求，也不能提高消费者的健康水平。同时，这些产品只能采集单一信号，在临床疾病诊断中不具有实际指导意义。例如，大多数可穿戴设备都带有基于各种技术的心率检测功能，但心率检测的作用有限，医生不会只根据用户的心率情况判断用户是否患有某种心血管疾病。上述问题导致可穿戴设备的用户流失率高、消费者满意度低。目前，市场上的可穿戴设备类型如表 8-1 所示。

表 8-1 市场上的可穿戴设备类型

类型	名称	特色
智能手环	Fitbit Charge 2	有测心率和计步等功能
智能手环	小米手环 2	有测心率和计步等功能
智能手表	Apple Watch 2	功能全面，主打健康和健身
智能手表	360 儿童手表	有通话、紧急报警和定位功能
智能头盔（眼镜）	Microsoft Hololens	有 AR 功能
智能头盔（眼镜）	Google Glass	有拍摄、语音控制等功能
智能胸带	Polar 带	可进行专业级心率监测
智能内衣	Intel 智能内衣	可根据用户数据改变外观

可穿戴系统如图 8-6 所示，智能胸带如图 8-7 所示。

现代医疗对植入式医疗器械有相当大的需求。植入式医疗器械包括对人体的各种辅助和救助设备。

植入仿生眼如图 8-8 所示，已有通过植入仿生眼恢复部分视力的成功案例，这表明科学家向成功帮助视障人士重新开始独立生活迈进了一大步。

2012 年，瑞典查尔姆斯理工大学的研究人员开发了用意念控制的植入式医疗机器人手臂，如图 8-9 所示。该手臂采用“骨整合”技术，将钛合金的假体植入患者骨架，可以提供更稳定的生物脉冲信号。

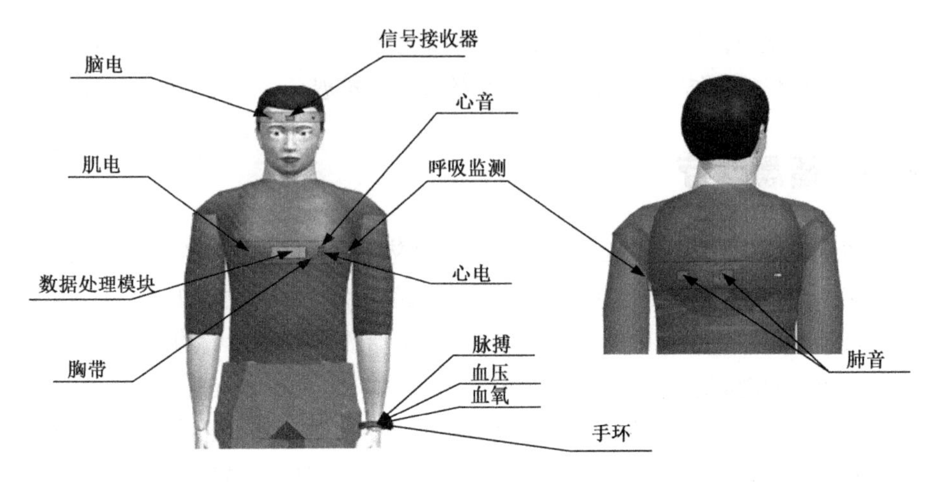

图 8-6　可穿戴系统

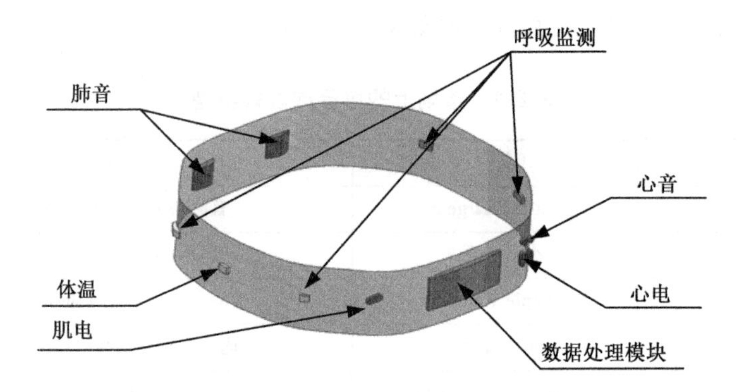

图 8-7　智能胸带

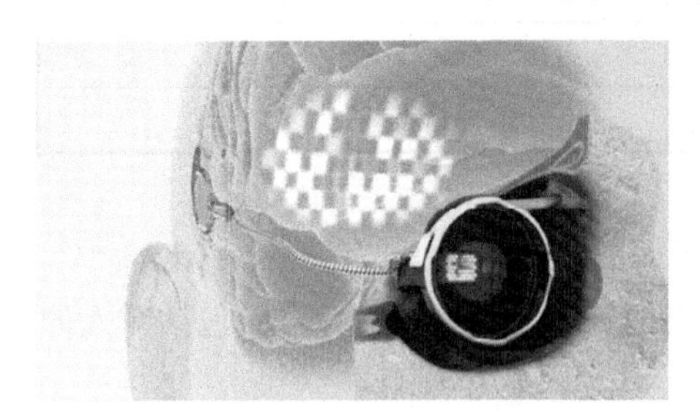

图 8-8　植入仿生眼

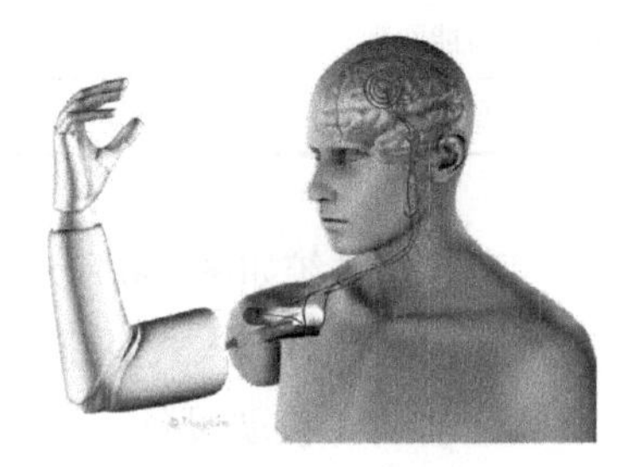

图 8-9　植入式医疗机器人手臂

第9章

智能传感器的军用

9.1 无人机

无人驾驶飞机简称无人机（UAV），是利用无线电遥控设备和自备的程序控制装置操纵的不载人飞机，与载人飞机相比，其具有体积小、造价低、使用方便、对作战环境要求低、战场生存能力强等优点。无人机如图 9-1 所示。

图 9-1　无人机

无人机的出现可以追溯至 1914 年，在第一次世界大战期间，英国的卡德尔和皮切尔将军，向英国军事航空学会提出了一项建议：研制一种不用人驾驶，而用无线电操纵的小型飞机，使它能够飞到敌方某一目标区上空，将事先装在小飞机上的炸弹投下去。这种大胆的设想立即得到当时英国军事航空学会理事长戴·亨德森爵士的赏识，他指定由 A.M.洛教授带领团队进行研制。

军用无人机具有结构精巧、隐蔽性强、使用方便、造价低、机动灵活等特点，主要用于战场侦察和电子干扰，以及携带集束炸弹、制导导弹等武器执行攻击性任务，还可以作为空中通信中继平台、核试验取样机、核爆炸及核辐射侦察机等。

高、中、低空和远、中、近程等各类军用无人机能执行侦察预警、跟踪定位、特种作战、中继通信、精确制导、信息对抗、战场搜救等任务，其军事应用范围和领域将不断扩大和延伸。

侦察无人机通过安装光电、雷达等传感器，实现全天候综合侦察，侦察方式多样，可以在战场上空进行高速信息扫描，也可以低速飞行或悬停，为部队提供实时情报。无人机可深入敌方腹地，尽量靠近敌方信号源，截获战场上重要的小功率近距离通信信号，优势明显。当进行高空长航时，侦察无人机从侦察目标上空掠过，可替代卫星的部分功能，执行高空侦察任务，用高分辨率设备拍摄清晰的地面图像，具有重要的战略意义。侦查无人机如图 9-2 所示。便携式无人机可满足部队连排级战场监视、目标侦察、毁伤评估等任务。

图 9-2　侦查无人机

无人机可以携带多种精确攻击武器，对地面、海上目标实施攻击，或带空空导弹进行空战，还可以进行反导拦截。作战无人机携带作战单元，发现重要目标并进行实时攻击，实现“察打结合”。可以减少人员伤亡并提高攻击力。作战无人机能够预先靠前部署，拦截处于助推段的战术导弹，当执行要地防空任务时，在较远距离上摧毁来袭导弹。攻击型反辐射无人机携带具有较大威力的小型精确制导武器、激光武器或反辐射导弹，攻击雷达、通信指挥设备等；战术攻击无人机在部分作战领域可以代替导弹，采取自杀式攻击方式对敌实施一次性攻击；主战攻击无人机体积大、速度快，可用于对地攻击和空战，攻击、拦截地面和空中目标，是实现全球快速打击的重要手段。

由于具有独特优势，无人机可以在恶劣环境下随时起飞，针对激光制导、微波通信、指挥网络、复杂电磁环境等光电信息实施对抗，有效阻断敌方装备的攻击、指挥和侦察，提高作战效率。电子对抗无人机对指挥通信系统、地面雷达和各种电子设备实施侦察与干扰，支援各种攻击机和轰炸机。诱饵无人机携带雷达回波增强器或红外仿真器，模拟空中目标，欺骗敌方雷达和导弹，诱使敌方

雷达等电子侦察设备开机，引诱敌方防空兵器射击，掩护己方机群突防。无人机还可以通过抛撒宣传品、对敌方战场喊话等方式进行心理战。

在未来战争中，通信系统是战场指挥控制的生命线，也是敌对双方攻击的重点。无人机通信网络可以建立强大的冗余备份通信链路，提高生存能力。遭到攻击后，能够快速恢复，在网络中心战中发挥不可替代的作用。高空长航时无人机延长了通信距离，利用卫星提供备选链路，直接与陆基终端连接，降低实体攻击和噪声干扰的威胁。作战通信无人机采用多种数据传输系统，各作战单元之间采用视距内模拟数据传输系统，作战单元与卫星之间采用超视距通信中继系统，可高速实时传输图像、数据等。

随着无人机的发展，其应用领域不断拓展。无人机可以完成物资运输、燃油补给、伤病员运送等后勤保障任务，其不受复杂地形环境影响、速度快、可规避地面敌人伏击，具有成本低、操作方便等特点。

1. 无人机的类型

军用无人机主要包括以下类型。

靶机：模拟飞机、导弹等飞行器的飞行状态，主要用于测试各种防空兵器的性能和训练战斗机飞行员、防空兵器操作员。

侦察无人机：进行战略、战役和战术侦察，监视战场，提供情报。

诱饵无人机：诱使敌方的电子侦察设备开机，获取有关信息；模拟显示假目标，引诱敌方防空兵器射击，吸引敌方火力，掩护己方机群突防。

电子对抗无人机：对敌方飞机、指挥通信系统、地面雷达和各种电子设备进行侦察和干扰。

攻击无人机：攻击、拦截地面和空中目标。攻击无人机携带具有较大威力的小型精确制导武器、激光武器或反辐射导弹，对敌方雷达、通信指挥设备、坦克等重要目标实施攻击并拦截处于助推段的战术导弹。

战斗无人机：战斗无人机是下一代战斗机的发展方向，其既可用于对地攻击，又可用于空战，还可用于反战术导弹。

具有其他用途的无人机：无人机还可以用于目标鉴别、激光照射、远程数据传输（作为空中中继站）、反潜、炮火校正、远方高空大气测量，以及对化学、细菌污染和核辐射的侦察等。

2. 新型无人机

新型无人机将采用最先进的隐身技术：一是采用复合材料、雷达吸波材料和低噪声发动机，美国的“捕食者”无人机的机身除了主梁，全部采用石墨合成材料，并对发动机的进气口、出气口和卫星通信天线做了特殊设计，对雷达、红外和声传感器有很强的隐身能力；二是采用限制红外反射技术，在无人机表面涂有能吸收红外光的特制漆，并在发动机燃料中注入防红外辐射的化学制剂，雷达和目视侦察均难以发现采用这种技术的无人机；三是减少表面缝隙，采用新工艺将无人机的副翼、襟翼等传动面制成综合面，缩小雷达反射面；四是采用充电表面涂层，充电表面涂层主要有抗雷达和目视侦察两种功能，无人机蒙皮由 24V 电源充电后，表面即可产生一层能吸收雷达波的保护层，可使雷达探测距离减小 40%～50%。充电表面涂层还具有可变色特性，即表面颜色随背景的变化而变化。从地面往上看，无人机将呈现与天空一样的蓝色；从空中往下看，无人机将呈现出与大地一样的颜色。

为提高无人机全天候侦察能力，在无人机上安装由光电红外传感器和合成孔径雷达组成的综合传感器。美国的“捕食者”无人机安装有观察仪和变焦彩色摄像机、激光测距机、第三代红外传感器和能在可见光和中红外两个频段上成像的柯达 CCD 摄像机、合成孔径雷达。使用综合传感器后，既可以单独选择图像信号，又可以综合使用各种传感器的情报。

为确保无人机和地面站之间能及时、不间断地传输数据，先进的无人机采用了多种数传系统。例如，美国的“捕食者”无人机采用了两个数传系统，一是 C 波段数据链路系统，这是一种视距内通信的模拟式数传系统，通信距离为 200 千米左右；二是卫星数传系统，这是一种超视距通信中继系统，包括两种方式：①特高频卫星链路，用于控制无人机和提供状态报告，每隔 10～60s 传输一张静止图像；②Ku 波段商用卫星链路，使用该链路时，只要无人机不飞离卫星天线的覆盖范围，就可以实时传输图像。

机载设备采用模块化设计后，无人机根据不同的任务搭载不同的设备，一机多用。

英国的“小妖精”无人机可根据担负的战场监视、目标指示、电子战等任务，分别搭载传感器、激光目标指示器和电子干扰器等设备。在无人机上安装全球定位系统（GPS）或预先储存飞行路线和飞行高度，无人机即可按预定方案飞行，并随时将图像轨迹发送到地面站。随着高新技术在武器装备中的广泛应用，无人机的研制取得了突破性进展。

3. 无人机的构成

无人机由加速度计、惯性测量单元、倾角传感器、气压高度传感器、电流传感器、磁传感器、空气流量传感器等组成。

加速度计（加速度传感器）用于确定无人机的飞行位置和飞行姿态，是维持无人机飞行的关键，加速度计能有效感知无人机的多种飞行姿态。

惯性测量单元（陀螺仪）与 GPS 结合，一般用于控制无人机的飞行方向和飞行路径，无人机受到了严格的空中交通管制，因此控制方向和路径十分重要。惯性测量单元采用多轴磁传感器，其实质是小型指南针，通过感知方向将飞行数据传输至无人机中央处理器，从而控制飞行方向和速度。

倾角传感器主要集成了陀螺仪和加速度计，为飞行系统提供水平飞行数据，能够测量飞行中的细微运动变化。

气压高度传感器主要用于监测无人机的飞行高度，能通过感知大气压力的细微变化，计算无人机所处的高度，为飞行安全提供保障。数字高精度气压高度传感器如图 9-3 所示。

图 9-3　数字高精度气压高度传感器

无人机消耗的电能非常大，电流传感器可用于监测和优化电能消耗，确保无人机内部的电池和电机安全，保障正常飞行。电流传感器如图 9-4 所示。

图 9-4　电流传感器

磁传感器主要应用于无人机的电子罗盘，是电子罗盘的基础元件。磁传感器基于各向异性磁阻（AMR）技术，与其他类型的传感器相比，具有功耗低、精度高、响应时间短等特点。磁传感器如图 9-5 所示。

图 9-5　磁传感器

空气流量传感器能有效监测无人机燃气发动机的微小空气流速，利用空气流过由外热源加热的管道时产生的温度场变化进行测量。

4. 无人机中使用的传感器的重要特点

无人机容易被振动、噪声等影响。无人机中使用的传感器应该具备防振动、耐噪声、低功耗等特点，且对温度、湿度等环境参数不敏感。

要将原始的传感器数据转换成有意义的参数，软件数据库扮演了相当重要的角色。可以通过算法扩展传感器的功能，并将来自不同传感器的信号结合，产生新的输出。

加速度计、陀螺仪等的校正不够完美，加速度计容易失真，陀螺仪容易漂移。我们可以通过将传感器与数据库融合来校正传感器，以确保在不同场景中得到正确的结果。

5. 特定应用传感器

特定应用传感器不影响无人机的核心功能，但常常在无人机中应用，以满足不同需要，如气候监测、农耕等。

1）*湿度传感器*

湿度传感器能监测湿度，相关数据可用于进行凝结高度监测、空气密度监测与气体传感器测量结果修正等。湿度传感器如图 9-6 所示。

图 9-6　湿度传感器

2）MEMS 麦克风

MEMS 麦克风是一种能将声音转换成电子信号的音频传感器。与传统麦克风相比，MEMS 麦克风能提供更高的信噪比（SNR）、更小的尺寸、更好的射频抗扰性。MEMS 麦克风如图 9-7 所示。

图 9-7　MEMS 麦克风

随着低功耗传感器的发展，无人机广泛应用于各类场景，为开发人员及创新企业提供了新的机会，可以解决一些过去看来不实际的复杂问题。

9.2　水下机器人

水下机器人又称无人遥控潜水器，是一种在水下工作的极限作业机器人。水下环境恶劣，人的潜水深度有限，水下机器人成为开发海洋的重要工具。

无人遥控潜水器主要包括有缆遥控潜水器和无缆遥控潜水器，有缆遥控潜水器又包括水中自航式、拖航式和爬行式 3 种。

1953 年，第一艘无人遥控潜水器问世，此后的 20 年内，全球共研制了 20 艘无人遥控潜水器。1974 年后，由于海洋油气业迅速发展，无人遥控潜水器也得到了飞速发展。

1981 年，无人遥控潜水器的数量达到 400 余艘，90%以上直接或间接为海上油气开采服务，这一需要推动了潜水器理论和应用的发展，潜水器的数量和种类显著增加。载人潜水器和无人遥控潜水器在海洋调查、救捞等方面发挥了较大作用。

1985 年，潜水器进入了新的发展时期。中国开展了水下机器人的研究和开发工作，研制出“海人 1 号”（HR-1）水下机器人，成功进行了水下实验。1988 年，无人遥控潜水器的数量达到 958 艘，与 1981 年相比，约增加了 110%。这个时期增加的潜水器多为有缆遥控潜水器，共约 800 艘，其中约 420 艘直接用于海上油气开采。

2009 年，中国的水下机器人首次在北冰洋海域展开冰下调查。“大洋一号”首次使用“海龙 2 号”水下机器人在东太平洋海隆“鸟巢”黑烟囱区观察到罕见的巨大黑烟囱，并用机械手准确抓获约 7 千克硫化物样品。这标志着中国成为国际上少数能使用水下机器人开展洋中脊热液调查和取样研究的国家之一。依靠“大洋一号”的精确动力定位，中国自主研制的“海龙 2 号”水下机器人准确降落抵达“鸟巢”黑烟囱区海底，并进行了摄像观察、热液环境参数测量。

2012 年 10 月，中国首款“功能模块”理念智能水下机器人问世。哈尔滨工程大学船舶工程学院 5 人团队在指导教师张铁栋的带领下，依托水下机器人国防重点实验室，历时一年自主设计出国内首款“多功能智能水下机器人”，首次将“功能模块”理念应用于水下机器人领域。该机器人可根据需要选择不同模块，随时“换芯”、随时变身，可应对各种复杂的水下作业场景。

2015 年 3 月 19 日，中国自主建造的“海洋石油 286”深水工程船进行深水设备测试，用水下机器人将五星红旗插入近 3000 米深的海底。

9.3 战场侦察

侦察是指为获取敌方与军事斗争有关的情况而采取的行动。侦察的直接目的是探测目标，具体包括发现目标、识别目标、监视目标、跟踪目标和对目标进行定位。

侦察监视技术利用多种传感器探测目标的红外线、光波、声波、应力（振动）波、无线电波等物理特征信息，从而发现目标并监视其行动。各种侦察监视器材装备搭载不同的作战平台，形成了战场侦察的不同手段。

在敌方阵地附近的关键地区部署各类传感器，可以了解敌方动向及武器装备的部署情况。20 世纪 60 年代，美军在战场上部署了“热带树”。“热带树”

由飞机投放，落地后插入泥土中，仅露出伪装成树枝的天线。当人员、车辆等目标在其附近行进时，“热带树”探测到目标产生的振动和声音信息，并立即通过无线电通信将这些信息发送到指挥管理中心。指挥管理中心对信息进行处理后，得到行进人员、车辆等目标的位置、规模和行进方向等。“热带树”在战场上的成功应用，使许多国家纷纷开始研制和装备各种无人值守地面传感器系统。

美国国防部对无线传感器网络的研究起步较早，并将其定位为指挥、控制、通信、计算机、打击、情报、监视、侦查系统中不可缺少的一部分。2000 年，美国国防部将 Smart Sensor Web（SSW）定为国防部科学技术 5 个尖端研究领域之一。SSW 的基本思想是在作战空间中放置大量传感器，其收集和传递信息，将数据汇集到数据控制中心，合成一张立体的战场图像，当作战组织需要时，可以将该图像及时发送给他们，使其了解战场动态并调整作战计划。

2001 年，美国陆军提出了“灵巧传感器网络通信”计划。该计划的目标是建设一个通用通信基础设施，支援前方部署，将无人值守式弹药、传感器和未来战斗系统所用的机器人系统连成网络，成倍提高单一传感器的能力，使作战指挥员能更好、更快地做出决策，从而改进未来战斗系统的生存能力。

美国陆军还确立了“战场环境侦察与监视系统”项目。该系统是一个智能传感器网络，可以详尽、准确地探测环境信息（如一些特殊的地形地域信息、登陆作战中敌方岸滩的地理特征信息、丛林地带地面的坚硬度信息等），为制定准确的战斗行动方案提供情报依据。该系统由撒布型微传感器网络系统、机载和车载型侦察与探测设备等构成，将“数字化路标”作为传输工具，为各作战平台与单位提供“各取所需”的情报服务，提高情报侦察与获取能力。

在现代战争中，对信息的占有越来越重要，通过占有信息可以弥补由设备数量少造成的距离、机动性、反应能力及杀伤力等方面的不足。为了实现信息占有，出现了许多侦察系统，有的装在无人机、飞机等空中平台上，如美国的联合侦察攻击雷达系统（JSTAR），有的装在地面侦察车上，这些系统大多安装有一整套复杂的传感器。

战场侦察需要利用多种媒介传感技术，其中地面传感技术指能对地面目标运动所引起的电、磁、声和红外辐射等物理量的变化进行探测，并将其转换成电信号的技术。

中国电子科技集团有限公司在第十一届中国国际国防电子展览会上展出了一款多传感器地面侦察系统，该系统能有效、实时侦察人员、车辆活动，监测声音、振动、红外等信号，并以灵活的方式部署。每个传感器都装有一个具有精确数字频率合成功能的内插式发射器，可详细探测并区分人、轮式及履带车辆，具备全天候作战能力。多传感器地面侦察系统可完成从空中到水下的全方位监视，可以帮助军事战斗员及时做出正确的战术决策，当在复杂环境中进行大范围监视和目标定位时，多传感器数据融合的应用必不可少。

9.4 军用机器人

1. 概述

军用机器人用于军事领域，具有某种仿人功能。

2014 年，全球工业机器人的销量为 22.5 万台，同比增长 27%，中国、韩国、日本、美国和德国的销量约为总销量的 75%。应用的行业从单一的工业，迅速扩展到农业、交通运输业、商业等。军用机器人虽然起步较晚，但其具有巨大的应用潜力、超人的作战效能，是不可忽视的军事力量。

1958 年，美国阿拉贡试验室推出第一个现代实用机器人——仆从机器人。这是一个装在四轮小车上的遥控机器人，其精彩的表现曾在第二届和平利用原子能国际会议上引起与会科学家的极大兴趣。此后，英国、法国、意大利等国家也相继开展实用机器人研究。

20 世纪 60 年代，美国在市场上推出了首批用于工业生产的机器人，随后机器人技术流入各国。从此，机器人在全世界蓬勃发展。

早期的实用机器人是一种程序固定、由存储器控制，并仅有几个自由度的机器人。其四肢不全，无“感官”，只能进行简单的取放活动，缺少起码的“军人素质”，只能有选择地应用于国防工业生产流水线。

20 世纪 60 年代中期，电子技术有了重大突破，出现了一种用小型电子计算机代替存储器控制的机器人。机器人开始有了“某种感觉”和协调能力，能从事一些稍微复杂的工作，为应用创造了条件。1966 年，美国海军使用机器人“科沃”潜至 750 米深的海底，成功打捞起一枚失落的氢弹。这轰动一时的事件，使人们看到了机器人的应用价值。此后，军用航天机器人、危险环境工作机器人、无人驾驶侦察机等陆续出现，机器人的战场应用也取得突破性进展。在这一时期，机器人虽然以新的姿态走上军事舞台，但由于其智能化程度不高、动作迟钝、价格高、“感官”不敏锐，除了用于军事领域的某些高体能消耗工作和危险环境，真正用于战场的还很少。

20 世纪 70 年代以来，随着人工智能技术的发展，各种传感器得到了开发和

应用，出现了一种以微电脑为基础，以各种传感器为神经网络的智能机器人，其四肢俱全、“耳聪目明”，智力也有了较大提高。不仅能从事繁重的体力劳动，而且有了一定的思维、分析和判断能力，能模仿人类，从事较复杂的脑力劳动。机器人具有刀枪不入、毒邪无伤、不生病、不疲倦、不食人间烟火、能夜以继日的高效工作等特点，这些特点激发了人们开发军用机器人的热情。例如，美国装备陆军的一种名叫“曼尼”的机器人，就是专门用于防化、侦察和训练的智能机器人。该机器人身高 1.8 米，其内部安装的传感器能检测到万分之一盎司的化学毒剂，并能自动分析、探测毒剂的性质，向军队提供防护建议和洗消措施等；一些决策机器人还能凭借“发达的大脑”，根据输入或反馈的信息，向人们提供多种军事行动方案。

2. 军用机器人的类型

目前正在研制的军用机器人主要有以下几种。

（1）战术侦察机器人。该机器人负责完成侦察任务，是一种仿人形的小型智能机器人，身上装有步兵侦察雷达及光纤通信器材，既可以依靠本身的机动能力自主侦察，又可以通过空投、抛射等方式为其选择适当位置。

（2）三防侦察机器人。该机器人用于对核沾染、化学染毒和生物污染进行探测、识别、标绘和取样。

（3）地面观察员/目标指示员机器人。该机器人是一种半自主式观察机器人，装有摄像机、夜间观测仪、激光指示器和报警器等，配置在便于观察的地点。当发现特定目标时，报警器向使用者报警，并按指令发射激光指定目标，引导激光寻的武器进行攻击。一旦暴露，还能依靠自身机动能力寻找新的观察位置。

除了上述军用机器人，还有便携式电子侦察机器人、街道斥候机器人等。

随着人工智能的应用和机器人自主程度的提高，机器人作为“武器”与“战斗员”的界限越来越模糊，可自主选择并打击目标的能力引起了争议。完全自主的机器人要求具备人工智能，许多现有的机器人系统带有一定的自主性，但完全自主的军用机器人尚未出现。

3. 国外研究现状

1999 年，美国提出了轨道空间机器人计划——轨道快车计划。2011 年，时任美国总统奥巴马在卡耐基梅隆大学的国家机器人工程中心进行演讲时，宣布美国已经启动新的机器人计划，以加速开发和普及机器人的使用，进而实现战场无人化、自动化。2013 年，美国将 22 亿美元的国家预算投入先进制造业，方向之一便是“国家机器人计划”。同年 3 月，美国发布新版《机器人技术路线图：从互联网到机器人》，阐述了包括军用机器人在内的机器人发展路线图，决定投入巨额军备研究费进行军用机器人研制，使美军无人作战装备的比例增加至武器总数的 30%，未来 1/3 的地面作战行动将由军用机器人承担。“魔爪”机器人如图 9-8 所示，其可以携带多种武器，是可以投入实战的“武装机器人”。

图 9-8　“魔爪”机器人

2013 年，俄罗斯国防部成立了机器人技术科研实验中心，专门负责领导军用机器人的研发生产，并在捷格加廖夫兵工厂建立了一座军用机器人研发实验室。俄罗斯正在研发一种被称为“杀手机器人”的人形智能武器，它可以自主选择并攻击目标，并能帮助伤员撤离。俄罗斯已宣布将在每个军区和舰队中组建独立的军用机器人连，预计 2025 年机器人装备将占整个武器和军事技术装备的 30%以上。

2014 年，俄罗斯国防部制定并通过了研发机器人系统并应用于军事领域的规划；2014 年 11 月 16 日，5 个战略导弹发射基地完成机器人安保系统的部署，这些系统配有光学、电子和雷达系统，不仅能保护战略导弹设施，还可探测、侦察、摧毁固定和移动目标，并为基地安保部队提供火力支援。当它被设置为自动执勤模式时，可巡逻护卫重要设施，在夜间也能轻易发现入侵者并采取行动。

俄罗斯将开发“阿凡达式”机器人，它能感知并模仿操控者的动作，还能反馈对外界的视觉、听觉和触觉感受。

2007 年，以色列研制出“毒蛇”便携式战斗机器人，如图 9-9 所示。它看起来像微型坦克，可以在狭小和危险地带作战，是用于城市作战和反恐作战的便携式机器人。

图 9-9　“毒蛇”便携式战斗机器人

2018 年 7 月 27 日，韩国国防部发布了“国防改革 2.0”计划，指出将精简和优化兵力规模结构。到 2022 年总兵力缩减至 50 万人。士兵的服役时限也将阶段性缩短，从目前的 21 个月（陆军及海军陆战队）缩短至 18 个月。为了保证军队战斗力不受影响，早在 2004 年韩国就开始了机器人军团计划。

2014 年 9 月，韩国三星集团下属特克温公司公布了一款可用于监视韩朝边境的机器人。这款名为 SGR-1 的机器人可以通过热传感器和运动传感器识别 3 千米外的潜在目标，并及时通知指挥中心，由士兵操控开火。该机器人装配了探测、监控镜头及红外和影像传感器，能够觉察和追踪可疑目标，还装备了火力系统，射击命中率接近 100%。

4. 一些典型的军用机器人

1）仿人机器人

近年来，仿人机器人是机器人领域的研究热点，在搜索救援工作中有很大的应用潜力。其中，最具代表性的是 Boston Dynamics 的 Atlas 机器人。该机器人在 PETMAN 机器人的基础上研制得到，其四肢采用液压驱动，使用铝和钛搭建而成。Atlas 机器人高约 1.83 米，重约 299 千克，装备了激光测距装置和立体摄像机，手部具有较好的运动能力。机器人四肢具有 28 自由度，能够在复杂地形中导航，并具有一定的攀爬能力。在 2015 年的 DARPA 机器人大赛中，Atlas 能够驾驶特定的汽车，穿过废墟，移开挡住出口的碎石，打开门进入建筑，

攀爬梯子，穿过通道，使用工具击碎混凝土板，定位漏水水管的阀门位置并关闭阀门。Atlas 机器人如图 9-10 所示。

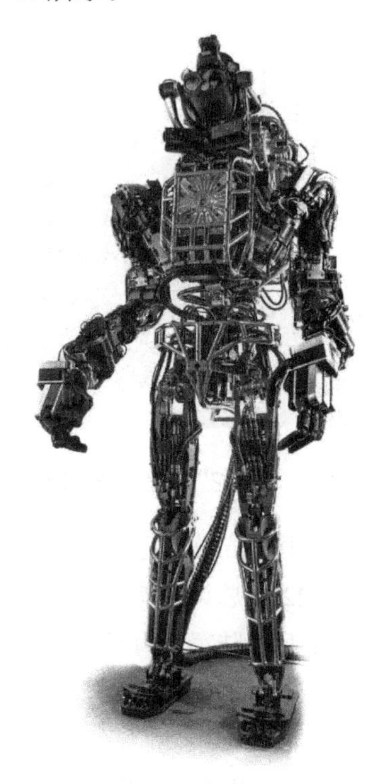

图 9-10　Atlas 机器人

2）外骨骼机器人

最早的外骨骼机器人是 20 世纪 60 年代由美国军方和通用电气公司研制的 Hardiman 外骨骼机器人，其能够协助穿戴者拎起重约 680 千克的物体。经过多年的发展，商用外骨骼机器人已能够协助受伤或体弱的人完成动作。在军用领域，外骨骼机器人主要用于加强战斗人员的体力和持续战斗能力，在当前战场环境中，作战士兵载重越来越大的情况下，这种装备变得尤为重要。外骨骼机器人通常由电机或液压驱动，目前面临的主要问题是如何产生和保持足够的功率，并使重量和体积最小化。

美国陆军研究实验室联合哈佛大学研究一种软式外骨骼机器人，该机器人是一种轻型装备，名为 Soft Exosuit，能够克服传统重型外骨骼机器人需要大功率电池组、刚性组件影响关节的自然活动等缺点。该机器人重约 9 千克，功率约 40W，由织物、柔性线缆和多个小型电机组成。与重型外骨骼机器人相比，在严

酷地形条件下使用时，软式外骨骼机器人能够减轻由大载重带来的疲劳，并降低受伤的风险。

3）载重机器人

21 世纪初，在 DARPA 的资助下，Boston Dynamics 开始研制一种四足载重机器人，名为“大狗”。“大狗”机器人由两冲程发动机驱动液压泵，液压泵驱动腿部作动器完成动作。每条腿上装有 4 个作动器，髋关节装有 2 个作动器，膝盖和脚踝各装有 1 个作动器。每个作动器包括液压缸、伺服阀、力和位置传感器等。“大狗”机器人体长 0.91 米，高 0.76 米，重 110 千克，能够搭载 150 千克的载荷在复杂地形上以 6.4km/h 的速度奔跑，并能够攀爬 35° 的斜坡。“大狗”机器人如图 9-11 所示。

2008 年，新一代“大狗”机器人的视频发布，当受到冲击时，它可以自动调整步态，恢复到平衡状态。2012 年，在 DARPA 的资助下，Boston Dynamics 开展了 Legged Squad Support System（LS3）项目，并在弗吉尼亚州的森林中测试了机器人对语音指令的识别和响应能力。

2015 年 12 月，“大狗”机器人项目终止。虽然在战场载重方面的需求较为强烈，但其汽油驱动的发动机噪声过大，容易暴露目标，且野外修理维护难度大，导致项目最终被取消。

另外，麻省理工学院（MIT）的研究人员在 DARPA 的部分资助下，研制了电池驱动的四足机器人 Cheetah，能够以约 8km/h 的速度奔跑。其改进型 Cheetah2 装备了 LIDAR 系统，可以自主跃过约 45.7cm 高的障碍物。这得益于 3 部分功能：第一部分实现机器人对障碍物的探测，并对障碍物的大小和距离进行估计；第二部分使机器人调整前进路线，并根据与障碍物的距离计算跳跃的最佳位置，再预留出机器人所需的步数，调整机器人的速度（加速或减速），以达到最佳起跳点；第三部分主要用于确定跳跃轨迹，根据障碍物的高度和机器人的速度，计算跳跃需要的力。Cheetah 机器人如图 9-12 所示。

4）小型无人机与机械昆虫

小型无人机和微型无人机不易探测，在隐蔽监视任务中能够发挥重要作用。多家研究机构对此类装备进行了研究，类型涵盖旋翼无人机、扑翼无人机等。DARPA 在其 Hybrid Insect Mirco-Electro-Mechanical Systems（HI-MEMS）项目中研发了针对昆虫集群的遥控技术。虽然该项目未能顺利开展，但类似的想法在其他研究项目中得以延续。美国北卡罗来纳州立大学的研究机构通过在处于蛹期的飞蛾的肌肉中植入微型机械装置，“研发”了一种可以遥控的半机械飞蛾。

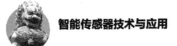

使用这种方法，使肌肉纤维包裹着机械装置生长，飞蛾成熟后即可通过电激励对其进行控制。

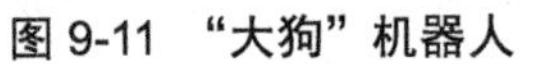

图 9-11 “大狗”机器人　　图 9-12 Cheetah 机器人

挪威的 Prox Dynamics 公司研发了一种小型电动旋翼无人机——PD-100 Black Hornet，如图 9-13 所示。其尺寸约为 10cm×2.5cm，重 18 克，最高飞行速度为 18km/h。它可以持续飞行 25 分钟，搭载长波红外传感器或可见光成像传感器，通过数据链传输视频或图像。

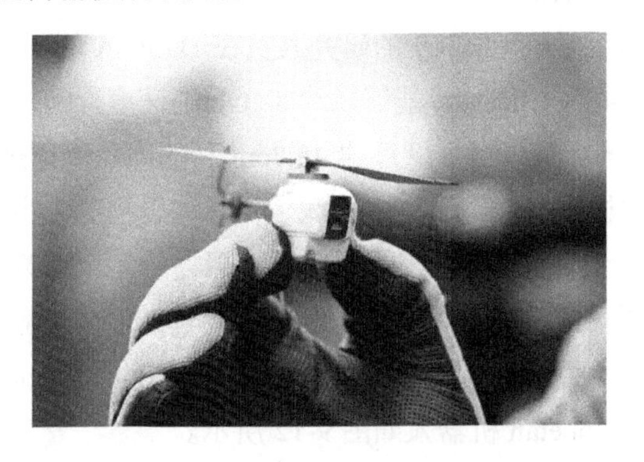

图 9-13 PD-100 Black Hornet

5）无人地面车辆

无人地面车辆在军用和民用领域都有较大的应用潜力，可以使用无人地面车辆带领车队经过危险地区，确保跟随车辆及人员的安全。洛克希德·马丁公司研制的 Autonomous Mobility Applique System（AMAS）计划使用线控安全系统控制车辆的驾驶、加速和刹车，采用 GPS、LIDAR 和自主 RADAR 的方式进行车辆导航。该系统还具备碰撞缓解制动、车道保持辅助、翻车警告系统、电子稳定控制、自适应巡航控制等功能，几乎适用于所有军用车辆。目前，AMAS 已完成了多次战场测试，车辆在遵守交通规则的情况下成功穿越复杂交通路段，可对行人和其他障碍物进行识别，并利用智能决策系统使车辆在错综复杂的测试区域中回到预定线路。测试中搭载 AMAS 的重型车辆如图 9-14 所示。

图 9-14　测试中搭载 AMAS 的重型车辆

第 10 章

智能传感器的延伸应用

10.1 工业互联网

1. 概述

工业互联网的概念最早由美国通用电气公司提出，运用云计算、大数据来分析设备、产品、服务，得到最优方案，提高工作效率。工业互联网与德国的工业 4.0 有一些相似之处，但工业 4.0 的提法少了云计算与大数据的融合，更多的是制造业的智能化。各国已将发展工业互联网提升至国家战略层面，并与产业界合作，积极推动研发工业互联网相关技术。通过工业资源的网络互连、数据互通和系统互操作，实现制造原料的灵活配置、制造过程的按需执行、制造工艺的合理优化和制造环境的快速适应，高效利用资源，构建服务驱动型新工业生态体系。

工业互联网以机器、原材料、控制系统、信息系统、产品、人的互联为基础，通过对工业数据的全面深度感知、实时传输交换、快速计算处理和高级建模分析，实现智能控制、运营优化和生产组织方式变革。

工业互联网将工业系统与高级计算技术、分析技术、感应技术、互联网融合，其通过智能机器之间的交互及人机交互，重构全球工业，提高生产力。

2. 工业互联网关键技术

工业互联网平台需要解决多类工业设备接入、多源工业数据集成、海量数据管理与处理、工业数据建模分析、工业应用创新与集成、工业知识积累迭代实现等一系列问题。工业互联网涉及 7 类关键技术，如图 10-1 所示，分别为数据集成和边缘处理技术、IaaS 技术、平台使能技术、数据管理技术、应用开发和微

服务技术、工业数据建模和分析技术、工业互联网平台安全技术。

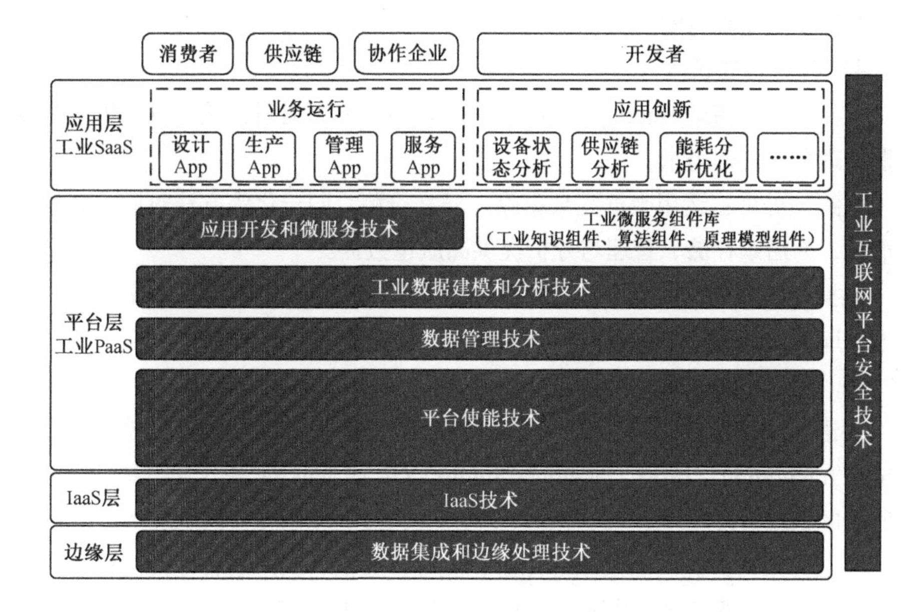

图 10-1　工业互联网涉及 7 类关键技术

1）数据集成和边缘处理技术

设备接入：基于工业总线等工业通信协议、以太网和光纤等通用协议、4G 和 NB-IOT 等无线协议将工业现场设备接入平台边缘层。

协议转换：一方面，运用协议解析、中间件等兼容 ModBus、OPC、CAN、Profibus 等工业通信协议和软件通信接口，实现数据格式的统一；另一方面，通过 HTTP、MQTT 等将采集到的数据传输到云，实现数据的远程接入。

边缘数据处理：基于高性能计算芯片、实时操作系统、边缘分析算法等，在靠近设备或数据源的边缘层进行数据预处理、存储及智能分析，提升操作响应灵敏度、消除网络堵塞。

2）IaaS 技术

基于虚拟化、分布式存储、并行计算、负载调度等技术，实现网络、计算、存储等资源的池化管理，根据需求进行弹性分配，并确保资源使用的安全性，为用户提供完善的云基础设施服务。

3）平台使能技术

资源调度：通过实时监控业务量的动态变化，结合相应的调度算法，为应用程序分配相应的底层资源，使云端应用可以自动适应业务量的变化。

多租户管理：通过虚拟化、数据库隔离等技术实现不同租户应用和服务的隔离，保护其隐私与安全。

4）数据管理技术

数据处理：借助 Hadoop、Spark、Storm 等分布式处理架构，满足海量数据的批处理和流处理需求。

数据预处理：运用数据冗余剔除、异常检测、归一化等方法对原始数据进行清洗，为后续存储、管理与分析提供高质量数据。

数据存储与管理：通过分布式文件系统、NoSQL 数据库、关系数据库、时序数据库等实现海量工业数据的分区选择、存储、编目与索引等。

5）应用开发和微服务技术

多语言与工具支持：支持 Java、Ruby 和 PHP 等多语言编译环境，并提供 Eclipse Integration、JBoss Developer Studio、Git 和 Jenkins 等开发工具，构建高效便捷的集成开发环境。

微服务架构：提供涵盖服务注册、发现、通信、调用的管理机制和运行环境，支持基于微服务单元集成的“松耦合”应用开发和部署。

图形化编程：通过 Labview 等图形化编程工具，简化开发流程，支持用户采用拖拽方式进行应用创建、测试、扩展等。

6）工业数据建模和分析技术

数据分析算法：运用数学统计、机器学习及人工智能算法实现面向历史数据、实时数据、时序数据的聚类、关联和预测分析。

机理建模：利用机械、电子、物理、化学等专业知识，结合工业生产实践经验，基于已知工业机理构建各类模型，实现分析应用。

7）工业互联网平台安全技术

数据接入安全：通过工业防火墙技术、工业网闸技术、加密隧道传输技术，防止数据被侦听或篡改，保障数据安全。

平台安全：通过平台入侵实时检测、网络安全防御、恶意代码防护、网站威胁防护、网页防篡改等技术实现工业互联网平台的代码安全、应用安全、数据安全、网站安全。

访问安全：通过建立统一的访问机制，限制用户的访问权限和所能使用的计算资源和网络资源，实现对云平台重要资源的访问控制和管理，防止非法访问。

3. 工业互联网的内涵与实质

工业互联网的内涵包括网络基础设施、新兴业态和应用两部分，如图 10-2 所示。工业互联网构建了新的网络基础，TSN、NB-IoT、Pon、MuLTEfire、5G、NBLT、TSM、SDM 等技术将逐步落地，成为未来产业智能化的基础。此外，工业互联网构成了新兴业态与应用，随着平台实现运营优化、资源协同与模式创新，工业互联网将提供多种新兴业态和应用，包括个性化定制、智能化生产、服务化延伸和网络化协同。

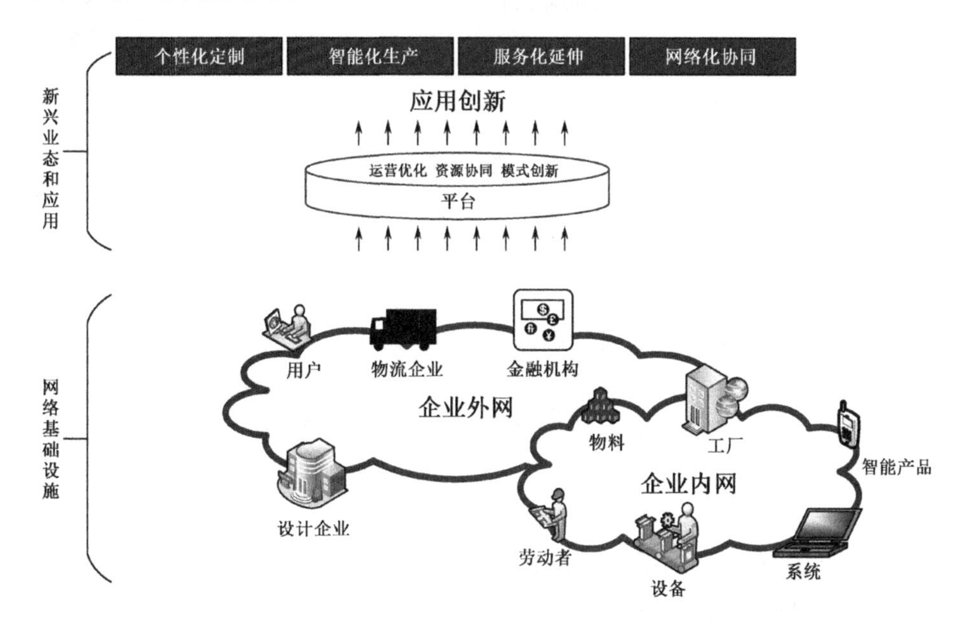

图 10-2　工业互联网的内涵

工业互联网是融合工业系统、全产业链、全价值链，支撑工业智能化发展的关键基础设施，是新一代信息技术与制造业深度融合形成的新兴业态和应用模式，是互联网从消费领域向生产领域、从虚拟经济向实体经济拓展的核心载体。工业互联网的实质如图 10-3 所示，其利用物联网、传感器收集机器数据，通过大数据、云计算等提供制造资源配置和生产过程优化等服务。

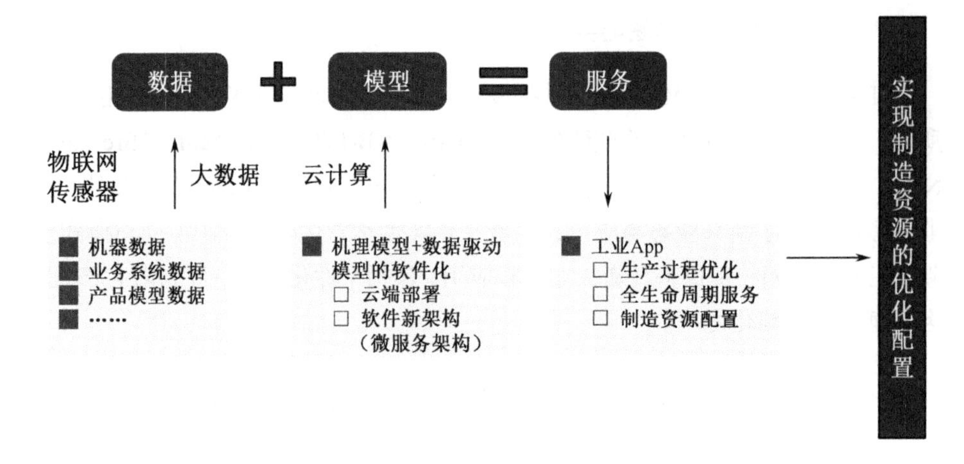

图 10-3　工业互联网的实质

4. 工业互联网平台定位与业务需求

工业互联网平台有 4 个定位。

第一，工业互联网平台是传统工业云平台的升级，其在传统工业云平台的基础上，增加了制造能力开放、知识与经验复用、开发者集聚等功能。

第二，工业互联网平台是新工业体系的"操作系统"，其依托设备集成模块、数据处理引擎、开发环境工具、工业知识微服务，向下对接工业装备、仪器、产品，向上支撑工业智能化应用的快速开发与部署。

第三，工业互联网平台是资源集聚共享的有效载体，整合信息流、资金流、人才创意、制造工具和制造能力，汇聚工业企业、信息通信企业、互联网企业、第三方开发者等主体，融合数据科学、工业科学、管理科学、信息科学、计算机科学等技术。

第四，工业互联网平台是打造制造企业竞争新优势的关键抓手。

从工业视角来看，工业互联网的业务需求主要表现为从生产系统到商业系统的智能化。生产系统通过信息通信技术，实现机器之间、机器与系统之间、企业上下游之间的实时连接和智能交互，从而带动商业系统的优化。从互联网视角来看，工业互联网的业务需求主要表现为商业系统的变革带动生产系统的智能化，以营销、服务和设计环节的互联网新模式牵引生产系统的智能化变革。

5. 工业互联网与传统互联网的区别

工业互联网是工业化与信息化融合（两化融合）的必然结果，已进入快速

成长时期，将促使工业企业快速、高效运转，是在信息技术推动下的新型工业化。

工业互联网与传统互联网有很大区别，工业互联网不是 IT 或互联网的分支，而是工业发展的工具和路径。工业互联网专注服务于制造业实体，与传统制造业存在本质区别，因此如果不包含工业流程和物质行为，就犯了根本性错误。工业互联网主要完成机器设备之间的连接，难点在于工控协议；传统互联网主要完成计算机与使用者的连接，发展成熟且分布广泛。

工业互联网与传统互联网的区别在于以下几点。

（1）基础不同：传统互联网连接的是普通消费者；工业互联网连接的是工业产业网络终端的人、机、物。传统互联网采用统一标准协议，开放网络；工业互联网不兼容协议，封闭网络。

（2）响应不同：传统互联网不需要毫秒级实时响应，适度延迟不影响使用结果；工业互联网需要毫秒级或百纳秒级实时响应，需要时间敏感网络 TSN。

（3）连接量级不同：传统互联网连接几十亿台设备；工业互联网连接几百亿台设备。

6. 工业互联网平台

工业互联网平台是工业互联网的核心，其依托设备集成模块、数据处理引擎、开发环境工具、组件化工业知识微服务，向下对接工业装备、仪器、产品，向上支撑工业智能化应用的快速开发与部署。工业互联网平台可以实现低消耗、高效率、快速反应、供应链协同，提高了生产效率和资源利用率。

传统制造业不断发展，对于一般的加工制造业务来说，当前的制造能力能够满足要求，而且随着经济的高速发展，电子产品的消费能力不断提高，导致企业为了增大产能盲目购买设备和增加人力，行业竞争越来越激烈，需求量相对减小，产能过剩，设备闲置。因此，可以借助工业互联网平台消化过度产能或销售过剩的生产设备，可以通过工业互联网平台将大量的生产数据和生产技术提供给其他生产企业，使生产企业可以通过工业互联网实现信息共享和资源利用的最大化，提高国家的整体生产制造能力。

工业互联网平台主要应用以下技术。

（1）智能数据采集技术：低成本、精确、高效的智能数据采集技术是智能制造应用的基础。智能数据采集技术使企业用户能够以低成本采集准确数据并传输至后端进行大数据分析，进而帮助其进行决策。

（2）设备兼容技术：企业通常会基于现有的生产设备与生产模式构建工业互联网系统，然而如何使传感器与原有设备兼容成为技术难点。近年来，随着工业无线传感器网络应用的发展和相关通信协议的标准化，工业互联网建设中的兼容性问题逐渐得到了解决。

（3）网络技术：网络技术是工业互联网的核心技术之一，各种数据及信息在系统不同层面和区域间均通过网络进行传输。可以将网络技术分为有线网络技术和无线网络技术。有线网络技术一般应用于数据处理中心的集群服务器、工厂内部网络及现场汇流排控制系统等，能提供可靠的高速、高带宽网络传输通道；无线网络技术利用无线技术进行数据传输及传感器连接，可以大幅降低传感器网络的布线成本，有利于传感器在工业领域的普及。

（4）信息处理技术：信息处理技术能通过智能化工厂生产线采集大量数据，有效清洗、脱敏、分析、存储数据并产生对企业及生产线具有建设性意义的回馈和应用，是工业互联网领域的核心技术之一。

（5）安全技术：用户可以通过视频及网络数据，实时监控作业人员所处环境中的危险因素并分析周边危险系数，保障工作安全。安全技术能够保障数据资料免受未授权的使用、破坏、修改、检视及记录。

7. 工业互联网的发展

当前，工业互联网发展到工业物联网阶段。感知技术是物联网的先行技术，物联网的稳定运行离不开感知技术，传感器是其中的关键。传感器是工业互联网的基础和核心，是智能设备的关键组成部分，工业互联网的蓬勃发展将为传感器企业带来大量机会。

工业互联网的发展可分为 3 个阶段：工业互联网 1.0，通过建设以 IP 技术为基础的网络连接体系，实现工厂 IT 网络与 OT 网络的连接及工厂外部企业与上下游、智能产品、用户的网络连接；工业互联网 2.0，通过工业数据采集技术，实现产品、设备、原材料、产业链等详细数据的上传和汇聚，为工业互联网平台和工业 App 的发展奠定基础；工业互联网 3.0，通过人工智能、边缘计算技术，实现物理世界与数字世界的智能连接。

我国的大部分工业企业正处于工业互联网 1.0 或在向该阶段迈进的过程中，少部分企业在探索和实践工业互联网 2.0，个别企业开始布局工业互联网 3.0。工业互联网发展的不同阶段对传感器有不同要求，传感器企业需要准确定位，不仅要看到工业互联网发展带来的影响，还要挖掘有效市场，实现价值。

工业互联网一方面给传感器企业带来了机会，另一方面对传感器提出了新的要求，包括灵敏度、稳定性、鲁棒性等。工业互联网的普及使传感器无处不在，传感器应具有轻量化、低功耗、低成本的特点，并实现网络化、集成化、智能化。

传感器应用广泛，对传感器的产业化需求较大，传感器产业目前存在企业规模小、创新能力不足的问题，与完全满足工业互联网的需求还有一定差距。传感器和集成电路芯片都属于技术含量较高的关键零部件，相关企业需要加大自主创新力度。

8. 无线传感器网络

无线传感器网络（Wireless Sensor Networks，WSN）是一种新型信息获取和处理技术，采用 IEEE 802.15.14 标准，是继互联网后，将对人类社会的生产、生活方式产生重大影响的重要技术。无线传感器网络综合了嵌入式计算技术、传感器技术、分布式信息处理技术、通信技术，能够实时监测、感知和采集区域内不同监测对象的信息。

无线传感器网络结构如图 10-4 所示。

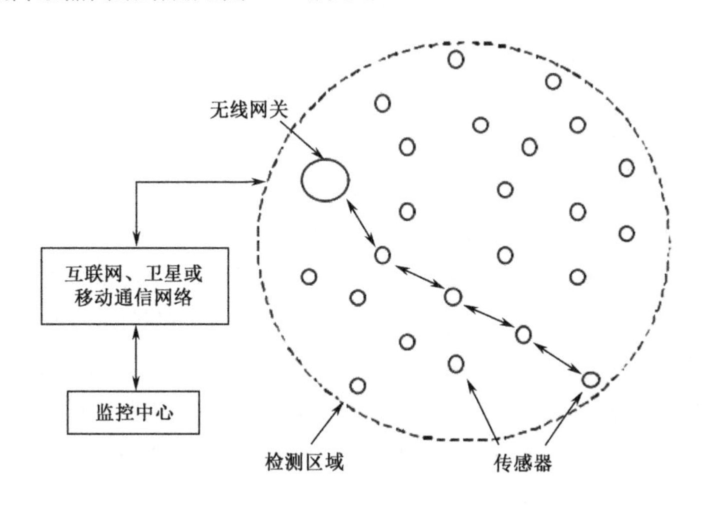

图 10-4　无线传感器网络结构

无线传感器网络的出现引起了广泛关注，被称为 21 世纪最具影响力的技术之一。无线传感器网络很快将进入工业互联网和工业测控领域。未来大多数工业仪表和自动化产品将集成无线传输功能，完成从有线到无线的过渡。

典型的工业用无线传感器网络如图 10-5 所示，其核心是低功耗的传感器（可以由电池长期供电、太阳能电池供电或由风能、机械振动供电等）、网络路由器（具有网状网络路由功能）和无线网关（将信息传输至工业以太网和控制中心）。

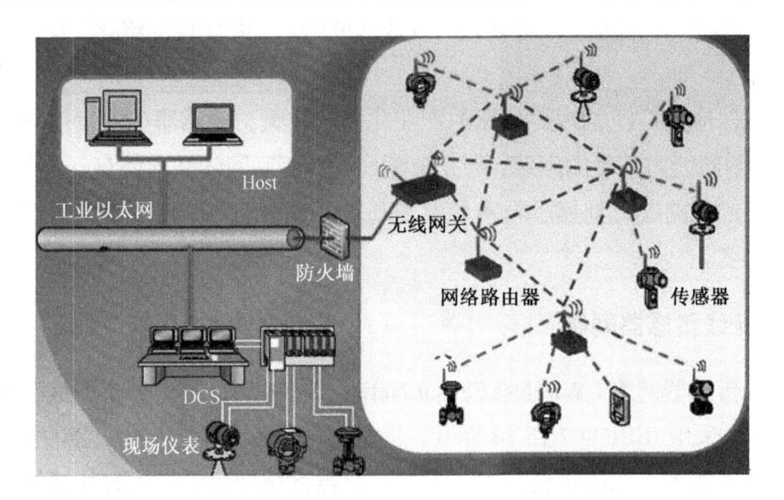

图 10-5　典型的工业用无线传感器网络

美国通用电气公司、Honeywell 等，都推出了各种工业无线传感器网络产品和系统，国内也有不少研究机构和大型公司在进行相关研究。

市场分析公司 Nano Markets 在 2014 年 11 月发表的“工业互联网用传感器市场”报告中，将工厂自动化、楼宇自动化、智能电网和公共交通等作为工业互联网应用，技术人员和维护人员将越来越多地使用强大的平板电脑收集和处理工业机械中的传感器发出的信息。

工业环境监测已涉及生态环境的各方面，包括日常环境监测（如大气、水、电磁辐射和放射性监测等）及特殊区域的环境监测（如沙漠、高山和存在放射源的区域的监测等），这些环境对传感器产品的灵活性、可靠性和安全性提出了较高要求。无线传感器网络可以突破传统的监测方法，满足灵活性、可靠性和安全性，并为工业环境的监测降低成本，简化传统监测流程，为随机研究数据的获取提供了便利。随着人们对工业环境关注程度的提高，需要采集的环境数据越来越多，对产品的需求越来越大。

当前，全球能源、环境、气候变化等问题日益突出，世界各国纷纷将开发利用清洁能源作为能源发展与变革的重点。智能电网成为物联网的重要应用之一，也是电网发展的必然趋势。智能电网通过应用先进的测量技术、通信技术、控制方法和决策支持系统，确保电力供应的安全性、可靠性和经济性。

为了使智能电网持续运营，保障设备安全是关键。由于电网设备长期处于

高电压、大电流工作状态，同时面临雷雨等极端自然环境的威胁，对设备实施智能监控尤为重要。无线传感器网络可对电网设备进行远程监控，了解设备的工作状态，并将数据传输至控制中心，对设备进行统一管理，提高了维护效率。随着智能电网计划的推进，对电网设备的智能化监控需求不断增大，形成了巨大的产品市场。

经济发展与社会需求的不断扩大使油井数量迅速增加，油田开发整体范围不断扩大。因此，油田生产、管理与经营的智能化成为发展趋势，数字化油田应运而生。在油田的数字化过程中，可以通过无线传感器网络对油井环境和井口设备进行实时监控，将工作现场的设备状态、环境参数等重要信息传输至控制中心，在必要时发出警报并安排调度。随着无线传感器网络在油田的深入推广和广泛应用，数字化油田的数量逐渐增加，无线传感器网络的市场需求迅速增大。

我国工业制造业正面临新一轮产业变革，制造企业利用物联网技术进行改造升级的需求十分迫切，信息技术企业也积极借助物联网技术，以其为突破口迅速向工业领域渗透。将无线传感器网络应用到智能监测中有助于工业生产过程工艺的优化，可以提高生产线过程检测、实时参数采集、生产设备监控、材料消耗监测的能力和水平，使生产过程的智能监控、智能控制、智能诊断、智能决策、智能维护水平不断提高。随着物联网的快速发展，以智能化为核心的工业过程控制得到快速发展，带动对基于无线传感器网络的工业过程监测系统解决方案的市场需求不断增大。随着物联网生态环境的成熟，中国工业感测终端的数量迅速增加，2014 年，中国工业感测终端约 7 亿个，2020 年，中国工业感测终端突破 20 亿个。同时，极端微型化及嵌入式计算的发展，推动了面向苛刻工业环境的无线传感器网络的兴起，无线传感器网络将带动企业生产线改造和设备升级。

智能传感器是工业物联网的基本组成部分。随着物联网的发展，越来越多的智能传感器将应用于原始设备制造商的实体设备的制造，在生产系统中运行并提供现场服务。这些实体设备和传感器是工业物联网中的“物”，用于提供各种数据并带动整个生态中各种功能的发展。

利用传统传感器无法对某些产品质量指标（如黏度、硬度、表面光洁度、成分、颜色、味道等）进行快速、直接测量和在线控制，而利用智能传感器可以直接测量与产品质量指标有关系的量（如温度、压力、流量等），并利用数学模型进行计算，以推断产品的质量。

10.2 大数据

在工业制造业中，传感器是最常见的数据采集装置，常用于自动检测和控制等环节。未来携带传感器和大数据平台的智能设备将越来越多，基于传感器数据的大数据应用（如智能医疗、智慧城市等）具有广阔的前景。

支撑智能制造的三大技术是机器人、智能装备、3D 打印，要实现这三大技术就需要强调 3 个新的基础研究方向：传感器、软件、大数据。传感器处于物联网的感知层，是物联网的基础；软件是实现工业智能化的关键，在提高制造业的生产效率与促进制造业的变革方面具有不可替代的作用；大数据是物联网的“大脑”，大数据不仅改变着人们的生活与工作方式，也改变着制造企业的运作模式。

纳米材料等新型材料的出现，使传感器在电气、机械及物理性能等方面的表现更为突出，集成化、小型化促进更多功能的集成，通用性更强。传感器技术及工艺的不断成熟与发展及生产成本的降低，促进了传感器产业的飞速发展。传感器技术将朝着小型化、集成化、网络化、智能化方向发展，必将在更多领域取得新的应用，从而彻底改变人类的生产生活方式。

大数据与云平台对数据进行全面感知、收集、分析、共享。大数据技术能够将隐藏在海量数据中的信息挖掘出来，其中最有价值的是预测性分析，其根据数据挖掘结果得到预测性决策。

在我国，大数据将重点应用于商业智能、政府决策、公共服务 3 个领域。例如，商业智能技术、政府决策技术、电信数据信息处理与挖掘技术、电网数据信息处理与挖掘技术、气象信息分析技术、环境监测技术、警务云应用技术（道路监控、视频监控、网络监控、智能交通、反电信诈骗、指挥调度等）、大规模基因序列分析比对技术、Web 信息挖掘技术、多媒体数据并行化处理技术、影视制作渲染技术、其他各种行业的云计算和海量数据处理应用技术等。

10.3 感知人工智能

人工智能（Artificial Intelligence，AI）是研究、开发用于模拟、延伸和扩展人的智能的理论、方法、技术及应用系统的新技术，是计算机科学的分支，研究内容包括机器人、语言识别、图像识别、自然语言处理和专家系统等。

2016 年，人工智能成为产业界和学术界的研究热点。各国纷纷提出人工智能发展研究相关计划，苹果、谷歌等企业也相继推出一系列人工智能应用，希望

在新一轮人工智能技术竞争中取得先机。

20 世纪 60 年代，人工智能技术主要用于弈棋、定理证明和简单的人工智能专家系统研究；20 世纪 70 年代，随着微型电子计算机技术和集成电路技术的迅速发展，人工智能专家系统研究进入应用开发阶段，通过第一代人工智能神经网络算法证明了《数学原理》一书中的大部分数学原理；20 世纪 80 年代以来，人工智能技术得到迅速发展，应用于遗传工程、化学合成、业务管理、石油勘探、法律及军事领域；20 世纪 90 年代，人工智能技术发展进入加速阶段，国际商业机器公司（IBM）国际象棋高手“深蓝”战胜了世界冠军加里卡斯·帕罗夫，标志着人工智能技术取得了巨大成功。当前的人工智能发展浪潮始于 2010 年，随着大数据技术和计算能力的发展，联网大数据为改进机器学习方式和算法提供了有力支撑。从大家津津乐道的机器人领域，到社会生活的方方面面，人工智能正切实影响着人们的生活，使社会生活更智慧、更便捷。

人工智能的行业应用有 3 种：①信息完全输入，在这种情况下，可以充分准确地得到相应的输出，如实时语音转写、人脸识别、图像识别等，在这一领域，机器将来完全可以代替人；②不但需要输入，还需要知识积累和思维判断，在这种情况下，需要将人与机器耦合，机器无法完全代替人，而是要辅助人进行工作；③没有信息输入，主要靠创意和想象力，今天的机器可以画图、作曲、写诗，但这些都通过编码生成，无法创造真正的艺术，机器能够完成大量体力劳动，将人类释放到无比美好和广阔的创意空间中，需要创意和想象力的工作是机器无法取代的。

2014 年，斯坦福大学发起了人工智能百年研究调研项目，主要了解人工智能的发展现状，展望发展潜力并分析其对社会的影响。2016 年 9 月，发布了《2030 年的人工智能与生活》报告，分析了人工智能过去 15 年的发展状况，并预测了其在未来 15 年的发展趋势。

人工智能的主要发展方向包括运算智能、感知智能、认知智能。

运算智能指快速计算和记忆存储能力。人工智能涉及的各项技术的发展是不均衡的。现阶段，计算机的运算能力和存储能力比较有优势。1996 年，IBM 的深蓝计算机战胜了当时的国际象棋冠军卡斯帕罗夫。

感知智能指视觉、听觉、触觉等感知能力。人和动物都能通过各种感知能力与自然界交互。自动驾驶汽车就是通过激光雷达等感知设备和人工智能算法实现了感知智能。机器在感知方面具有一定的优势，人类都是被动感知的，但机器可以主动感知，如激光雷达、微波雷达和红外雷达。

认知智能指“能理解、会思考”，人类有语言，才有了概念和推理，因此概念、意识、观念等都是人类认知智能的表现。

2014年，“863计划”启动“基于大数据的类人智能关键技术与系统”项目；2017年7月20日，中国发布了《新一代人工智能发展规划》，提出了新一代智能制造的发展方向。

人工智能将在智能硬件、车联网、机器人、自动客服、教育等方面发挥越来越重要的作用。智能装备、智能工厂等正引领制造方式转变，背后的推动力量便是人工智能。如今人工智能热潮涌动，以传感器、芯片等核心电子元件为代表的智能终端及物联网的基础器件将大放异彩。机器的智能化离不开传感器信息技术的高度集成和综合运用。在从弱人工智能迈向强人工智能的路上，智能传感器成为市场刚需。

机器将变得越来越人性化，逐渐具有学习与识别的功能，新人工智能技术的出现必然会引发又一波信息化技术浪潮。

环境感知技术是智能机器人自主行为理论中的重要内容，是实现自主机器人定位、导航的前提，随着传感器技术的发展，传感器在机器人中得到了充分应用，大大提高了智能机器人对环境信息的获取能力。

人类和高等动物都具有丰富的感觉器官，能通过视觉、听觉、触觉等感受外界刺激并获取环境信息。机器人同样可以通过各种传感器获取环境信息，传感器技术从根本上决定了环境感知技术的发展。目前主流的传感器包括视觉传感器、听觉传感器、触觉传感器等，而多传感器信息的融合也决定了机器人对环境信息的感知能力。

1）视觉传感器

视觉传感器获取的信息更丰富、采样周期短、受磁场和传感器干扰的影响小、质量轻、能耗小、使用方便经济，在很多移动机器人系统中得到了应用。

视觉传感器将光信号转换成电信号。目前用于获取图像的视觉传感器主要是数码摄像机，包括单目、双目与全景摄像机3种。单目摄像机的感知能力弱，获取的只是正前方小范围内的二维环境信息；双目摄像机的感知能力强于单目摄像机，可以在一定程度上感知三维环境信息，但对距离的感知不够准确；全景摄像机的感知能力强，能在360°范围内感知二维环境信息，获取的信息量大，更容易了解外部环境状况。

视觉传感器的缺点包括对距离的感知较弱、很难克服光线变化及阴影带来的干扰、处理视觉图像需要较长时间等，其图像处理过程比较复杂、动态性能

差，因而很难适应实时性要求较高的情况。

2）听觉传感器

听觉是人类和机器人识别周围环境的重要感知能力，尽管听觉定位精度比视觉定位精度低很多，但听觉有很多其他感官无可比拟的特性。听觉定位是全向性的，传感器阵列可以接收空间中任意方向的声音。机器人依靠听觉可以在黑暗环境中进行声源定位和语音识别，这是无法依靠视觉实现的。

声波传感器可以进行简单的声波存在检测、复杂的声波频率分析，以及对连续自然语言中单独语音和词汇的辨别，在家用机器人和工业机器人中，听觉传感器都有广泛应用。

3）触觉传感器

触觉是机器人与环境的直接作用的必要媒介。与视觉不同，触觉本身有很强的敏感性，可直接获得多种信息。因此触觉的主要任务是为获取对象与环境信息和完成某种任务而对机器人与对象、环境相互作用时的一系列物理特征进行检测和感知。机器人触觉广义上包括接触觉、压觉、力觉、滑觉、冷热觉等与接触有关的感觉，狭义上指机械手与对象接触面上的力的感觉。

机器人主要通过传感器来感知周围环境，但是每种传感器都有其局限性，单一传感器只能反映部分环境信息。为了提高系统的有效性和稳定性，进行多传感器信息融合已经成为一种必然要求。

机器人不仅应该具有感知环境的能力，还应该具有对环境的认知、学习、记忆能力。未来研究的重点是具有环境认知能力的移动机器人，能通过学习逐步积累知识，以完成更复杂的任务。

参考文献

[1] 王泗禹，康剑．半导体微细加工中的刻蚀设备及工艺[J]．微纳电子技术，2002, 39(11):41-44．

[2] Mander H F. Physics of Semiconductor Devices, S.M. Sze, 2nd Edition, Wiley, Amsterdam (1981)[J]. Microelectronics Journal, 1982, 13(4):44-44.

[3] 张泽明，黄利平，赵继丛，等．等离子体刻蚀机静电吸盘温度控制方法仿真研究[J]．真空科学与技术学报，2015(10):37-43．

[4] 王爱博．MEMS 晶圆级封装工艺研究[D]．天津：天津大学，2013．

[5] 无线传感器网络标准化进展与协议分析[J/OL]．21IC 中国电子网，2017-03-10．

[6] 童利标，徐科军，梅涛．IEEE 1451 网络化智能传感器标准的发展及应用探讨[J]．传感器世界，2002(6):25-32．

[7] 陈向群，郭以述．IEEE 1451 智能传感器接口标准研究[C]．中国仪器仪表学会，2002．

[8] 吴俊，李代生．IEEE 1451 标准及其应用浅析[J]．四川省电子学会传感技术第十届学术年会论文汇编，2008:245-248．

[9] 基于 IEEE 1451 智能传感器的远程监测系统设计[J/OL]．EEWORLD 电子工程世界，2016-09-19．

[10] 张延响．基于 IEEE1451.2 智能网络传感器的研发[D]．青岛：山东科技大学，2017．

[11] 刘晓红．频率测量方法概述[J]．科技创新与应用，2012．

[12] 邵刚，田泽，刘敏侠，蔡叶芳．一种传感器信号调理的补偿系统的设计及实现[J]．计算机技术与发展，2015, 25(6):189-192, 201．

[13] 周娟，袁良豪，曹德森．压力传感器信号调理电路设计[J]．北京生物医学工程，2007(4):395-398．

[14] 王庆锋，吴斌，宋吟蔚，何存富．PVDF 压电传感器信号调理电路的设计[J]．仪器仪表学报，2006:1653-1655．

[15] 乔巍，杜爱玲，陈春，叶芃生．高速数据采集系统信号调理电路的设计[J]．电子技术，2003(4):11-15．

[16] 杨百军．轻松玩转 STM32Cube[M]．北京：电子工业出版社，2017．

[17] 赵世平, 王赛. STC12C2052AD 单片机在智能传感器开发中的应用[J]. 教育技术导刊, 2008, 7(12):75-75.
[18] 王乐. 单片机技术在传感器设计中的应用[J]. 科技之友, 2009.
[19] 王成儒, 李英伟. USB2.0 原理与工程开发[M]. 北京：国防工业出版社, 2004.
[20] 王艳红. 电工电子学[M]. 西安：西安电子科技大学出版社, 2013.
[21] 马善农, 吴光文, 徐猛华. 微机原理与接口技术[M]. 杭州：浙江大学出版社, 2012.
[22] 袁希光. 传感器技术手册[M]. 北京：国防工业出版社, 1992:430-460.
[23] 徐俊臣, 杜玉杰. 智能化传感器的发展趋势及实现[J]. 海洋技术, 2001, 20(1): 74-76.
[24] 徐爱钧. 智能化测量控制仪表原理与设计[M]. 北京：北京航空航天大学出版社, 1995:320-341.
[25] 唐胜武. 基于冗余 CAN 总线设计的智能化复合传感器[J]. 传感器与微系统, 2011.
[26] 左森. RS-485 低功耗收发器 MAX485E[J]. 电子世界, 2002(2):41.
[27] 樊尚春. 传感器技术新发展[J]. 世界电子元器件, 2003(5):10-12.
[28] 杨宝清. 现代传感器技术基础[M]. 北京：中国铁道出版社, 2001:10-20.
[29] 尹应鹏. 开关量远程监控系统的设计与实现[D]. 西安：西安电子科技大学, 2008.
[30] 王旖旎. 无线网络在 zigbee 的技术及应用[J]. 硅谷, 2013.
[31] 许胜礼. 物联网核心技术分析[J]. 科技信息, 2012.
[32] 战金雷. 集成温度传感器的无源 UHFRFID 标签设计与验证[J]. 传感技术学报, 2013.
[33] 李春丽, 李巍. 基于 HART 协议的智能仪表通信电路设计[J]. 单片机与嵌入式系统应用, 2013, 13(5):24-26.
[34] 李宁. HART 协议物理层的实现[J]. 科技信息, 2011.
[35] 李长帅. 基于 TCP / IP 协议的网络化智能建筑初探[J]. 中小企业管理与科技, 2014.
[36] 高婷婷. DCS 与现场总线集成的研究与实现[D]. 青岛：青岛科技大学, 2012.
[37] 潘攀. ZigBee 技术介绍[J]. 科技创新导报, 2013.
[38] 林锡川, 别志松. 具有固定拓扑结构的无线网络控制系统故障检测[J]. 南

京理工大学学报（自然科学版），2014, 38(4): 544-549.

[39] 冯文杰．用于人体通信的接收器模拟前端设计与研究[D]．杭州：浙江大学, 2012.

[40] 冯辉．基于蚁群算法的无线传感器网络覆盖问题的研究[D]．西安：西安电子科技大学, 2012.

[41] 谢希仁．计算机网络教程[M]．北京：人民邮电出版社, 2002.

[42] 詹炉．基于 RFID 技术的监狱人员定位识别系统研究与设计[D]．广州：中山大学, 2014.

[43] 缪晓波, 文代刚, 张结斌．基于 TCP/IP 协议的网络化智能传感器技术研究[J]．测控技术, 1999.

[44] 宋勇, 郝群, 张凯．人体通信技术及军事应用[J]．国防科技, 2013.

[45] 丁玉美, 高西全．数字信号处理（第二版）[M]．西安：西安电子科技大学出版社, 2008, 12:195-197.

[46] 王大伦, 王志新, 王康．数字信号处理：理论与实践[M]．北京：清华大学出版社, 2010, 2:35-40.

[47] 程佩清．数字信号处理教程（第二版）[M]．北京：清华大学出版社, 1998.

[48] 杨志民．现代电路理论与设计[M]．北京：清华大学出版社, 2009.

[49] 张白莉, 郭红英．基 EWB 的巴特沃斯有源低通滤波器的设计与仿真[J]．吉林师范大学学报（自然科学版），2011(4): 77-79.

[50] 宋寿鹏．数字滤波器设计及工程应用[M]．镇江：江苏大学出版社, 2009.

[51] 陈莉．自适应滤波算法与应用研究[D]．西安：西安电子科技大学, 2006.

[52] 徐春夏．自适应 LMS 滤波器的改进与 FPGA 设计[D]．合肥：安徽大学, 2014.

[53] 陶然, 张惠云, 王越．多抽样率数字信号处理理论及其应用[M]．北京：清华大学出版社, 2007.

[54] 李美莲．基于分类设计求解多目标优化问题的进化算法[D]．西安：西安电子科技大学, 2011.

[55] 于婷, 徐爱功, 付心如, 等．一种自适应卡尔曼滤波组合导航定位方法[J]．导航定位学报, 2017, 5(3): 101-104.

[56] 杨风暴, 王肖霞．D-S 证据理论的冲突证据合成方法[M]．北京：国防工业出版社, 2010.

[57] 丁硕, 巫庆辉．基于改进 BP 神经网络的函数逼近性能对比研究[J]．计算

机与现代化, 2012(11): 10-13.

[58] 杨利红．基于主成分分析的模糊时间序列研究[D]．大连：大连海事大学, 2016.

[59] 廖广兰, 史铁林, 来五星, 等. 基于核函数 PCA 的齿轮箱状态监测研究[J]. 机械强度, 2005, 27(1): 1-5.

[60] 范丽伟, 唐焕文, 唐一源．独立成分分析应用 fMRI 数据研究[J]．大连理工大学学报, 2003, 43(4): 399-402.

[61] 孙权森, 曾生根, 王平安, 等．典型相关分析的理论及其在特征融合中的应用[J]．计算机学报, 2005, 28(9):1524-1533.

[62] 巩敦卫, 郝国生, 周勇, 郭一楠. 交互式遗传算法原理及其应用[M]. 北京：国防工业出版社, 2007.

[63] 马烈．1000 米轻作业型载人潜水器概念设计[D]．哈尔滨：哈尔滨工程大学, 2013.

[64] 曹少华, 张春晓, 王广洲, 等．智能水下机器人的发展现状及在军事上的应用[J]．船舶工程, 2019, 41(2): 90-95, 100.

[65] 吴振峰．无线传感器网络军事应用[M]．北京：电子工业出版社, 2015.